21世纪电力系统及其自动化系列教材

电力系统继电保护

第 2 版

何瑞文 陈 卫 陈少华 文明浩 编

陈德树 主 审

机械工业出版社

本书着重阐明电力系统继电保护的工作原理和继电保护技术的分析方法。与第1版相比，本次修订加强了智能变电站的保护结构分析，以及广域保护和紧急控制技术的内容，使得电力系统继电保护的内容更完整。

全书共十一章，第一章绪论，第二章介绍微机继电保护的软、硬件基本知识，第三、四章介绍电网的阶段式电流保护和距离保护，第五章介绍输电线路的纵联保护，第六章介绍自动重合闸，第七～九章分别介绍电力变压器、发电机和母线等元件的继电保护，第十章介绍智能变电站及其继电保护系统，第十一章介绍电力系统稳定性和广域保护控制。

本书可作为高等学校电气工程及其自动化专业本科生和电气工程学科研究生"电力系统继电保护"课程的教材，亦可供从事继电保护工作的技术人员参考。

本书配有免费电子课件，欢迎选用本书作教材的教师登录 www.cmpedu.com 注册下载。

图书在版编目（CIP）数据

电力系统继电保护/何瑞文等编．—2版．—北京：机械工业出版社，2017.5（2024.8重印）
 21世纪电力系统及其自动化系列教材
 ISBN 978-7-111-55961-0

Ⅰ.①电⋯ Ⅱ.①何⋯ Ⅲ.①电力系统-继电保护-高等学校-教材 Ⅳ.①TM77

中国版本图书馆CIP数据核字（2017）第013093号

机械工业出版社（北京市百万庄大街22号　邮政编码100037）
策划编辑：贡克勤　责任编辑：贡克勤　徐　凡　路乙达
责任校对：潘　蕊　封面设计：张　静
责任印制：单爱军
北京虎彩文化传播有限公司印刷
2024年8月第2版第8次印刷
184mm×260mm・15.5印张・371千字
标准书号：ISBN 978-7-111-55961-0
定价：45.00元

电话服务　　　　　　　　网络服务
客服电话：010-88361066　机　工　官　网：www.cmpbook.com
　　　　　010-88379833　机　工　官　博：weibo.com/cmp1952
　　　　　010-68326294　金　书　网：www.golden-book.com
封底无防伪标均为盗版　　机工教育服务网：www.cmpedu.com

21世纪电力系统及其自动化系列教材编委会

主 任 委 员：熊信银

副主任委员：尹项根　韩学山　李庚银　刘宪林
　　　　　　李　扬　陈少华　贡克勤　杨德先（兼秘书）

委　　　员：（以姓氏笔画排序）

尹项根　毛承雄　车仁飞　文明浩　文劲宇
叶俊杰　刘学东　刘宪林　孙丰奇　许　珉
李　扬　李庚银　吴耀武　陆继明　张　利
张　波　杨国旺　杨宛辉　杨淑英　杨德先
陈　卫　陈少华　罗　毅　房俊龙　易长松
赵书强　赵玉林　赵丽平　娄素华　栗　然
盛四清　常鲜戎　梁振光　韩学山　游志成
熊信银　蔡金锭　魏　萍

第2版前言

本书第2版在保留第1版教材内容和结构体系不变的前提下，对绪论内容进行了完善，修正了书中的错误之处，增加了第十章和第十一章，分别是智能变电站的继电保护和电力系统的广域保护控制。

电力系统的发展使网络结构日趋复杂化和多样化，随着智能电网的推进，电力系统继电保护的体系架构正在发生巨大的变革。信息流成为电力系统能量流闭环链中必不可少的链接，电力系统保护与控制极度依赖于信息反馈。而且，基于广域信息、局域信息甚至本地信息的电力系统保护与控制体系都将构筑在网络通信基础上。本文作者在国家自然科学基金项目《CPPS架构下保护控制系统信息流建模与可靠性研究》（51377026）的资助下，以基于信息网络架构的保护和控制系统为研究对象，深入分析了信息流对保护控制系统的约束，对智能变电站和智能电网的保护控制体系形成了认识。

在此基础上，对本书第1版的内容进行了拓展，主要增加了两部分内容：①智能变电站的继电保护。从智能变电站及其继电保护系统的结构、形态和特征出发，论述了电子式互感器、过程层网络传输特性和信息流质量、同步技术等对继电保护系统性能的影响，描述了目前面向智能电网提出的层次化保护与控制体系。②电力系统的广域保护控制。根据广域保护控制应实现的功能，结合电力系统稳定性和控制方式的概念，对暂态稳定和失步解列、频率特性和低频减载、电压稳定和低压减载进行了分析，最后指出电力系统保护控制面临的挑战。如此，使得本书对电力系统继电保护的知识体系介绍更加完整，从而形成本书的特色之处。

本书的第一、七、八、九、十、十一章由何瑞文编写，第五章由陈卫编写，第三、四、六章由陈少华编写，第二章由文明浩编写。全书由何瑞文统稿。陈德树教授审阅了本书并提出了很多极有价值的意见和建议。在此表示深深的感谢！

在编写本书过程中参考了很多优秀的教材和著作。编者向收录于参考文献中的各位作者表示真诚的谢意。

书中若有不妥和纰漏之处，恳请读者批评指正。

编　者

第1版前言

本书是高等学校电气工程及其自动化专业"电力系统继电保护"课程的教材，内容包括电网的电流保护、距离保护、输电线路的纵联保护、自动重合闸、电力变压器保护、发电机保护和母线保护的基本原理和分析方法。

本书有以下特点：

1. 现代电力系统继电保护装置结构已经发生了巨大的变化，微机保护装置在实际应用中已占主导地位。以电磁型或集成电路型保护结构为基础的原理分析，不利于理论与实际的认识统一。本书第三章电流保护的分析以传统保护结构为基础，以便能够与继电保护技术的历史衔接，同时增强初学者的感性认识。后续内容则以原理框图进行分析，结合第二章的微机保护软硬件知识，力图使读者能够立足于微机保护装置理解继电保护原理。

2. 发电机、电力变压器等电力主设备在电力系统中担当极其重要的角色。随着电力系统大电源和高压变电所的大量建设，发电机、变压器继电保护的可靠运行已成为确保电力系统安全运行的重要因素。这些设备尤其是发电机结构的复杂性造成了保护的多样性。教材系统地阐述了发电机、电力变压器等元件的保护原理。

3. 电力系统的发展使网络结构日趋复杂化和多样化，纵联保护已成为电力系统的主要保护形式。输电线路的纵联保护主要依靠先进的通信手段来保证其高性能，随着通信技术的进步，纵联保护的原理和技术也在不断地发展和完善。教材切合电力系统的实际情况，对纵联保护的原理分析力求清晰完整。

本书的第一、三、四、六章由陈少华编写，第五章由陈卫编写，第七、八、九章由何瑞文编写，第二章由文明浩编写。陈德树教授审阅了本书的全部内容并提出了很多极有价值的意见和建议。在此表示深深的感谢！

在编写本书过程中参考了很多优秀的教材和著作。编者向收录于参考文献中的各位作者表示真诚的谢意。

书中若有错误和不当之处，恳请读者批评指正。

编 者

目 录

第2版前言
第1版前言
第一章 绪论 ………………………………… 1
  第一节 电力系统继电保护的作用 ………… 1
  第二节 对电力系统继电保护的基本要求 …… 3
  第三节 电力系统继电保护的基本原理 …… 6
  第四节 电力系统继电保护装置的构成 …… 8
  第五节 电力系统继电保护的作用域 …… 12
  第六节 继电保护技术的发展简介 …… 15
  习题与思考题 …………………………… 16
第二章 微机继电保护基础 …………………… 17
  第一节 微机保护基本结构 ………………… 17
  第二节 微机保护工作原理简介 …………… 19
  第三节 微机保护数字信号处理与典型
        算法 ……………………………… 21
  习题与思考题 …………………………… 30
第三章 电网的电流保护 ……………………… 31
  第一节 单侧电源网络相间短路的电流
        保护 ……………………………… 31
  第二节 电网相间短路的方向性电流保护 … 43
  第三节 中性点直接接地电网中接地短路的
        零序电流及其方向保护 …………… 52
  第四节 中性点非直接接地电网中单相接地
        故障的保护 ……………………… 59
  习题与思考题 …………………………… 64
第四章 电网的距离保护 ……………………… 67
  第一节 距离保护的基本原理 ……………… 67
  第二节 距离保护的接线方式 ……………… 70
  第三节 阻抗元件及其动作特性 …………… 72
  第四节 距离保护的整定计算及对距离保护
        的评价 …………………………… 82
  第五节 影响距离保护正确工作的因素及
        对策 ……………………………… 86
  习题与思考题 …………………………… 95

第五章 输电线路的纵联保护 ………………… 97
  第一节 概述 ……………………………… 97
  第二节 交换逻辑信号的纵联保护 ………… 97
  第三节 基于电流差动原理的纵联保护 …… 107
  习题与思考题 …………………………… 115
第六章 自动重合闸 …………………………… 116
  第一节 自动重合闸的作用及对它的
        基本要求 ………………………… 116
  第二节 三相自动重合闸 …………………… 117
  第三节 单相自动重合闸 …………………… 120
  第四节 综合重合闸简介 …………………… 123
  第五节 重合闸动作时限的整定原则 ……… 124
  习题与思考题 …………………………… 125
第七章 电力变压器的保护 …………………… 127
  第一节 电力变压器的故障类型、不正常
        运行状态及相应的保护方式 …… 127
  第二节 变压器的纵差动保护 ……………… 128
  第三节 变压器相间短路和接地短路的
        后备保护 ………………………… 142
  第四节 变压器的零序电流差动保护和
        过励磁保护 ……………………… 146
  第五节 自耦变压器保护的特点 …………… 148
  第六节 变压器的非电气量保护 …………… 150
  第七节 变压器保护的配置举例 …………… 152
  习题与思考题 …………………………… 153
第八章 发电机的保护 ………………………… 155
  第一节 发电机的故障类型、不正常运行
        状态及相应的保护方式 …………… 155
  第二节 发电机定子绕组短路故障的
        保护 ……………………………… 156
  第三节 发电机定子绕组的单相接地
        保护 ……………………………… 159
  第四节 发电机的负序过电流保护 ………… 164
  第五节 发电机的失磁保护 ………………… 166

  第六节 发电机的其他保护形式 …………… 171
  第七节 发电机—变压器组继电保护的特点
      和配置 …………………………… 175
  习题与思考题 ……………………………… 178
第九章 母线的保护 ………………………… 179
  第一节 装设母线保护的基本原则 ……… 179
  第二节 电流差动母线保护 …………… 181
  第三节 双母线保护 …………………… 185
  第四节 一个半断路器接线的母线保护 … 188
  第五节 断路器失灵保护 ……………… 189
  习题与思考题 ……………………………… 191
第十章 智能变电站的继电保护 …………… 192
  第一节 智能变电站的特征和形态 ……… 192
  第二节 智能变电站继电保护系统 ……… 199

  第三节 智能变电站继电保护系统性能 …… 205
  第四节 层次化保护与控制体系 ………… 214
  习题与思考题 ……………………………… 215
第十一章 电力系统的广域保护控制 ……… 216
  第一节 广域保护控制的功能实现 ……… 216
  第二节 电力系统的运行状态和控制
      策略 …………………………… 218
  第三节 电力系统稳定性概述 …………… 219
  第四节 暂态稳定性和失步解列 ………… 223
  第五节 系统频率特性和低频减载 ……… 228
  第六节 电压稳定性和低压减载 ………… 232
  第七节 电力系统保护控制面临的挑战 …… 235
  习题与思考题 ……………………………… 237
参考文献 ……………………………………… 238

第一章 绪 论

第一节 电力系统继电保护的作用

电力系统在运行中,可能发生各种故障和不正常运行状态,会危及电力系统安全稳定运行,使电能质量下降,造成停电或少供电,甚至毁坏设备,造成人身伤亡。为避免或减少事故的发生,提高电力系统运行的可靠性,应充分发挥人的主观能动性,提高设备设计制造水平,保证设计安装质量,加强对设备的维护和检修,提高运行管理水平,尽一切可能采取积极的预防事故措施,减少事故发生的概率。

在电力系统中,除应采取各种积极措施消除或减少发生故障的可能性以外,故障一旦发生,必须依赖于继电保护技术迅速且正确地隔离故障设备,以确保电力系统非故障部分继续安全运行,避免事故扩大,缩小事故的范围和影响,最大限度地保证向用户安全连续供电,这是保证电力系统安全稳定运行的最有效方法之一。

继电保护技术是电气工程领域的重要分支。要实现系统非正常运行状态的检测,并迅速采取措施使系统尽快恢复到正常状态,显然采用人工干预方式实现这种快速响应能力(毫秒级)是不现实的,必须采用自动装置予以实现并力求对系统造成的冲击最小。

一、电力系统的正常、不正常运行状态和故障状态

在正常运行状态下,电力系统中各电源总的有功和无功功率输出能和负载总的有功和无功功率的需求达到平衡;电力系统的各母线电压和频率均在正常运行的允许偏差范围内;各电源设备和输配电设备均在规定的限额内运行;电力系统有足够的旋转备用和紧急备用以及必要的调节手段,使系统能承受正常的干扰(如无故障开断一台发电机或一条线路),而不会产生系统中各设备的过载,或电压和频率偏差超出允许范围。电力系统是包含有大量发电机、变压器和输配电线路的极其复杂的系统,而上述性能的保证依赖于对系统进行非常细致精确的规划、设计、安装和运行。

正常运行时电力系统处于相对稳定状态,而且还能在保证安全运行的条件下,实现电力系统的经济运行。然而系统实际上会遭受各种扰动,如随机的负荷变化、自然因素甚至操作失误引起的故障等。电力系统对不大的负荷变化能通过调节手段,可从一个正常运行状态连续变化到另一个正常运行状态。

电力系统中电气元件的正常工作遭到破坏,但没有发生故障,这种情况属于不正常运行状态。常见的不正常运行状态有以下几种:①过电流,也称过负荷,即负荷电流超过额定值。由于过负荷时流过电力设备的负荷电流超过其额定值,会使载流设备和绝缘材料的温度升高,从而加速绝缘老化或使设备遭受损坏,甚至可能发展成故障;②电压升高超过额定值。这种不正常状态通常发生在水轮机突然甩负荷后,由于转速升高,使得发电机定子绕组中电动势增大,造成电压升高,甚至达到损坏发电机绝缘的程度;③频率升高或降低。系统

中突然切除部分机组或断开主干线时，剩余机组容量可能与负荷失去平衡，如果容量过剩则系统频率上升，容量缺额则系统频率下降，频率变化对于发电机和负载电动机的运行都有一定的影响；④系统振荡。并列运行的两台机组或两个系统之间不能保持同步运行的现象称为振荡。振荡时系统中各点的电压和电流的幅值和相位会有很大的波动，影响功率正常输送。

电力系统的所有一次设备在运行过程中由于各种因素的影响可能会发生短路、断线等故障，最常见也是最危险的故障是各种类型的短路。所谓短路，是指系统运行时发生的一切电气设备相线与相线之间、相线与地线之间的短接。有三相短路、两相短路、两相接地短路、不同地点的两点接地短路、单相接地短路以及电机和变压器的匝间短路。在中性点直接接地系统中，单相接地短路故障最为常见，据统计约占故障总数的90%左右。在中性点不接地或经消弧线圈接地的系统中，单相接地并不构成大电流的短路环路。若中性点接有消弧线圈，单相接地虽然构成了回路，但由于消弧线圈的补偿作用，故障电流是很小的。发生短路故障的原因是多种多样的，除由于雷击或鸟兽跨越电气设备等外界原因造成的事故外，绝大多数事故是由于设备上的缺陷、设计和安装上的错误、检修质量不高以及调试运行维护不当所造成的。

由于电力系统各级设备之间都有电或磁的联系，当故障发生时，会在瞬间波及整个电力系统。短路持续时间越长，危害程度越大。当电力系统发生短路故障时，可能引起以下严重后果：

1）故障点通过很大的短路电流将燃起电弧，烧毁故障设备，造成系统部分用户停电。

2）短路电流通过非故障设备，由于发热和电动力的作用，致使其绝缘遭受损毁或使用寿命缩短。

3）电力系统中部分地区的电压大大降低，影响用户设备的正常运行。

4）破坏电力系统并列运行的稳定性，引起系统振荡，使事故扩大，甚至造成整个系统瓦解。

二、电力系统继电保护技术

继电保护技术是一个完整的体系，它主要由电力系统故障分析、继电保护原理及实现、继电保护配置设计、继电保护整定计算、继电保护装置运行与维护等技术构成，其中，继电保护装置是保护功能的具体实现，是保证电力系统安全运行至关重要的一种自动装置。

继电保护装置是指装设于整个电力系统的各个元件之上，当电力系统内指定区域发生故障时，能在极短的时间（如几十毫秒）断开故障设备，保证其余部分的正常运行，避免大面积停电事故发生的一种反事故自动装置。它的基本任务就是：

1）当被保护的电力系统元件发生故障时，应该由该元件的继电保护装置自动、迅速、准确地给离故障元件最近的断路器发出跳闸命令，使故障元件及时从电力系统中断开，非故障部分迅速恢复正常运行，最大限度地减少对电力系统元件本身的损坏，降低对电力系统安全供电的影响，并满足电力系统的某些特定要求（如保持电力系统的暂态稳定性等）。

2）反应电气设备的不正常运行状态。根据不正常运行状态的种类和设备运行维护条件（如有无经常值班人员）发出信号，由值班人员进行处理或自动进行调整，减负荷或将那些继续运行会引起事故的电气设备予以切除。反应不正常运行状态的继电保护装置允许带有一定的延时动作。

由此可见，继电保护装置是电力系统中一种较为特殊的控制装置。它反应电力系统中被保护设备的运行状态：正常、异常或者故障状态，它的输出只有两种状态："是"或者

"否"。这"是"或"否"的临界点用"不等式"的"判据"来表达,例如,"电流 I 是否大于设定值 I_{set}?",大于为"是",小于为"否"。这样就可以用判据是否满足来判定电力系统被保护设备是处于故障状态,还是正常运行状态,这样的输出特性被称为"继电特性",有这样输出特性的设备或装置被称为"继电器"或"继电装置",用于保护作用时,就是"继电保护装置"。

继电保护技术是电力系统密不可分的一部分,是保障电力设备安全和防止、限制电力系统大面积停电的最基本、最重要、最有效的技术手段。电力系统中的所有一次设备都必须有继电保护,相关电力规程规定:任何电气设备(线路、母线、发电机、变压器等)都不允许在无继电保护的状态下运行。可见,继电保护虽然不是电力系统的一次设备,但是在保障一次设备安全运行方面担任着不可或缺的重要角色。而且国内外实践证明,继电保护装置一旦发生不正确动作,往往会扩大事故,酿成严重后果。

由于最初的继电保护装置是由机电式继电器为主构成的,故称为继电保护装置。尽管现代继电保护装置已发展成为由微型计算机为主构成的,但其基本功能特征没有变,故仍沿用此名称。目前在电力部门常用继电保护一词泛指继电保护技术或由各种继电保护装置组成的继电保护系统。

电力系统的任意点发生故障都能被继电保护自动发现并切除,可见电力系统的每一处都在相应保护范围的覆盖下。由成千上万个电力元件组成的电力系统,每一个电力元件如何配置保护以及电力元件的继电保护之间如何相互配合,需要根据电力元件的电气特征及其故障对电力系统的影响程度而决定。

本书主要介绍各种继电保护原理,涉及这门学科的基本原则有:正确的故障诊断,快速的响应能力,以及能实现对系统的冲击最小化。要达到这些要求,必须辨识电力系统各种可能的故障和不正常状态,分析对各种事件所需要的响应速度和足够的反应能力,而且需要意识到保护装置自身发生故障不能正确动作的可能性,必须提供冗余后备的功能。

第二节 对电力系统继电保护的基本要求

一、可靠性

保护装置的可靠性(reliability)是指在该保护装置规定的保护范围内发生了它应该动作的故障时,它不应该拒绝动作,而在其他一切该保护不应该动作的情况下,则不应该误动。在术语上,将继电保护不误动的可靠性称为"安全性(security)",将其不拒动和不会非选择性动作的可靠性称为"可信赖性(dependability)",意指保护装置的动作行为完全取决于电力系统的故障情况。

可靠性主要针对保护装置本身的质量和运行维护水平而言。一般说来,保护装置的组成元件的质量越高、接线越简单、回路中继电器的触点数量越少,保护装置的工作就越可靠。同时,精细的制造工艺、正确的调整试验、良好的运行维护以及丰富的运行经验,对于提高保护的可靠性也具有重要的作用。

大部分继电保护系统被设计为具有很高的可信赖性,即发生任何故障总能够被相应保护切除。考虑到继电保护或断路器有拒绝动作的可能性,因而需要采取冗余配置,并增加后备保护的功能。一般地，把反映被保护元件故障，快速动作于跳闸的保护装置称为主保护，可根据需要设多套主保护装置，而把在主保护系统失效时作备用的保护装置称为后备保护。电力系统中的每一个重要元件都必须配备至少两套保护，关键的一次设备甚至要求至少配置两套独立的保护，即两套保护有相互独立的交、直流输入和输出回路，有不同的直流供电回路，分别控制不同的断路器。当任一套继电保护装置或任一组断路器拒绝动作时，另一套继电保护装置可以不受影响操作另一组断路器切除故障。

事实上，继电保护装置的误动作和拒绝动作都会给电力系统造成严重的危害。然而，提高不误动作的安全性措施和提高不拒动的可信赖性措施往往是矛盾的，一个保护系统的可信赖性越高，它的安全性相对就越低。如何处理继电保护系统的这一对矛盾，则需要考虑具体的电力网络结构、电力元件在电力系统中的位置、误动和拒动的危害程度等实际因素，根据不同的情况，突出不同的侧面。

当系统中有充足的旋转备用容量，各系统之间、电源与负荷之间联系紧密时，由于继电保护装置误动作造成发电机、变压器或输电线切除对电力系统运行的影响可能比较小，但如果电力系统中发电机、变压器或输电线路故障时继电保护装置拒动而造成设备损坏或系统稳定的破坏，则可能造成巨大的损失。因此这种情况下提高继电保护不拒动的可靠性比提高继电保护不误动的可靠性显得更重要。此时有必要牺牲一定的安全性来保证系统具有较高的可信赖性，例如目前500kV电压等级的输电线路要求装设两套独立的全线速动主保护。

在系统的旋转备用容量很少，各系统之间和电源与负荷之间的联系比较薄弱时，继电保护装置的误动作会引起对负荷供电的中断，甚至造成系统稳定的破坏，但是若继电保护装置拒动，其后备保护仍可以动作切除故障。因此这种情况下提高保护装置不误动的可靠性比提高其不拒动的可靠性显得更重要。例如对于单母线或双母线保护，由于保护误动将给电力系统带来严重的后果，为强调不误动的安全性，一般采用两套保护出口触点串联后跳闸的方式以避免保护误动。

二、选择性

对继电保护选择性的基本要求是，故障发生时，应当由最靠近故障点的断路器将故障快速断开，以保证其余部分的电力系统继续安全稳定地运行；而如果应当动作的继电保护或断路器因故拒绝动作时，则应由电源侧上一级的断路器将故障断开，以保证受故障影响的电力系统范围可能缩到最小，最大限度地保证系统中非故障部分能继续运行。电力系统对继电保护选择性的要求非常严格，要求被保护元件的外部发生故障时一定不能动作，只有在保护与重合闸前加速配合时，可以允许保护首先采取非选择性的动作，再由重合闸前加速逻辑加以纠正，从而实现一些简单直配线路上故障的快速切除。

图1-1所示的单侧电源网络中，母线E、F、G、H代表相应的变电站（所），数字1、2、3、…代表相应的断路器，本书中采用继电保护装置与断路器的标号一致，即断路器处对应有相同标号的保护装置。当k_1短路时，应由距离短路点最近的保护1和2动作使断路器1、2跳闸，将故障线路切除，变电所F则仍可由另一条无故障的线路继续供电，这种情况即为有选择性动作。此时，断路器1、2必须都要动作，否则E变电所的电流经过断路器3、4到F变电所，再经过断路器2形成短路电流。但如果3或4也同时动作，就会造成变电所F停电，这种情况则为无选择性动作。而当k_3短路时，保护6动作跳闸，切除线路G-H，此时只有变电所

H 停电，当属有选择性动作；若此时保护 5 动作，甚至保护 1 和 3（或保护 2 和 4）也动作，就会造成变电所 H 和 G 均停电，甚至变电所 F 也停电，这属无选择性动作。由此可见，继电保护有选择性的动作可将停电范围限制到最小，甚至可以做到不中断用户的供电。

如图 1-1 所示，当 k_3 点短路时，距离短路点最近的保护 6 应该动作切除故障，若由于某种原因，该处的继电保护装置或断路器拒绝动作，故障便不能消除，此时若其前面一条线路（靠近电源侧）的保护 5 能动作，故障也可消除。能起保护 5 这种作用的保护称为相邻元件的后备保护。同理，保护 1 又应该作为保护 5 的后备保护。按以上方式构成的后备保护是在远离被保护设备处实现的，因此又称为远后备保护。

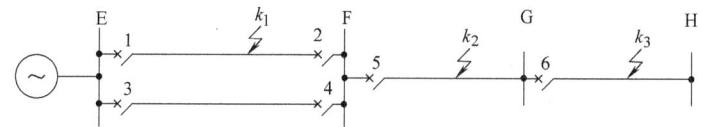

图 1-1　单侧电源网络中，有选择性动作的说明

在复杂的高压电网中，当实现远后备保护在技术上有困难时，也可以采用近后备保护的方式。即当本元件的主保护拒绝动作时，由本元件的另一套保护作为后备保护；当断路器拒绝动作时，由同一发电厂或变电所内的有关断路器动作，实现后备。为此，在每一元件上应装设单独的主保护和后备保护，并装设必要的断路器失灵保护。由于这种后备作用是在靠近被保护设备处实现的，因此，称它为近后备保护。

应当指出，远后备的性能是比较完善的，它对相邻元件的保护装置、断路器、二次回路和直流电源所引起的拒绝动作，均能起到后备作用，同时它的实现简单、经济，因此得到广泛采用，当远后备不能满足要求时，就考虑采用近后备的方式。

三、速动性

对继电保护系统的基本要求之一是以尽可能短的时限把故障和异常情况从电网中切除或消除。对动作于跳闸的保护，要求尽可能迅速地切除故障设备，降低短路电流对故障设备的损坏程度，减少对用户正常用电的影响，维持电力系统并列运行的稳定性。

对继电保护速动性的具体要求，应根据电力系统的接线以及被保护元件发生故障时，保护所需要的响应速度来确定。一些必须快速切除的故障有：

1）高压输电线路上和大容量的发电机、变压器以及电动机内部发生的故障。
2）使发电厂或重要用户的母线电压低于允许值（一般为额定电压的 0.7 倍）的故障。
3）中、低压线路导线截面过小，为避免过热不允许延时切除的故障。
4）可能危及人身安全或对通信系统有强烈干扰的故障等。

但是，快速动作的继电保护装置必须通过对故障暂态条件下发生严重畸变的电压和电流信号进行分析，从而做出可靠判断，所以继电保护装置对故障的正确判别需要一定的时间，而且保护的反应时间与该判断的正确性程度成反比。

故障切除的总时间等于保护装置和断路器动作时间之和。一般快速保护的动作时间可达 0.01~0.04s，断路器的动作时间可达 0.02~0.06s。因而由快速保护切除故障的总时间可以控制在 0.1s 以内。

实际使用时，对大量的中、低压电力元件，允许带有一定的延时切除故障，有些保护原理的实现也需要带有一定的延时,所以不一定都采用快速动作的保护。

四、灵敏性

继电保护的灵敏性,是指对于其保护范围内发生故障或不正常运行状态的反应能力。满足灵敏性要求的保护装置应该在事先规定的保护范围内部故障时,不论短路点的位置、短路的类型如何,以及短路点是否有过渡电阻,都能敏锐感觉,正确反应。保护装置的灵敏性通常用灵敏系数或灵敏度来衡量。各种保护装置灵敏系数的最小值,在 GB 14285—2006《继电保护和安全自动装置技术规程》中都作了具体规定。一般要求保护装置的灵敏度足够就可以了,灵敏度过高,虽然增加了保护动作的可信赖度,但可能与安全性相矛盾。

以上 4 个基本要求是分析研究继电保护性能的基础,也是贯穿全课程的一个基本线索。在它们之间,既有矛盾的一面,又有在一定条件下统一的一面。继电保护的科学研究、设计、制造和运行的绝大部分工作也是围绕着如何处理好这 4 个基本要求之间的辩证统一关系而进行的。

第三节 电力系统继电保护的基本原理

为了完成继电保护所担负的任务,要求它能够正确地区分电力系统正常运行状态与故障或不正常运行状态的差别。因此,继电保护原理实质上是在电力系统故障分析的基础上,利用故障或不正常运行状态与正常运行状态下尽可能有显著差别的特征量加以实现。

1. 反应单侧电气量的保护

利用被保护元件一侧的电气量在正常和故障时的变化特征可以构成各种作用原理的继电保护,主要有以下形式:

(1) 反应于电流增大而动作的电流保护　电力系统正常运行时,每条线路上都流过由它供电的负荷电流 I_L,越靠近电源端的线路上负荷电流越大。如图 1-2a 所示的网络接线。假定在线路 F-G 上发生三相短路(如图 1-2b 所示),在电源与短路点之间将流过很大的短路电流 $\dot{I}_k$。利用流过被保护元件中电流幅值的增大,可以构成电流保护。

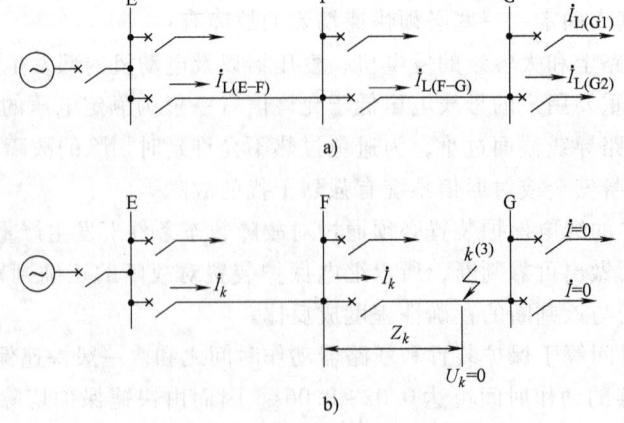

图 1-2　单侧电源网络接线

a) 正常运行情况　b) k 点三相短路情况

(2) 反应于电压降低而动作的电压保护　各变电站母线上的电压，正常运行时一般都在额定电压±（5%~10%）的范围内变化，且靠近电源端的母线电压略高。短路时，各变电站的母线电压在不同程度上有很大的降低，距短路点越近电压下降得越多，甚至降为零，由此可以构成电压保护。

(3) 反应于测量阻抗减小而动作的阻抗保护（也称距离保护）　测量阻抗为测量点（保护安装处）电压与电流相量的比值，即 $Z = \dot{U}/\dot{I}$。以输电线路为例，正常运行时，测量阻抗为负荷阻抗，即在线路始端所感受到的、由负荷所反映出来的一个等效阻抗，其数值一般较大。金属性短路时，测量阻抗为线路阻抗 Z_k，与故障前相比，因为故障后电压降低且电流增大，所以测量阻抗的幅值显著减小，且测量阻抗的大小正比于短路点到变电站母线之间的距离，由此可以构成距离保护。

(4) 反应于电压与电流相位角变化的方向性保护　以输电线路故障为例，正常运行时，同相电压与电流间的相位角为负荷功率因数角，约20°左右；线路正方向发生三相金属性短路时，同相电压与电流间的相位角则为线路阻抗角，对于架空线路，线路阻抗角为60°~85°。而在线路反方向三相短路时，电压与电流间的相位角为180°+（60°~85°）。根据电压与电流间相位角（即功率方向）的变化可以构成方向性的保护原理，如与电流保护结合的方向性电流保护。

(5) 反应于负序和零序分量的出现而动作的序分量保护　正常运行时，系统中只存在正序分量，但发生不对称故障时会产生负序和零序分量。广而言之，凡是在特定的故障条件下出现的某些特殊分量对于故障检测都是非常有价值的。利用负序（或零序）电压（或电流）可以构成负序（或零序）分量的保护，如零序电流保护。

以上的保护原理只需要将被保护元件一端的电气量通过互感器引入保护装置，易于实现，但是当保护范围末端短路时，在被保护元件首端所测量到的电气量由于测量误差，将不能准确地界定故障点位置（如对于线路不能区分本线路末端和下一条线路的首端），因此必须采用阶段式的保护特性来保证动作的选择性。

2. 纵联保护

纵联保护是通过比较被保护元件两侧（或多侧）的电气量在正常运行和故障时的差异来实现的。它们只在被保护元件内部故障时动作，被认为具有绝对的选择性，一般作为220kV及以上输电线路和较大容量发电机、变压器、电动机等电力元件的主保护。具体有以下几种形式：

(1) 比较两侧电流相量的电流差动保护（也称纵差动保护）　对于任一电气元件，根据基尔霍夫定律，正常运行或外部发生故障时，流入元件的电流应等于流出电流，但发生内部故障时，其流入电流不再等于流出电流。反应被保护电气元件流入与流出电流的相量差可以构成电流差动保护。

(2) 比较两侧电流相位的相位差动保护　以线路 E-F 为研究对象，在正常运行时，任一瞬间的负荷电流总是从一侧流入而从另一侧流出，如图 1-3a 所示。当在线路 E-F 范围以外的 k_1 点短路时，如图 1-3b 所示，由电源 I 所供给的短路电流 $\dot{I}'_{k1}$ 将流过线路 E-F，此时 E-F 两侧的电流是同一电流，其相位特征与正常运行时一样。当在线路 E-F 范围以内的 k_2 点短路时，如图 1-3c 所示，由于两侧电源分别向短路点 k_2 供给短路电流 $\dot{I}'_{k2}$ 和 $\dot{I}''_{k2}$，两侧电流的相位特征不同于正常运行和外部故障。利用每个电气元件在内部故障与外部故障（包括正常运行情况）时两侧电流相位的差别，就可以构成相位差动保护。

(3) 比较两侧功率方向的方向纵联保护　如果规定短路功率（短路功率一般指短路时母线电压与线路电流相乘所得的感性功率）的正方向是从母线流向被保护线路。按照规定的正方向来看，当被保护线路内部发生故障时，线路两端的功率方向均为正；而被保护线路外部发生故障（或正常运行）时，线路两端的功率方向一个为正一个为负。因此，比较被保护线路两端短路功率的方向，就可以构成方向纵联保护。

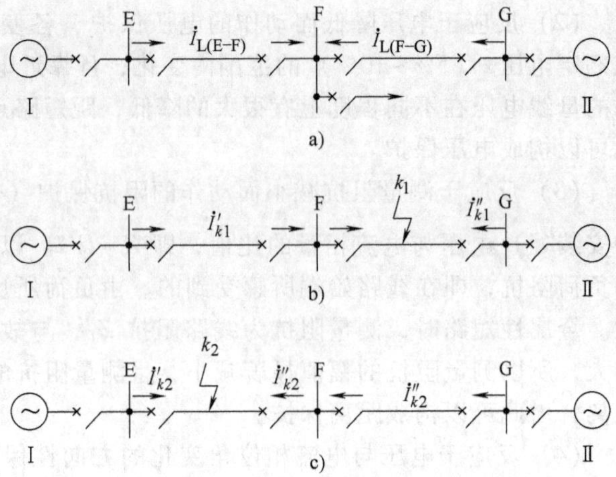

除上述反应于各种电气量的保护原理以外，还有根据电气设备的特点实现反应非电气量的保护，例如，当变压器、电抗器油箱内部的绕组短路时，

图 1-3　双侧电源网络接线
a）正常运行情况　b）k_1 点短路时的电流分布
c）k_2 点短路时的电流分布

反应绝缘油受热分解产生气体而构成的瓦斯保护；反应油箱内部压力增大的压力释放保护；当变压器、电动机过负荷或冷却系统发生故障时，直接反应于绕组、油温或其他部件温度升高而构成的过热保护等。

第四节　电力系统继电保护装置的构成

一、继电保护装置接入电力系统

判断电气设备是否发生故障，一般通过电气设备电压和电流信息的变化特征进行甄别，继电保护装置是通过电压互感器和电流互感器来获取高压电气设备电压和电流信息的。电压互感器（TV）将一次侧的高电压变换成二次侧的低电压，电流互感器（TA）将一次侧的大电流变换成二次侧的小电流，然后引入继电保护装置。互感器的作用是能够准确传递一次系统的电压、电流信号，转换成二次电压、电流信号给保护和测量设备。尽管现代互感器在大多数情况下的性能良好，但是互感器的传变误差尤其是暂态过程中的特性还是会影响到保护装置的性能。

TV 和 TA 是一次回路和二次回路的联络元件，电力系统中的电压和电流一般为交流量，称接入继电保护装置的电压和电流回路为二次交流回路。为了使互感器提供的二次电流和电压进一步减小，以适应弱电元件（如电子元件）的要求，可采用输入变换器（U）进行转换。同时，输入变换器还担负着在二次回路与继电保护装置内部电路之间实行电气隔离和电磁屏蔽作用，以保障人身安全及保护装置内部弱电元件的安全，减小来自高压设备对弱电元件的干扰。

当继电保护装置判断被保护的电气设备发生故障时，发出指令跳开控制该电气设备的断路器（QF），将故障的电气设备从电力系统中切除出去。保护装置动作输出的是若干继电器的空触点，用于跳闸的触点接入跳闸控制回路，用于发信号的触点接入信号回路，同时还提供了远动或故障录波使用的触点。信号回路和控制回路通常为 220V 或 110V 的直流回路。

二、互感器性能对保护的影响

1. 电流互感器

高压电气设备电流量，通过电流互感器获得。目前广泛应用的是铁心不带气隙的电磁式电流互感器，此外还有带小气隙、大气隙或不带铁心的电流互感器，电磁式电流互感器的工作原理与升压变压器相似。其一次绕组直接串接在电力系统一次回路中，一次绕组匝数很少（1匝或2匝），二次侧负载阻抗很小，近乎直接短路。流过一次绕组中的电流完全取决于被测电路的负荷电流，而与二次绕组的电流大小无关。电流互感器二次绕组所接仪表和继电器的绕组阻抗很小，正常情况下，在近乎短路状态下运行。电流互感器通常有若干个二次绕组，其数量、铁心类型和准确度等级应满足继电保护装置和测量仪表的要求。

电流互感器二次侧电流对一次侧电流的传变存在幅值误差与相位误差。误差的大小与负载大小有关。一般情况下，负载轻，即负载阻抗小时误差小；负载重，即负载阻抗大时误差大。阻性负载幅值误差小，相位误差大；感性负载幅值误差大，相位误差小。"规程"规定了误差大小的准确度等级，简称准确级。作为测量用途的电流互感器准确度要求较高，如0.2级、0.5级等。专门作为继电保护用途的电流互感器，则要求满足故障状态下具有较小误差，而正常运行状态下并不要求其测量精度达到测量用电流互感器的水平。保护用电流互感器的准确级以额定准确限值一次侧电流下的最大综合误差的百分数来表示，额定准确限值一次侧电流为额定一次侧电流的倍数，其标准值为5、10、20、30，例如，5P20表示额定负载、20倍额定一次侧电流条件下的综合误差为5%。

电力系统短路时，短路电流是额定电流的许多倍，继电保护要求最大短路电流条件下，电流互感器的幅值误差不超过10%，角度误差不超过7°。为了防止最大短路电流时电流互感器的误差超过规定值，电流互感器制造厂家会给出10%误差特性曲线，电流互感器用户使用时可以从曲线上查出电流互感器的特定负载条件下，幅值误差不超过10%、角度误差不超过7°所允许的最大短路电流；或者从曲线查出最大短路电流条件下，幅值不超过10%、角度误差不超过7°所允许的最大负载。

电流互感器在通过负荷电流情况下的运行特性并不是继电保护所关心的问题。当发生短路时，故障电流很大，且包含非周期分量，而且电流互感器铁心中可能有剩磁，这些因素都可能导致电流互感器铁心饱和，从而引起TA二次侧电流波形畸变。由于互感器的励磁支路具有非线性特征，铁心饱和严重时励磁电感近似为零，此时电流互感器二次绕组中流过的电流为零。可见，电流互感器饱和时，其二次侧电流不能真实地反映一次侧电流，从而使得保护装置可能在TA饱和时发生拒动，所以设计继电保护系统时必须考虑TA饱和因素的影响。

2. 电压互感器

高压电气设备电压量，通过电压互感器获得。电压互感器主要分为电磁式电压互感器和电容式电压互感器两种。电磁式电压互感器的工作原理与降压变压器一样，但是容量比较小，二次侧的负载阻抗很大，近于在空载状态下运行。电压互感器的二次侧电压反映一次侧电压的大小，因此要求传变误差小。实际上，二次侧电压对一次侧电压的传变存在幅值误差与相位误差。误差的大小与负载有关，一般情况下，负载轻，即负载阻抗大时误差小；负载重，即负载阻抗小时误差大。阻性负载幅值误差小，相位误差大；感性负载幅值误差大，相位误差小。电压互感器准确级是指在规定的一次侧电压和二次侧负载变化范围内，负荷功率因素为额定值时,最大电压误差的百分数。作为测量用途的电压互感器准确度要求较高,如0.2级、0.5级等。作为继电保护用途的电压互感器准确度要求较低,如电压互感器准确度等级为3P、6P,其中3P表示额定负载、额定电压条件下的综合误差为3%。

电容式电压互感器用于110~500kV中性点直接接地电力系统中,它是利用分压原理实现电压变换的,在超高压电容式电压互感器中,还需要一个电磁式电压互感器将电容分压器输出的较高电压进一步变换成二次额定电压,并实现一次电路与二次电路之间的隔离。电磁式电压互感器时间常数很小,电力系统短路使一次电压突然降为零时,电感中储存的能量能迅速释放,因而产生的电压自由分量衰减很快,所以电磁式电压互感器暂态过程时间很短,不会影响保护装置的快速性和准确性。但是电力系统电压突变时,电容式电压互感器相当于一个有源 R、L、C 串联电路的电源电压突变,引起的暂态过程中存在衰减时间较长的电压自由振荡分量和直流分量,衰减时间可长达数十毫秒,这可能造成快速保护动作延迟甚至不正确动作。这是电容式电压互感器的缺点,需要采取特殊的解决措施。

三、继电保护装置的组成

继电保护的任务是判断电力系统有关设备是否发生故障从而决定是否发出跳闸命令,使发生故障的设备尽可能迅速地与电力系统隔离。为此,首先要获取与被保护设备有关的信息,再根据不同的保护原理,进行综合分析和逻辑判断,最后做出决断,并付诸执行。所以,继电保护装置大致上由信息的获取与预处理、信息的分析综合与逻辑判断和判断结果的执行输出三部分组成,如图1-4所示。

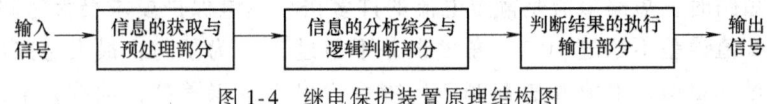

图1-4 继电保护装置原理结构图

1. 信息的获取与预处理部分

继电保护是利用电力系统中设备发生短路或异常情况时的电气量(电流、电压、功率、频率等)的变化,构成动作的条件,也有其他的物理量,如变压器油箱内故障时伴随产生的大量瓦斯和油流速度的增大或油压强度的增高等。

在早期的机电型保护装置中,电流、电压直接加到继电器的测量机构,变换成机械力,然后在机械力的层次上进行比较判别,中间并不需设置其他的变换、隔离等环节。随着电子技术的引入,为了适应电子器件的弱信号的要求,在电流互感器、电压互感器与电子电路之间需要设置隔离屏蔽、电平变换等处理环节,通常采用电流变换器、电压变换器以及电抗变换器等实现。在静态型继电保护和数字型继电保护中都采用类似的变换环节,称为"信息预处理"环节。

2. 信息的分析综合与逻辑判断部分

从被保护对象输入的有关参量,按照相应的继电保护原理,与已经给定的整定值进行比较,并根据比较的结果,按一定的逻辑工作关系,最后确定是否应该使断路器跳闸或发出信号,并将有关命令传给执行部分。

数字型继电保护与模拟型继电保护的根本区别就在于实现这部分功能的手段不同。常规的模拟型保护是靠模拟电路的构成来实现的,即用模拟电路实现各种电量的加、减、乘、除和延时与逻辑组合等要求。而数字型保护却是通过数字技术和相应软件进行数值和逻辑运算来实现上述功能的。

3. 判断结果的执行输出部分

执行部分是根据判断结果，最后完成保护装置所担负的对外操作任务的部件。继电保护的主要任务是操作、控制有关断路器，使发生故障的设备迅速与电力系统其他无故障的部分隔离开来，最大限度地减轻故障对电力系统的影响，减轻故障设备的损坏程度。这种操作是通过控制断路器跳闸线圈实现的。目前一般采用有触点的中间继电器，组成必要的出口逻辑来完成这部分功能。如检测到故障时，发出动作信号驱动断路器跳闸；在不正常运行时，发出告警信号；在正常运行时，则不产生动作信号。

四、模拟型保护装置的基本结构

模拟型保护装置是采用各种继电器，如电流继电器、电压继电器、阻抗继电器、时间继电器、中间继电器、信号继电器等，按照一定的逻辑关系组合来实现的。下面以图1-5所示的线路过电流保护为例，简单说明其结构。

电流互感器TA将线路一次电流变换为二次电流送入电流继电器KI，当流过电流继电器的电流大于其预先设定的门槛值（即整定值）时，其输出起动时间继电器KT，经预先设定的延时后，时间继电器的输出起动中间

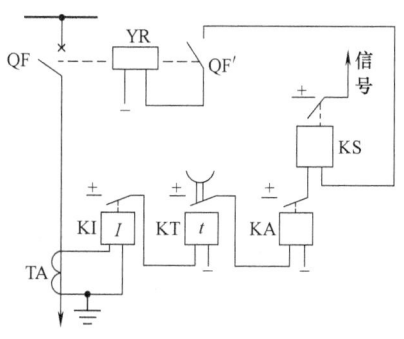

图1-5 过电流保护的工作原理图

继电器KA，然后接通断路器的跳闸回路，同时使信号继电器KS发出保护动作的信号。

正常运行时，由于负荷电流的二次侧数值小于电流继电器的整定值，电流继电器不动作，整套保护不动作。当被保护的线路发生短路后，线路中流过的短路电流一般是额定负荷电流的数倍至数十倍，电流互感器二次侧输出的电流线性增大，流过电流继电器的电流大于整定电流，从而起动整套保护，经预定的延时后，保护动作跳闸，并发出相应信号。由于断路器QF处于合闸位置时，其位置触点QF′是闭合的，因此断路器的跳闸线圈YR带电，在电磁力的作用下使脱扣机构释放，断路器在跳闸弹簧力的作用下跳开，故障设备被切除，短路电流消失，电流继电器返回，整套保护装置复归，做好下次动作的准备。如果预定的延时未到，而故障设备由其他保护装置切除，则该套保护装置不会动作，电流继电器返回，整套保护装置在起动后复归。

五、数字型保护装置的基本结构

以线路保护装置为例，数字型继电保护装置接入电力系统的交流回路如图1-6所示，该保护装置共引入了9路模拟量。从安装在母线上的电压互感器引入的三相电压和开口三角形引入的零序电压，从线路侧安装的单相式电压互感器引入的线路抽取电压，从电流互感器引入的三相电流，以及将它们总合在一起形成的零序电流。

数字型继电保护装置由计算机软件算法来分析计算电力系统的有关电量并判定系统是否发生故障，然后决定是否发出跳闸信号。其硬件装置主要包括5个基本部分，如图1-7所示。各部分的基本功能如下：

（1）数据采集单元　包括电压形成和模-数转换等模块，将电压互感器TV和电流互感

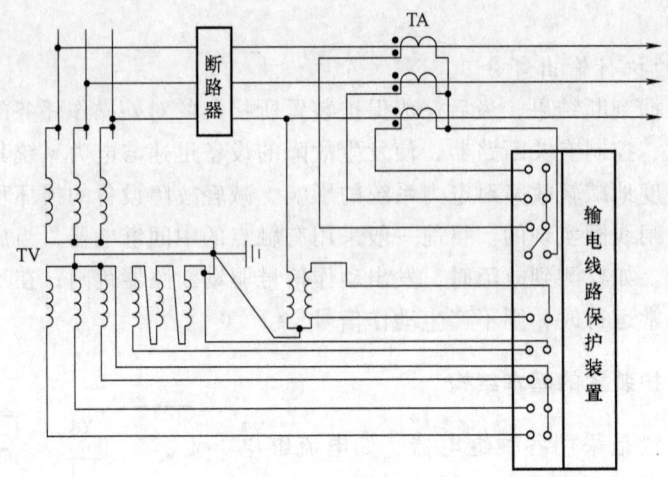

图 1-6 输电线路保护装置接入系统的交流回路

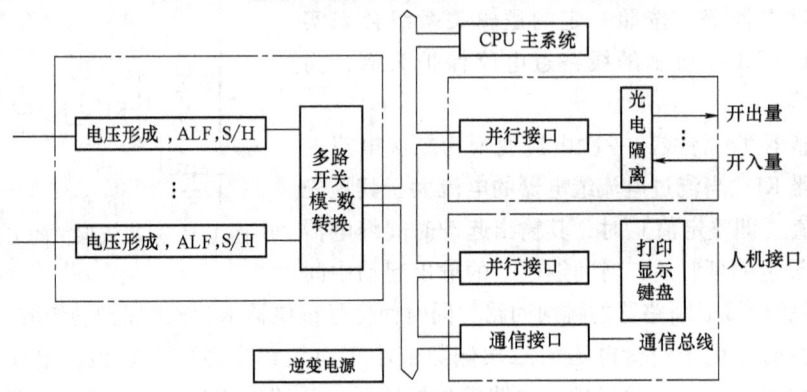

图 1-7 微机保护硬件系统构成示意图

器 TA 输入的模拟量转换为数字量。

(2) 数据处理单元 (CPU 主系统) 其基本功能是进行数值及逻辑运算。当实时的采样数据送入计算机系统后,计算机根据继电保护程序对采样数据进行实时的计算分析、判断是否发生故障、故障的范围和性质等,以完成各种继电保护功能。

(3) 开关量输入/输出单元 经过并行接口芯片、光电隔离元件和附加电路驱动中间继电器实现跳闸、合闸、信号输出,以及通过光电隔离后实现开关状态输入等功能。

(4) 人机接口单元 采用并行接口连接液晶显示屏、键盘和打印机,用于调试、定值调整等功能。通过通信接口并加以光电隔离后实现与其他设备通信或联网。

(5) 电源 供给微处理器、数字电路、模-数转换芯片及继电器的高可靠性的逆变电源。

第五节 电力系统继电保护的作用域

一、继电保护的分类

继电保护按不同分类方法可分为以下几种常用类别:

1) 按被保护对象的类别，继电保护可分为线路保护和元件保护两大类。按电压等级的不同，线路保护又可分为输电线路保护和配电线路保护；元件保护又可分为发电机保护、变压器保护、母线保护、电动机保护、电容器保护及电抗器保护等。

2) 按保护原理的不同，继电保护可分为电流保护、电压保护、距离保护（阻抗保护）、纵联保护、方向保护及序分量保护等。

3) 按故障或不正常运行状态的类型，继电保护可分为相间短路保护、接地短路保护、匝间短路保护及失磁保护等。

4) 按故障时继电保护的职责，继电保护可分为主保护和后备保护。

5) 按信号处理方式，继电保护可分为模拟型和数字型两大类保护。模拟型继电保护又可分为机电型和静态型。数字型继电保护/微机保护通过模-数转换器把测量回路的模拟信号转变为数字信号，由计算机芯片根据软件计算出结果输出到执行回路。

二、保护对象与保护区域

电力系统中的每个电气设备都应配置完善的继电保护装置，不允许在没有保护的状态下运行，每个继电保护装置都有明确的保护对象，有明确的和所限定的保护范围（也称保护区域），以确保保护系统配置能够覆盖所有的电气设备。电力系统一次电气设备的投入与切除由断路器控制，一次电气设备的电流信息从断路器处的电流互感器获取，三相断路器一般都有各自的电流互感器，以便测量流过各自断路器的电流。从电力系继电保护的角度来看，TA 采集电流信号用于判别被保护对象的区内故障，QF 用于切除并隔离区内故障，所以对于电力系统继电保护区域的划分，则取决于被保护对象以及相应断路器及电流互感器的位置。

继电保护装置通常从多个 TA 获得输入，而保护区域的界定就取决于这些 TA 及其二次线圈的配置和实际安装位置。一般电流互感器的电流参考方向为电流互感器指向被保护设备。当被保护设备发生短路时，继电保护装置判断为正方向，作为继电保护跳闸的条件之一；继电保护判断为反方向的短路，继电保护不动作。可见，实际上继电保护的保护区是以电流互感器作为分界点的。同时，保护用电流互感器的配置应注意避免出现保护死区，也就是说各保护区域必须重叠。如果不重叠，则两个不重叠的区域边界之间发生故障就会失去保护。但是重叠区域又要尽量小，以尽可能降低重叠区内发生故障的概率，因为重叠区发生故障意味着两个区域的保护装置都动作，扩大了保护的切除范围。

通常保护区域可分为以下 6 类：①发电机与发电机变压器组；②变压器（一般指主变压器）；③母线；④线路，线路又分为输电线路及配电线路；⑤用户设备，如电动机、静态负荷等；⑥电容器或电抗器。以一个典型的简化电力系统模型说明保护区域的划分方案，如图 1-8 所示，标号为 0~17 的圆圈分别代表互感器 $TA_0 \sim TA_{17}$。这个系统包括发电机、升压变压器、输电线路、降压变压器及电动机，代表了电力系统的发电、变电、输电、配电、用电等各个环节，每个区域内需要根据被保护对象的特点设计相应的保护配置方案。同时，每个区域的保护除了完成各自保护对象的主要保护任务之外，还兼作相邻设备的后备保护。这里假定断路器 QF 两侧都有电流互感器，则断路器 QF 两侧的电气设备的保护分别从断路器另一侧取电流，使断路器处于两设备保护的共同覆盖区内。

电流互感器如果不能安装在断路器的内部结构中，则独立的电流互感器必须紧靠着断路

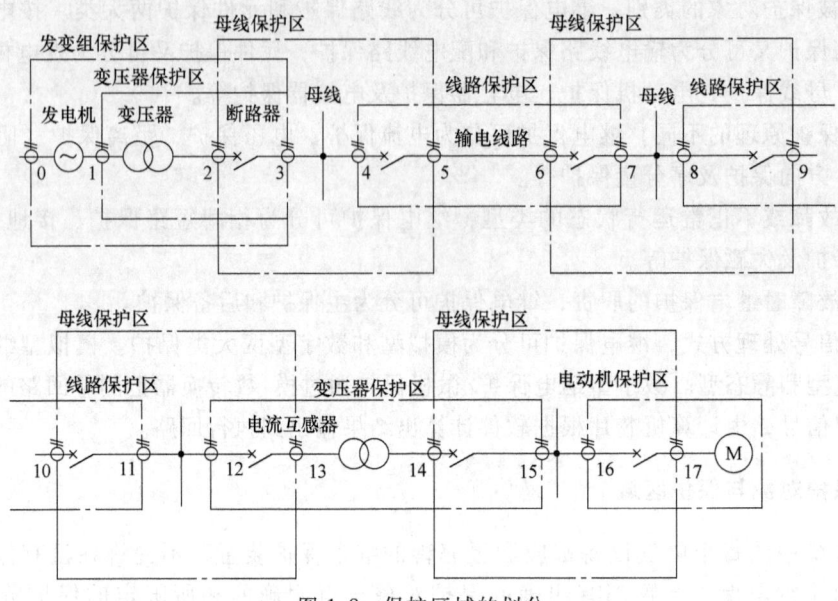

图 1-8 保护区域的划分

器安装,将断路器与电流互感器视为一个整体。实际应用中在断路器的两侧都提供电流互感器是不经济的,可能只会在断路器一侧安装一组 TA,当然每组 TA 都有多个二次线圈。一般情况下,电流互感器连接在断路器的负荷侧,这样,在断路器跳闸后,电流互感器与负载一起不带电;当断路器与电流互感器两侧的隔离开关断开时,应该能够把断路器与电流互感器一起同时与系统隔离,以便检修断路器与电流互感器。这样,断路器至电流互感器的这一小段区域的保护由谁承担,必须明确。对于单侧电源系统,断路器至电流互感器这一小段区域的保护由上一级设备的继电保护后备段承担。例如,单侧电源系统如图 1-9a 所示,断路器 QF_2 与 TA_2 之间区域发生 k 点故障,由 QF_1 处的保护后备段承担。

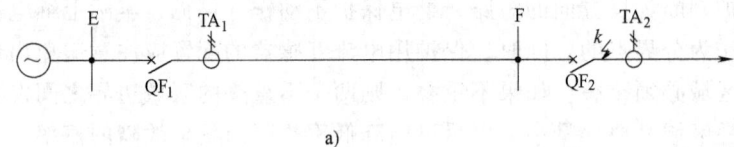

a)

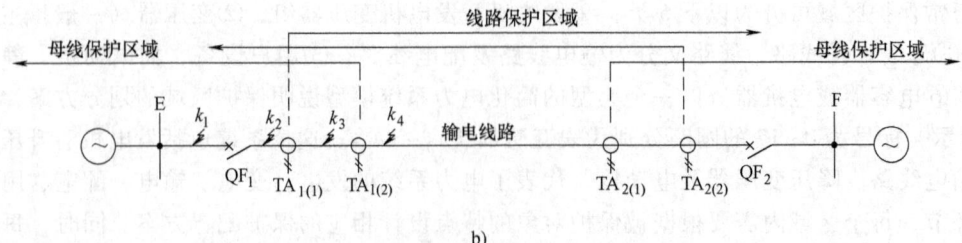

b)

图 1-9 电流互感器与保护区域关系示例

许多情况下,断路器控制的不是终端设备,断路器两端连接的都是含有电源的电气设备,如母联断路器、双侧电源输电线路的断路器等。如图 1-9b 所示电力系统,断路器 QF_1

的电流互感器不仅要给母线保护装置提供电流,也要给线路保护装置提供电流。为了提高继电保护的可靠性,线路保护与母线保护分别从同一个电流互感器不同的二次绕组获得电流。为此,电流互感器往往涉及有多个二次绕组以供不同目的需要。因此,实际上,电气设备的保护区域是以电流互感器 TA 二次绕组的实际位置为分界线的。如同一电流互感器两个二次绕组 $TA_{1(1)}$、$TA_{1(2)}$,通过反方向连接使得保护区域有交叉的重叠区,不至于出现两个二次绕组之间发生故障失去保护的问题。

对于 k_1 故障,由母线保护动作跳开线路断路器 QF_1,同时与该母线相连的其他断路器也动作,从而清除故障。对于 k_4 故障,则只有线路保护动作跳开线路断路器 QF_1。对于 k_3 故障,线路保护与母线保护都将动作于跳闸,其中母线保护是不必要的动作。而且母线保护动作后,还会将连接于母线上的所有线路都断开,扩大了停电范围。这种扩大范围跳闸被认为是允许的,也是不得已的。对于 k_2 故障,本来应该属于线路故障,但是线路保护不能动作,反而列入了母线的保护范围,母线保护动作不仅扩大了停电范围,关键是母线保护跳闸并不能清除故障,因为该侧母线提供的短路电流被切断了,但输电线路对侧仍然会供给短路电流,这是这种配置方案的死区,需要其他的保护功能使断路器 QF_2 跳闸,从而使保护能够覆盖断路器至电流互感器之间的这一区域。

第六节 继电保护技术的发展简介

一、继电保护原理发展简介

继电保护技术是随着电力系统的发展而发展起来的。电力系统中的短路是不可避免的,短路必然伴随着电流的增大,为了保护发电机免受短路电流的破坏,首先出现了反应电流超过一预定值的过电流保护。熔断器就是最早的、最简单的过电流保护,这种保护方式直到现在还广泛应用于低压线路和用电设备。由于电力系统的发展,用电设备的功率、发电机的容量不断增大,发电厂、变电站和电力网的接线不断复杂化,电力系统中正常工作电流和短路电流都不断增大,熔断器已不能满足选择性和速动性的要求,于是出现了作用于专门的断流装置(断路器)的过电流继电器,19 世纪 90 年代出现了装于断路器上并直接作用于断路器的一次式(直接反应于一次短路电流)的电磁型过电流继电器。20 世纪初随着电力系统的发展,继电器才开始广泛应用于电力系统的保护。这个时期可认为是继电保护技术发展的开端。

1908 年提出了比较被保护元件两端电流相量的电流差动保护原理。1910 年方向性电流保护开始得到应用,在此期间也出现了将电流与电压相比较的保护原理,并导致了 20 世纪 20 年代初距离保护装置的出现。随着电力系统载波通信的发展,在 1927 年前后,出现了利用高压输电线的高频载波电流传送和比较输电线两端功率方向或电流相位的高频保护装置。在 20 世纪 50 年代,微波中继通信开始应用于电力系统,从而出现了利用微波传送和比较输电线两端故障电气量的微波保护。早在 20 世纪 50 年代就出现了利用故障点产生的行波实现快速继电保护的设想,经过 20 余年的研究,终于诞生了行波保护装置。1980 年左右反应工频故障分量(或称工频突变量)原理的保护被大量研究,1990 年后该原理的保护装置被广泛应用。到了 20 世纪 90 年代,随着光纤通信在电力系统中的大量采用,从而出现了利用光纤通道传送和比较输电线两端故障电气量的光纤保护。

二、继电保护装置发展简介

与继电保护原理的发展过程相对应，构成继电保护装置的元件、材料、保护装置的结构形式和制造工艺也发生了巨大的变革。电子技术、计算机技术与通信技术的飞速发展又为继电保护技术的发展不断地注入了新的活力。

20 世纪 50 年代之前的继电保护装置都是由电磁型、感应型或电动型继电器组成的。这些继电器都具有机械旋转部件，统称为机电式继电器，由这些继电器组成的继电保护装置称为机电式继电保护装置。自 20 世纪 50 年代末，由于半导体晶体管的发展，开始出现了晶体管式继电保护装置。这种保护装置体积小，功率消耗小，动作速度快，无机械旋转部分，称为电子式静态保护装置。20 世纪 80 年代后期，静态继电保护装置完成了从晶体管式保护装置向集成电路式保护装置的过渡。

随着微处理器技术的迅速发展及其价格急剧下降，20 世纪 80 年代微机保护在硬件结构和软件技术方面已趋成熟，并已在一些国家推广应用。自 90 年代以来，微机型保护在我国得到了广泛应用，成为继电保护装置的主要形式。微机技术为实现继电保护新原理提供了新的可能，随着电力系统的飞速发展和计算机技术、通信技术、控制技术的进步，继电保护技术已沿着网络化、智能化和保护、控制、测量、数据通信一体化的方向在不断前进。

习题与思考题

1. 继电保护在电力系统中的任务是什么？
2. 什么是故障、异常运行和事故？短路故障有哪些类型？相间故障和接地故障在故障分量上有何区别？对称故障与不对称故障在故障分量上有何区别？
3. 什么是主保护、后备保护？什么是近后备保护、远后备保护？在什么情况下依靠近后备保护切除故障？在什么情况下依靠远后备保护切除故障？
4. 简述继电保护的基本原理和构成方式。
5. 什么是电力系统继电保护装置？
6. 电力系统对继电保护的基本要求是什么？
7. 针对图 1-10 所示系统，分别在 k_1、k_2、k_3 点故障时说明按选择性的要求哪些保护应动作跳闸。

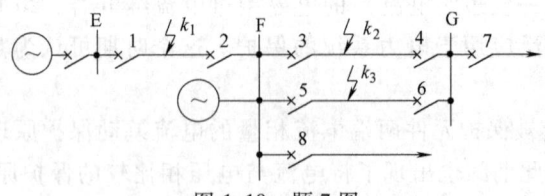

图 1-10 题 7 图

第二章 微机继电保护基础

第一节 微机保护基本结构

微机型继电保护装置实际上就是一个具有继电保护功能的微机系统，它通过控制与外部接口的电子电路将传感器送来的信号变换为数据，然后进行复杂的算术和逻辑运算对故障作出判断并发出动作指令。它不仅能够实现复杂的保护原理，还可以完成电力自动化要求的各种智能化测量、控制、通信及管理功能。图2-1是微机保护系统框图。它包括数据处理单元、模拟量输入系统、开关量输入输出系统、人机对话和外部通信系统4个部分。

一、数据处理单元

数据处理单元是微机保护装置的核心部分，实质上就是一台特别设计的专用微型计算机，一般由中央处理器（CPU）、存储器、定时器/计数器及控制电路等部分组成，并通过数据总线、地址总线、控制总线连成一个系统。继电保护程序在数字核心部件内运行，指挥各种外围接口部件运转、完成数字信号处理，实现保护原理。

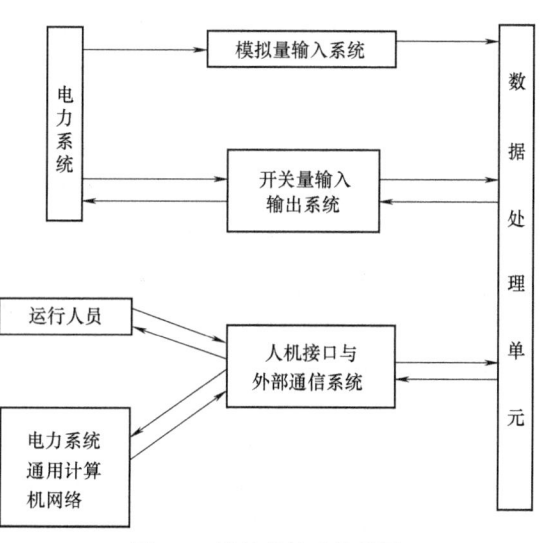

图 2-1 微机保护系统框图

CPU是数字核心部件以及整个微机保护的指挥中枢，计算机程序的运行依赖于CPU来实现。因此，CPU的性能在很大程度上决定了微机保护系统的水平。CPU的主要技术指标包括字长（用二进制位数表示）、指令的丰富性、运行速度（用典型指令执行时间表示）等。

存储器用来保存程序和数据，它的存储容量和访问时间也会影响整个微机保护系统的性能。在微机保护中根据任务性质采用了三种不同类型存储器：①随机存储器（RAM），用来暂存需要快速交换的大量临时数据，如数据采集系统提供的数据信息、计算处理过程的中间结果等；②只读存储器（ROM），目前实际使用的是一种紫外线可擦除且电可编程的只读存储器（EPROM），用来保存微机保护的运行程序和一些固定不变的数据；③电可擦除且可编程只读存储器（EEPROM），用来保存在使用中需要经常改写的那些控制参数，如微机继电保护的整定值等。

定时器/计数器在微机保护中也是十分重要的器件，它除了为延时动作的保护提供精确计时外，还可以用来提供定时采样触发信号、形成中断控制等作用。目前，很多CPU中已将定时器/计数器集成在其内部。

数字核心部件的控制电路包括地址译码器、地址锁存器、数据缓冲器、中断控制器等，它的作用是保证微机数字电路协调工作。由于这些部分是微机原理的经典内容，请读者参考有关书籍。

二、模拟量输入系统

继电保护装置判断电力系统故障或不正常运行状态所依据的基本电量是模拟电量。一次系统的模拟电量可分为交流电量（包括交流电压和交流电流）、直流电量（包括直流电压和直流电流）以及各种非电量。微机保护装置模拟量输入接口部件的作用是将电力系统传感器输入的模拟电量正确地变换成离散化的数字量，提供给数字核心部件进行处理。

如前所述，交流电压和交流电流通常取自于电压互感器和电流互感器，进入微机保护装置后即施加于交流模拟量输入接口部件。交流模拟量输入接口部件内部按信号传递顺序包括以下各部分：电压输入变换器和电流输入变换器及其电压形成回路、前置模拟低通滤波器、采样保持器、多路转换器、模-数转换器。前置模拟低通滤波器是一种简单的低通滤波器，其作用是为了在对输入模拟信号进行采样的过程中满足采样定理的要求。采样保持器完成对输入模拟信号的采集。所谓采样，就是在某一瞬刻记录并保持输入模拟信号在该瞬刻的瞬时值，然后送给模-数转换器进行模拟量到数字量的变换。多路转换器是一种多信号输入、单信号输出的电子切换开关，可通过编码控制将多通道输入信号依次与其输出端连通，而其输出端与模-数转换器的输入端相连。模-数转换器实现模拟量到数字量的变换。

三、开关量输入输出系统

开关量指那些反映"是"或"非"两种状态的逻辑变量，如断路器的"合闸"或"分闸"状态、控制信号的"有"或"无"状态等。继电保护装置常常需要确知开关量的状态才能正确地动作。外围设备一般通过其辅助继电器触点的"闭合"与"断开"来提供开关量状态信号。由于开关量的状态正好对应二进制数字的"1"或"0"，所以开关量可作为二进制数字量读入，每一路开关量信号占用二进制数字的一位。

微机保护装置通过开关量输出的状态来控制执行回路、信号回路以及完成其他操作的继电器的动作。开关量输出接口部件的作用是为正确地发出开关量操作命令提供输出通道，并在微机保护装置内、外部之间实现电气隔离，以保证内部弱电电子电路的安全和减少外部干扰。

四、人机对话和外部通信系统

人机对话接口部件的作用是建立起微机保护装置与使用者之间的信息联系，以便对装置进行人工操作、调试和得到反馈信息。继电保护装置的操作主要包括整定值和控制命令的输入等；而反馈信息主要包括被保护的一次设备是否发生故障、何种性质的故障、保护装置是否已发生动作以及保护装置本身是否运行正常等。微机保护采用智能化人机界面使人机信息交换功能大为丰富，操作更为方便。微机保护人机对话接口部件通常包括以下几个部分：简易键盘、小型显示屏、指示灯、打印机接口、调试通信接口。

外部通信接口部件的作用是提供与计算机通信网络以及远程通信网的信息通道。外部通信接口可分为两大类：第一类通信接口为实现特殊保护功能的专用通信接口，如本书后面将要介绍的输电线路纵联保护，它要求位于输电线路两端的保护装置交换信息和相互配合，共同完成保护功能；另一类通信接口为通用计算机网络接口，可与电站计算机局域网以及电力系统计算机远程通信网相连，实现更高一级的管理、控制功能，如数据共享、远方操作及远方维护等。

第二节 微机保护工作原理简介

常规微机保护装置实现继电保护功能主要有三个步骤：模拟量输入系统将从电力系统获得的模拟电量信号进行预处理转化为数字量，开关量输入系统将开关量输入信号也转变为数字量；数据处理单元对已转变为数字量的电量信号进行数字滤波，从而获得微机保护算法所需要的数字信号序列；数据处理单元对已滤波的数字信号序列采用合适的算法并结合开关量输入信号综合判断，然后根据判断结果控制开关量输出系统和人机对话和外部通信系统的输出，实现跳闸、信号告警、数据记录等功能。

一、输入信号预处理

电力系统中的电量显然都是模拟量，而微机保护的实现则是基于由数据处理单元对数字量进行计算和判断。所以，为了实现微机继电保护，必须对来自被保护设备和线路的模拟电量进行一系列预处理，从而得到所需形式的数字量提供给保护功能处理程序。

由电力系统输入到继电保护装置的模拟信号主要有两类：一类是来自TV（或TA）的交流电压（或电流）信号；另一类是来自分压器（或分流器）的直流电压（或电流）信号。这些信号首先被转换到与微型计算机相匹配的电平，通过前置模拟低通滤波削去其中的高频成分，然后由采样环节将连续信号离散化，再交给A-D转换器变为数字量。这些数字量还应在存储器中按先后顺序排列以方便功能处理程序取用。上述全部步骤就是输入信号的预处理流程，如图2-2所示。

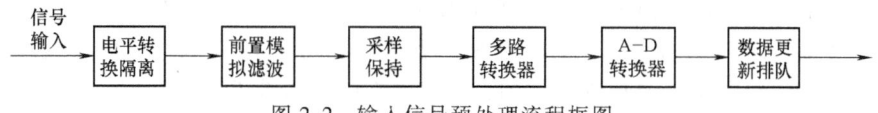

图2-2 输入信号预处理流程框图

信号预处理中，还包括隔离和抑制随有用信号窜入的干扰，这对于提高保护装置的可靠性非常重要。设计信号预处理部分时，对此应作全盘考虑，采取合理措施。

还有一类信号，如来自断路器、隔离开关等设备辅助触点以及其他继电器触点的开关量信号，或者来自别的微机保护或数字设备的数字量信号。这些信号通过干扰隔离环节，可由开关量输入输出系统直接进入微机保护。

二、数字滤波

高速继电保护装置都工作在故障发生后的最初瞬变过程中，这时的电压和电流信号由于混有衰减直流分量和复杂的谐波成分而发生严重的畸变。目前大多数保护装置的原理是建立在反映正弦基波或某些整数次谐波基础之上，所以滤波器一直是继电保护装置的关键部件。在微机保护中，有两种可供选择的方案：一种是传统的模拟滤波器；一种是数字滤波器。目前所研究的数字式保护装置几乎毫无例外地采用了数字滤波器。这是由于它具有下述优点：

1）滤波精度高。加长字长可以很容易提高精度。

2）可靠性高。模拟元器件很容易受环境和温度的影响，而数字系统受这种影响要小得多。

3）灵活性好。数字滤波器改变性能只要改变算法或者某些系数即可，而模拟滤波器却十分烦琐。

4）便于时分复用。采用模拟滤波器则必须每个通道装一个滤波器。而数字滤波器通过时分复用，一套硬件系统可以完成各个通道的滤波任务。

数字滤波器可以理解为是一个计算程序或算法，将代表输入信号的数字时间序列转换为代表输出信号的数字时间序列，并在转换过程中，使信号按照预定的形式变化。数字滤波器有多种分类。按照算法实现方式不同可分为专用硬件组成的数字滤波器和软件组成的数字滤波器；按其运算结构不同可分为递归型和非递归型数字滤波器；按单位脉冲响应不同可分为无限长单位脉冲响应滤波器（IIR）和有限长单位脉冲响应滤波器（FIR），其中又分为直接型、正准型、级联型、横截型及频率采样型等多种类型；按照不同的滤波理论又可分为常规滤波器和最佳滤波器。另外，通常还按频率特性划分为低通滤波器、带通滤波器、高通滤波器和带阻滤波器 4 类基本滤波器，其中前 2 类滤波器在微机保护中用得较多。

三、算法

微机继电保护装置是用数学运算方法实现故障量的测量、分析和判断的。而运算的基础是若干个离散的、量化了的数字采样序列。因此，微机保护的一个基本问题是寻找适当的离散运算方法，使运算结果的精确度能满足工程要求而计算耗时又尽可能短。国内外的继电保护工作者围绕这个问题作了大量的研究，提出了许多适合于计算机保护的计算方法。

最初，人们从简单的情况出发，即从电压、电流为纯正弦变化的情况出发，提出了许多算法，其中有半周内找最大值的方法，半周内采样值累积的算法，Mann-Morrjson 的导数算法，Prodar-70 的二阶导数算法，采样值积的算法和解方程组的算法等。由于这些算法都是基于被采样的电压和电流是纯正弦变化的，而实际在电力系统发生故障时，往往是在基波的基础上叠加有衰减的非周期分量和各种高频分量，因此要求计算机保护装置对输入的电流、电压信号进行预处理，即尽可能地滤掉非周期分量和高频分量，否则，计算结果将会出现较大的误差。

针对上述情况，在算法研究过程中，另外提出了一些基于较复杂的数学模型的算法。此时不再假设输入的电压、电流量为纯正弦量，而是假设它们是由非周期分量、基频和倍频分量所组成。这些方法中除解方程组的算法外，最常见的是傅氏算法和与之相似的沃尔希函数算法。由于这些算法本身带有很强的滤去高次谐波的功能，所以一般不再另外采用数字滤波。但是算法本身不能滤去衰减的非周期分量。国内外许多继电保护工作者围绕克服衰减的非周期分量的影响，作了大量的研究工作，提出了一些相应的算法。

实际上电力系统中送至继电保护装置的电压、电流信号的情况在不同程度上还要复杂一些。由于电力系统中铁磁元件的非线性特性，输电线路的分布电容和串联、并联电容的使用，以及电流互感器、电压互感器二次侧的暂态过程等因素的影响，使得电压、电流输入信号中除存在非周期分量外，还包含有许多随机的高频分量。这些分量的存在，将产生干扰或噪声，使计算结果有不同程度的误差。在超高压电力系统中，为了克服这些随机噪声的影响，除采用较完善的滤波措施外，还提出了一些减少误差的算法。例如对计算结果采取平滑措施，采用最小二乘曲线拟合算法等。

上面所述的种种算法都是从若干采样值序列中计算出有关电压和电流的幅值、相位以及功率等基本电参数，然后根据不同的保护原理所对应的动作判据，用上述算法得出的电量参数进一步运算方能实现保护的功能。与此相应，也出现了一些将电量运算与动作判据直接结合在一起的算法，例如用离散值直接实现的方向阻抗继电器的算法。此外，也有利用输电线路的简化模型写成的微分方程直接计算输电线路短路电阻和电感的算法等。这些算法都不必先行计算电压、电流值。

第三节　微机保护数字信号处理与典型算法

在微机保护中，模拟电压、电流输入信号经过离散采样和模-数转换成为可用于计算机处理的数字量。电力系统的故障信号中可能包含很高的频率成分，但多数保护原理只需要使用基波和低次谐波成分，因此需要选择合适的采样频率，使得微机保护装置获得的数字量（采样值）既可以满足微机保护的要求，又可避免对微机保护的硬件系统提出过高的要求。采样定理对微机保护采样频率的选取有重要的指导意义。

微机保护装置输入的电流、电压信号中，除了保护所需的有用成分外，还包含有许多无效的"噪声"分量。例如，以故障信号中的稳态基频分量为基础的保护原理，衰减直流分量和各种高频分量就是无效"噪声"分量。为了消除噪声分量的影响，提高电气量参数计算的精度，主要有两种基本途径：其一是首先采用滤波器对输入信号进行滤波处理，然后对滤波后的有效信号进行电气参数计算；其二是设计电气参数的算法时使其本身具有良好的滤波性能。

数字滤波器在微机保护中得到了广泛的应用，它不同于保护算法。数字滤波器是将含有各种频率成分的采样序列变换成只含特定频率信号的输出序列，是序列到序列的变换；而算法则是要从数字滤波器的输出序列或直接从采样序列中求取电气信号的特征参数并且进而实现保护原理。在微机保护中算法可分为两大类：一类是基本算法，就是从离散的数字序列算出正弦量表达式中的量值，如交流电流和电压的幅值及相位、功率、阻抗、序分量等；另一类是保护原理算法，它用基本算法的结果来实现保护原理，因此与具体的保护功能密切相关；它不仅要求解特定保护的动作方程，还需要完成各种逻辑处理、时序配合及故障判定。这里主要介绍常用的基本算法。

本节将介绍采样定理以及一些典型数字滤波器和微机保护算法。

一、采样定理

模拟量输入系统将连续的模拟信号转变为离散的数字信号，这个过程包含两个环节：采样环节、模-数转换环节。设输入模拟信号为 $x_A(t)$，现在以确定的时间间隔 T_S 对其连续采样，得到一组代表 $x_A(t)$ 在各采样点瞬时值的采样值序列 $x(n)$，这里

$$x(n) = x(nT_S) = x_A(nT_S), n = 1, 2, 3 \cdots \tag{2-1}$$

例如，若 $x_A(t) = X_m\sin(\omega t + \varphi)$，则有 $x(n) = x(nT_S) = X_m\sin(\omega nT_S + \varphi)$。请注意，这里 n 只能为整数，这意味着 $x(n)$ 只在采样点上有数值，而在采样点以外没有定义，不能认为这些位置上其值为零。换言之，$x(n)$ 是以 n 为变量，以 T_S 为时间间隔的一组数据序列。

上述确定的时间间隔 T_S 称为采样周期。采样周期 T_S 的倒数称为采样频率，记为 f_S，即

$$f_S = \frac{1}{T_S} \qquad (2\text{-}2)$$

采样频率反映了采样速度。在电力系统的实际应用中，习惯用采样频率 f_S 相对于基波频率的倍数（记为 N）来表示采样速度，称为每基频周期采样点数，或简称为 N 点采样。设基频频率为 f_1、基频周期为 T_1，则有

$$N = \frac{f_S}{f_1} = \frac{T_1}{T_S} \qquad (2\text{-}3)$$

还需要讨论一个问题，就是如何选择采样频率？或者说，对连续信号进行采样应选择多高的采样频率才能保证不丢失原始信号中的信息呢？由直观的经验知，若输入模拟信号的频率较高而采样频率很低，采样数据便无法正确地描述原始波形，也就是说，合适的采样频率与输入信号的频率有关。研究表明，无论原始输入信号的频率成分多复杂，保证采样后不丢失其中信息的充分必要条件是，采样频率 f_S 应大于输入信号中最高频率 f_{max} 的两倍，即

$$f_S > 2f_{max} \qquad (2\text{-}4)$$

这就是著名的采样定理。

实际应用中，确定采样率还需考虑以下问题：

1) 电力系统的故障信号中可能包含很高的频率成分，但多数保护原理只需要使用基波和低次谐波成分，为了不对微机保护装置的硬件系统提出过高的要求，可以对输入信号先进行模拟低通滤波，降低其最高频率，从而可选取较低的采样频率。前面介绍的前置模拟低通滤波器（ALF）就是为此目的而设置的，通常采用简单的 RC 低通滤波器。

2) 实用采样频率通常按保护原理所用信号频率的 4~10 倍来选择。例如常用采样频率为 $f_S = 600\text{Hz}(N=12)$、$f_S = 800\text{Hz}(N=16)$、$f_S = 1000\text{Hz}(N=20)$ 及 $f_S = 1200\text{Hz}(N=24)$ 等。这样选择的主要原因是为了保证计算精度，同时也考虑了数字滤波的性能要求。另外，由于简单的前置模拟低通滤波器也难于达到很低的截止频率，因而也就限制了采样频率不能太低。

二、数字滤波器

1. 数字滤波器的基本概念

数字滤波器是一种特殊的算法，其特点是通过对采样序列的数字运算得到一个新的序列，在新的序列中已滤除了不需要的频率成分，只保留了需要的频率成分。数字滤波器的运算过程可用下述常系数线性差分方程来表述：

$$y(n) = \sum_{i=0}^{K} a_i x(n-i) + \sum_{i=1}^{K} b_i y(n-i) \qquad (2\text{-}5)$$

式中，$x(n-i)$ 和 $y(n-i)$ 分别为滤波器的输入值序列和输出值序列；a_i 和 b_i 为滤波器系数。

通过选择滤波系数 a_i 和 b_i，可控制数字滤波器的滤波特性，即根据特定的要求来滤除

输入信号序列 $x(n)$ 中的某些无用频率成分，使输出序列 $y(n)$ 能更明确地反映有用信号的变化特征。在式（2-5）中，系数 b_i 全部为 0 时，称之为非递归型滤波器，此时，当前的输出 $y(n)$ 只是过去和当前的输入值 $x(n-i)$ 函数，而与过去的输出值 $y(n-i)$ 无关。若系数 b_i 不全为 0，即过去的输出对现在的输出有直接影响，称之为递归型滤波器。就数字滤波器的运算结构而言，主要包括递归型和非递归型两种基本形式。

数字滤波器的滤波特性通常用频率响应特性来表征，包括幅频特性和相频特性。幅频特性反映的是不同频率的输入信号经过数字滤波后，其幅值的变化情况；而相频特性则反映的是输入和输出信号之间相位移的变化情况。例如，频率为 f、幅值和相位分别为 X_m 和 φ_x 的正弦函数输入序列 $x(n)$，经过由式（2-5）所示的线性滤波计算后，输出序列 $y(n)$ 仍为正弦函数序列，并且频率与输入信号频率相同，只是幅值和相位发生了变化。假设输出序列 $y(n)$ 的幅值为 Y_m，相位为 φ_y，则滤波器的幅频特性定义为

$$H(f) = \frac{Y_m}{X_m} \tag{2-6}$$

相频特性定义为

$$\varphi(f) = \varphi_y - \varphi_x \tag{2-7}$$

由于大多数的保护原理只用到基频或某次谐波，因此，最关心的是滤波器的幅频特性。即使需要进行相位比较，只要参加比较相位的各量采用相同的滤波器，它们的相对相位总是不变的，因此，对滤波器的相频特性一般不作特殊要求，只有在某些特殊应用场合，才考虑相频特性的影响。

数字滤波器作为数字信号处理领域中的一个重要组成部分，经过近 30 年的发展，已具有较完整的理论体系和成熟的设计方法。原则上，这些理论和方法也可应用于微机保护的数字滤波器设计之中。但是，电力系统作为一具体的特定系统，其信号的变化有着自身的特点，有些传统的滤波器设计方法并不完全适用。此外，继电保护作为一种实时性要求较高的自动装置，对滤波器的性能也有一些特殊的要求。本书不准备就数字滤波器的理论体系进行详细介绍，而是通过对几种微机保护装置中所采用的典型滤波器的分析，帮助读者对数字滤波器的基本原理和特点有一概括的了解。

下面将对非递归型滤波器和递归型滤波器分别进行讨论。

2. 非递归型滤波器

如上所述，由式（2-5）可导出非递归型数字滤波器的差分方程为

$$y(n) = \sum_{i=0}^{K} a_i x(n-i) \tag{2-8}$$

这意味着当前滤波输出与当前及前 K 个输入数据有关。更确切地说，需等待 $K+1$ 个输入数据之后滤波器才可能得到第一个滤波输出数据，也就是说，滤波输出序列相对于采样输入序列出现了时间上的延迟，K 越大则时延越长。定义非递归型数字滤波器的响应时延 τ 为

$$\tau = K T_S \tag{2-9}$$

由于 T_S 为常数，因而在实用中广泛采用数字滤波器产生一个输出数据所需要等待的输入数据的个数来表示时延，这称为数据窗，记为 W_d（为整数）。显然有

$$W_d = K+1, \text{且 } \tau = (W_d - 1) T_S \tag{2-10}$$

时延和数据窗反映了数字滤波器对输入信号的响应速度，是一个很重要的技术指标。

(1) 差分（相减）滤波器 这是一种最简单的数字滤波器，它的滤波方程如下：

$$y(n) = x(n) - x(n-K) \tag{2-11}$$

式中，$K \geq 1$ 为事先确定的常数，称为差分步长，可根据不同的滤波要求进行选择。

差分滤波器的数据窗 $W_d = K+1$，时延 $\tau = KT_S$。

数字滤波器的滤波特性如幅频特性通常是根据表征滤波器输入、输出之间关系的传递函数来求取，这涉及较多的有关离散时间系统的基础知识，这里就不对差分滤波器的滤波特性作详细分析。研究表明，差分滤波器可以完全滤除输入信号中的恒定直流分量，即使对于衰减的直流分量也有良好的抑制作用，但对故障信号中的某些高频分量有放大作用。差分滤波器可用来消除某些谐波的影响，抑制故障信号中的衰减直流分量，实现故障的检测（起动）元件、选相元件以及其他利用故障分量原理构成的保护。

(2) 积分滤波器 这也是一种常用的数字滤波器，其滤波方程为

$$y(n) = \sum_{i=0}^{K} x(n-i) \tag{2-12}$$

式中，$K \geq 1$ 为事先确定的常数，称为积分区间，可根据不同的滤波要求进行选择。

积分滤波器的数据窗 $W_d = K+1$，时延 $\tau = KT_S$。

研究表明积分滤波器是不能滤除输入信号中的直流分量和低频分量的，但对高频分量有一定的抑制作用，并且频率越高抑制作用越强。

差分滤波器和积分滤波器的结构非常简单，计算量很小，但各自独立使用时，滤波特性难以满足要求。为此，在实际使用时，可以把具有不同特性的滤波器进行组合，以进一步提高滤波性能，这也是数字滤波器设计中常用的方法之一。

对于非递归型数字滤波器来说，其突出优点是由于采用有限个输入信号的采样值进行滤波计算，不存在滤波器的不稳定问题，也不存在因计算过程中舍入误差的累积造成滤波特性恶化。此外，由于滤波器的数据窗明确，便于确定它的滤波速度，因此，易于在滤波特性与滤波速度之间进行协调。非递归型滤波器存在的主要问题是，要获得较理想的滤波特性，通常要求滤波算法的数据窗较长，因此，在某些对滤波速度要求较高的场合，可考虑采用递归型滤波器。

3. 递归型数字滤波器的概念

当滤波方程式 (2-5) 中的滤波系数 b_i 不全为 0 时，滤波器的输出 $y(n)$ 不仅与当前的输入值 $x(n)$ 和过去的输入值 $x(n-i)$ 有关，还取决于过去的输出值 $y(n-i)$，这种反馈和记忆特性是递归型滤波器的基本特征。

下面将通过一具体示例，对递归型滤波器的主要特点作一简要说明。

在超高压输电线路的保护中，需要准确地抽取故障信号中的基频分量。为了很好地抑制故障信号中其他非基频噪声分量的影响，可采用以基频频率为中心频率的带通滤波器，并要求该滤波器的通带带宽小、阻带衰耗大、过渡带陡峭。下面是一个采用零、极点配置法设计的递归型数字滤波器，其采样频率为 1000Hz（每周波 20 点采样），其滤波方程为

$$y(n) = x(n) - x(n-2) + 1.8424y(n-1) - 0.9391y(n-2)$$

这是个带通滤波器，它的幅频特性的特点是在基频处有非常尖锐的响应，而对其他频率的信号则表现出很强的衰减，因而被称为狭窄带通滤波器。采用递归型数字滤波器可以获得相当理想的滤波特性，并且计算简单，便于实时应用。递归型滤波器从计算的角度来说，是

一递推计算过程。如上例中,当前的输出值 $y(n)$ 不仅用到了当前和过去的输入值 $x(n)$ 和 $x(n-2)$,还用到了过去的输出值 $y(n-1)$、$y(n-2)$,而 $y(n-1)$ 和 $y(n-2)$ 又与 $x(n-3)$、$x(n-4)$、$x(n-5)$ 和 $x(n-6)$ 等有关,如此追溯下去,不难想象,递归型滤波器从某种意义上来说相当于一个数据窗为无穷大的非递归型滤波器,因此,结构简单、计算量小的递归型滤波器也能实现相当理想的滤波特性。

递归型数字滤波器在实用中面临的主要问题是,由于采用递推计算,而计算机的字长有限,计算过程的舍入误差可能会不断累积造成滤波器性能恶化,需要采取相应的措施予以解决;如合理选择递推计算的起始时刻(一般以故障发生时刻作为递推计算的起点)、限定递推计算的持续时间等。其次,递归型与非递归型滤波器不同,没有明确的数据窗。它的频率响应特性,如幅频特性,实际上是指稳态特性。随着递推计算过程的延续,滤波特性将逐步逼近其稳态特性。因此,滤波器的滤波速度主要取决于滤波算法的收敛速度,难以用确定的数据窗的长度来描述。而算法的收敛速度与滤波特性有关,一般滤波特性越完善,算法的收敛速度也越慢。如上例所示的狭窄带通滤波器,它的收敛速度与通带带宽有关,带宽越窄,滤波效果越好,但收敛速度越慢,设计时需要合理权衡。在实际应用时,递归型数字滤波器的收敛速度一般需要通过离线仿真计算或实验测试才能确定。

两种形式的数字滤波器,递归型和非递归型,都可应用于微机保护装置。选择哪一种形式的滤波器主要取决应用场合的不同要求,包括所采用的保护原理、故障信号的变化特点以及保护所选用的计算机硬件等。此外,在滤波器的选型和滤波特性的设计时,还应充分考虑与对滤波输出序列进行后续计算的算法相配合。算法最终完成输入信号的特征参数的计算和保护原理的实现,不同的算法,对滤波器的要求也会有所不同,两者应综合考虑。

三、基本算法

基本算法主要是计算出正弦量表达式中的电量值。这类算法是假设提供给算法的电流、电压数据为纯正弦函数序列。以电压信号为例,设输入序列为

$$u(n) = U_m \sin(\omega t_n + \varphi_U) \tag{2-13}$$

式中,ω 为角频率;U_m、φ_U 为电压的幅值、相位。

在实际故障情况下,输入电压或电流信号中除基频分量外,还包含有其他暂态噪声分量,如衰减直流分量和各种高频分量等,并且,数据采集系统还会引入各种测量噪声。因此,采用这类算法进行参数计算时,必须与数字滤波器配合使用,即式(2-13)信号应是经过数字滤波后的输出序列,它也可以视为采样值,但不是原始采样值。

为简明起见,以下在不至于引起混淆的情况下,有时将采用 u_n、i_n 来表示采样值。

1. 半周积分算法

半周积分法用来计算正弦量的幅值。以电压为例,假设输入信号为纯正弦周期信号

$$u(t) = U_m \cos(\omega t + \varphi) \tag{2-14}$$

则在任意半周内对其绝对值的积分为

$$S = \int_{t-\frac{T}{2}}^{t} |u(t)| \, dt = \frac{T}{\pi} U_m \tag{2-15}$$

式中,T 为正弦信号的周期。可见正弦波半周绝对值的积分正比于其幅值,且与积分起始点无关。

将式(2-14)离散化就得到正弦量幅值的算法,当采用矩形近似积分法时,有

$$U_{\mathrm{m}} = \frac{\pi}{N} \sum_{i=1}^{N/2} \left| u\left(k - \frac{N}{2} + i\right) \right|$$

按复相量表示法，即 $\dot{U} = U_{\mathrm{m}} \mathrm{e}^{\mathrm{j}\varphi} = U_{\mathrm{R}} + \mathrm{j}U_{\mathrm{I}}$，显然有实部 $U_{\mathrm{R}} = U_{\mathrm{m}} \cos\varphi$，虚部 $U_{\mathrm{I}} = U_{\mathrm{m}} \sin\varphi$。将这个关系代入式（2-14），则有

$$u(t) = U_{\mathrm{R}} \cos\omega t - U_{\mathrm{I}} \sin\omega t \tag{2-16}$$

如果能算出输入正弦信号的实部和虚部，就可由进一步计算出它的幅值和相位为

$$U_{\mathrm{m}} = \sqrt{U_{\mathrm{R}}^2 + U_{\mathrm{I}}^2}$$

$$\varphi = \arctan \frac{U_{\mathrm{I}}}{U_{\mathrm{R}}}$$

现在的任务就是按式（2-16）的关系，确定实部和虚部的算法。根据正弦函数的变化特点，对式（2-16）两边在区间 $\left[\dfrac{T}{4}, \dfrac{3T}{4}\right]$ 上进行积分有

$$\int_{\frac{T}{4}}^{\frac{3T}{4}} u(t) \mathrm{d}t = U_{\mathrm{R}} \int_{\frac{T}{4}}^{\frac{3T}{4}} \cos\omega t \mathrm{d}t - 0$$

即

$$U_{\mathrm{R}} = \frac{\int_{\frac{T}{4}}^{\frac{3T}{4}} u(t) \mathrm{d}t}{\int_{\frac{T}{4}}^{\frac{3T}{4}} \cos\omega t \mathrm{d}t} \tag{2-17}$$

同理，若将积分区间选择为 $\left[0, \dfrac{T}{2}\right]$，不难得到

$$U_{\mathrm{I}} = -\frac{\int_{0}^{\frac{T}{2}} u(t) \mathrm{d}t}{\int_{0}^{\frac{T}{2}} \sin\omega t \mathrm{d}t}$$

或

$$U_{\mathrm{I}} = \frac{\int_{0}^{\frac{T}{2}} u(t) \mathrm{d}t}{\int_{\frac{T}{4}}^{\frac{3T}{4}} \cos\omega t \mathrm{d}t} \tag{2-18}$$

利用采样数据进行上述计算时，可用分块矩形面积求和的方法近似代替积分，并考虑每周期 N 点采样，这样式（2-17）和式（2-18）可近似为

$$U_{\mathrm{R}} = \frac{\sum_{i=\frac{N}{4}}^{\frac{3}{4}N} u(i)}{\sum_{i=\frac{N}{4}}^{\frac{3}{4}N} \cos\left(i\frac{2\pi}{N}\right)} \tag{2-19}$$

$$U_1 = \frac{\sum_{i=0}^{\frac{1}{2}N} u(i)}{\sum_{i=\frac{N}{4}}^{\frac{3}{4}N} \cos\left(i\frac{2\pi}{N}\right)} \tag{2-20}$$

在实时计算中,式(2-19)和式(2-20)中的分母均是可事先确定的常数,因此,半周积分算法主要是采样值的求和计算,十分简便。半周积分算法的数据窗长度为 $3T/4$,计算速度较慢,不过由于它采用积分计算,算法本身具有一定的抑制高频分量的能力。因为在积分过程中,高次谐波分量的部分正、负半周相抵消,剩下的未被抵消的部分所占比重相应减小。但是算法仍不能完全消除高频分量的影响,也不能滤除非周期分量,因此,采用半周积分算法进行参数计算时,仍需与数字滤波器配合使用。在滤波器设计时,可适当降低对高频滤波能力方面的要求。

除上述算法外,正弦函数模型算法还包括最大值算法、采样值积算法、一阶导数算法和二阶导数算法等,这里不再一一介绍。

对于正弦函数模型算法来说,无论采用何种计算形式,它们的基本前提都是假设提供给算法的采样值序列为正弦函数序列,然后利用正弦函数的某些性质进行其特征参数的计算。为保证在故障期间计算的准确性,需要配置较完善的数字滤波器。这类处理方式实际上是将数字滤波与参数计算相分离。在微机保护中,另一类处理方法是将滤波与参数计算合为一体,即算法本身具有良好的滤波能力。在这类算法中,目前应用最为广泛的是傅氏算法。

2. 傅氏算法

傅氏算法的基本思想源于傅里叶级数。该算法假设输入信号为一周期性函数信号,即输入信号中除基频分量外,还包含直流分量和各种整数倍谐波分量。此时,输入信号可表示为

$$x(t) = X_0 + \sum_{k=1}^{\infty} X_k \cos(k\omega_1 t + \varphi_k) \tag{2-21}$$

式中,X_0 为直流分量;ω_1 为基频角频率;X_k、φ_k 为第 k 次谐波分量的幅值和相位。

将式(2-21)展开,并用复相量的实、虚部形式表示,则有

$$x(t) = X_0 + \sum_{k=1}^{\infty} (X_{Rk}\cos k\omega_1 t - X_{Ik}\sin k\omega_1 t) \tag{2-22}$$

式中,$X_{Rk} = X_k\cos\varphi_k$ 为第 k 次谐波分量的实部;$X_{Ik} = X_k\sin\varphi_k$ 为第 k 次谐波分量的虚部。

式(2-22)实际上就是三角级数的表达式。根据三角函数在区间 $[0, T_1]$(T_1 为基频周期)上的正交性和傅里叶系数的计算方法,可直接导出实、虚部计算式为

$$X_{Rk} = \frac{2}{T_1}\int_0^{T_1} x(t)\cos k\omega_1 t\, dt \tag{2-23}$$

$$X_{Ik} = \frac{-2}{T_1}\int_0^{T_1} x(t)\sin k\omega_1 t\, dt \tag{2-24}$$

在数字计算中,式(2-23)和式(2-24)用采样值序列计算,并取每基频周期 N 点采样,则有

$$X_{Rk} = \frac{2}{N}\sum_{i=0}^{N-1} x(i)\cos ki\frac{2\pi}{N} \tag{2-25}$$

$$X_{Ik} = \frac{-2}{N}\sum_{i=0}^{N-1}x(i)\sin ki\frac{2\pi}{N} \tag{2-26}$$

式 (2-25)、式 (2-26) 所示即为傅氏算法。由于该算法的数据窗为一个基频周期，故也称之为全周傅氏算法。根据三角函数系的正交性，当输入信号为周期性信号时，采用傅氏算法可准确地求出信号中的某次谐波分量，并保证使其他整次谐波分量及恒定直流分量衰减到零。

在式 (2-25)、式 (2-26) 中，k 为整数，表示谐波次数。当 k 取不同的数值，可求出不同次谐波分量的实部和虚部。例如，取 $k=1$，则基频分量的实部和虚部为

$$X_{R1} = \frac{2}{N}\sum_{i=0}^{N-1}x(i)\cos i\frac{2\pi}{N} \tag{2-27}$$

$$X_{I1} = \frac{-2}{N}\sum_{i=0}^{N-1}x(i)\sin i\frac{2\pi}{N} \tag{2-28}$$

由所求得的实、虚部值，可进一步计算出基频分量的幅值和相位为

$$X_1 = \sqrt{X_{R1}^2 + X_{I1}^2} \tag{2-29}$$

$$\varphi_1 = \arctan(X_{I1}/X_{R1}) \tag{2-30}$$

由式 (2-27) ~式 (2-30) 可准确地求出信号中的基频分量，其计算精度不受恒定直流分量和整数倍谐波分量的影响。这个特点前面已从基本数学原理上给出了说明，还可以从傅氏算法的幅频特性得到更深刻的了解。幅频特性的计算非常简单，其方法是：对一个给定的纯正弦函数进行采样，将采样值代入式 (2-27)、式 (2-28) 及式 (2-29) 得到计算结果；然后不断地改变这个纯正弦函数的频率，重复进行上述计算，可得到一系列计算结果；将这一系列计算结果连接起来，就得到了相应的幅频特性曲线。由幅频特性可以进一步了解到，傅氏算法不能完全滤除非整数倍谐波分量，但有一定的抑制作用，尤其对高频分量的滤波能力相当强；而对于低频分量（主要由衰减的非周期分量产生）的滤波效果相对较差。仿真计算表明，在最严重情况下，由衰减非周期分量引起的计算误差可能超过 10%。

实际故障情况下，故障信号通常并不是呈周期性变化，如非周期分量不是恒定不变的纯直流分量，而是依指数规律衰减。对于输电线路上的故障，故障暂态信号中的高频分量与故障点至保护装置安装处之间的距离有关，也不一定是整数倍谐波分量，并且，这些高频分量也都是随时间不断衰减的。因此，采用傅氏算法进行参数计算时会产生一定误差。为减小误差，一个简单可行的方法是对输入信号的原始采样数据先进行一次差分滤波，以削弱衰减的非周期分量的影响，然后再进行傅氏计算。

总的来看，傅氏算法原理简单，计算精度高，因此在微机保护装置中得到了广泛应用。不过该算法的数据窗较长（一个基频周期），从而降低了保护的动作速度。实际上，无论采用何种算法或数字滤波器，要提高计算的准确性，都不可避免地需要延长它们的数据窗，所以需要根据实际应用要求在这两者之间进行权衡。

3. 计算输电线路阻抗的微分方程算法

在输电线路的距离保护中，常常需要计算测量阻抗。在进行阻抗计算时，一种做法是首先采用前面介绍的算法求出基频电压、电流的幅值和相位，然后再进一步计算出测量阻抗值。另一种常用方法是以输电线路的数学模型为基础，通过求解线路的数学模型方程，直接进行阻抗计算，在这一类算法中，应用最多的是所谓的微分方程算法。

采用微分方程算法进行阻抗计算时，对输电线路模型有不同的处理方法。最简单也是最常用的模型是忽略分布电容的影响，假设输电线路仅由电阻和电抗串联组成，即采用 RL 串联数学模型。在此情况下，当线路上发生短路故障时，测量端的电压和电流满足以下微分方程：

$$u = R_1 i + L_1 \frac{\mathrm{d}i}{\mathrm{d}t} \quad (2\text{-}31)$$

式中，R_1、L_1 分别为故障点至测量端之间线路的正序电阻和电感。

在式（2-31）中，u、i 和 $\mathrm{d}i/\mathrm{d}t$ 都是可以通过测量和计算得到的，待求解的参数为 R_1 和 L_1。又因对于输电线路，R_1 和 L_1 之比为常数，实际需求解的参数可减少到只有一个。

令 $\alpha = \dfrac{R_1}{L_1}$，式（2-31）可改写成 $u = L_1 \left(\alpha i + \dfrac{\mathrm{d}i}{\mathrm{d}t} \right)$，由此可解出电感

$$L_1 = \frac{u}{\left(\alpha i + \dfrac{\mathrm{d}i}{\mathrm{d}t} \right)} \quad (2\text{-}32)$$

进而解得电阻为

$$R_1 = \alpha L_1 = \frac{u}{\left(i + \dfrac{1}{\alpha} \dfrac{\mathrm{d}i}{\mathrm{d}t} \right)} \quad (2\text{-}33)$$

对于采样点 n 处电流 $i(n)$ 的导数应为电流曲线在该点的斜率。当采用离散采样值进行计算时，可用前后的两个采样点 $i(n+1)$ 与 $i(n-1)$ 连线的斜率来近似。这种算法称为中间差分，即

$$\frac{\mathrm{d}i(n)}{\mathrm{d}t} = \frac{i(n+1) - i(n-1)}{2T_\mathrm{S}}$$

则式（2-32）可用采样值表示为

$$L_1 = \frac{u(n)}{\alpha i(n) + \dfrac{i(n+1) - i(n-1)}{2T_\mathrm{S}}} \quad (2\text{-}34)$$

同理

$$R_1 = \frac{u(n)}{i(n) + \dfrac{1}{\alpha} \dfrac{i(n+1) - i(n-1)}{2T_\mathrm{S}}} \quad (2\text{-}35)$$

求出电感 L_1 后，根据 $X_1 = \omega_1 L_1$ 即可算出正序电抗值。

微分方程算法是以线路的简化模型为基础，忽略了输电线路分布电容的作用，由此会带来一定的计算误差，特别是对于高频分量，分布电容的容抗较小，误差更大。此外，微分方程算法所采用的线路模型为一次系统模型，要使计算结果准确，要求送至计算机的电压、电流信号应忠实于一次系统的电压、电流信号。但实际上由于电压和电流互感器及电压和电流变换器等信号传送环节的影响，将导致送入计算机的电压、电流信号发生畸变，也会引起计算误差，尤其是非周期分量的衰减、高频分量的相位移等因素的影响使得畸变更大，误差也更大。因此，微分方程算法在实际应用时，需与数字滤波器配合使用。

本节重点就微机保护装置中所采用某些常用的数字滤波器和电气参数计算方法及其基本

原理进行了概略性介绍。数字滤波和参数计算是微机保护的基础,涉及的内容相当多,本节可作为学习和了解这些方法的入门和基础。

习题与思考题

1. 微型机继电保护系统的基本结构是什么?试绘出框图并加以说明。
2. 试简述开关量输入、输出系统的作用。
3. 试分别简要说明在微机继电保护装置中,人机对话以及通信系统的作用是什么?
4. 什么是数字滤波器?它主要有哪些优点使其广泛应用于微机保护装置?
5. 试简要说明采样定理的基本原理。
6. 根据采样定理如何确定微机保护的采样频率?
7. 试简要分析说明微机保护算法与数字滤波器的异同。
8. 试说明非递归型滤波器和递归型滤波器的优缺点。

第三章 电网的电流保护

第一节 单侧电源网络相间短路的电流保护

电流增大是电网发生短路故障所呈现出的最主要特点,因此可以通过检测流过保护安装处的电流幅值,来判定故障状态。这种反应电流增大而动作的保护称为电流保护。电流保护一般由电流速断、限时电流速断和定时限过电流保护三部分组成。

一、电流速断保护

对于反应于短路电流幅值增大而瞬时动作的保护,称为电流速断保护。以图3-1所示的网络接线为例,每条线路上都装设电流速断保护,我们希望当E-F段的任意一处出现短路故障时,保护1均能够反应并瞬时动作切除线路E-F,实现对线路E-F全长100%的保护。但是这是不现实的。对保护1而言,要保护线路全长,意味着当线路E-F段的末端k_1点发生短路时,保护1要正确反应并切除故障;当线路F-G的

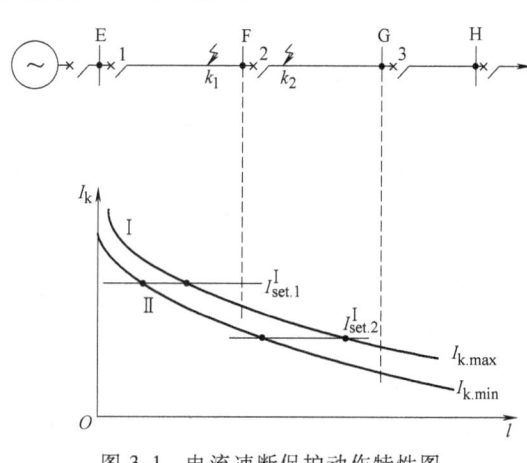

图3-1 电流速断保护动作特性图

始端k_2点发生短路时(即线路F-G的出口处发生短路),按照选择性的原则,应该由保护2来动作,保护1不能动作。事实上,k_1点短路和k_2点短路时流过保护1安装处的短路电流数值差别不大,因此保护1无法正确区分k_1点和k_2点短路。这就意味着,如果希望保护1在k_1点短路时动作,则在k_2点短路时也会动作,如果要求保护1在k_2点短路时一定不能动作,则在k_1点短路时也无法动作。为解决这个矛盾,通常都是优先保证动作的选择性,即从保护装置起动参数的整定上保证下一条线路出口处短路时不起动,即k_2点短路时保护1不能动作。在继电保护技术中,这又称为按躲开下一条线路出口处短路的条件整定。

对反应于电流升高而动作的电流速断保护而言,要求保护装置能起动的最小电流值称为保护装置的整定电流,以I_{set}^I表示。当实际的短路电流$I_k \geq I_{set}^I$时,保护装置才能起动。保护装置的整定电流值I_{set}^I是用电力系统一次侧的参数表示的,它所代表的意义是:当被保护线路的一次侧电流达到这个数值时,安装在该处的这套保护装置就能够起动。

根据电力系统短路的分析,当电源电动势一定时,短流电流的大小取决于故障类型以及短路点和电源之间的阻抗Z_Σ,一般可表示为

$$I_k = \frac{K_k E_\phi}{Z_\Sigma} = \frac{K_k E_\phi}{Z_s + Z_k} \tag{3-1}$$

式中,E_ϕ为系统等效电源的相电动势;Z_k为短路点至保护安装处之间的阻抗;Z_s为保护安

装处到系统等效电源之间的阻抗，其值随运行方式而变化，只考虑电抗时，设为 X_s；K_k 为故障类型系数，对三相短路，$K_k = 1$，对两相短路，$K_k = \frac{\sqrt{3}}{2}$。

在一定的系统运行方式下，E_ϕ 和 Z_s 是恒定值，此时 I_k 将随 Z_k 的增大而减小，因此可经计算后绘出 $I_k = f(l)$ 的变化曲线，如图 3-1 所示。当系统运行方式及故障类型改变时，I_k 都将随之变化，对每一套保护装置来讲，通过该保护装置的短路电流为最大的系统运行方式，称为最大运行方式，对应系统阻抗为最小 $Z_{s.min}$；而流过保护的短路电流为最小的方式，则称为最小运行方式，对应系统阻抗为最大 $Z_{s.max}$。对不同安装地点的保护装置，应根据网络接线的实际情况选取最大或最小运行方式。

在最大运行方式下发生三相短路时，通过保护装置的短路电流为最大，即最大短路电流 $I_{k.max}$；而在最小运行方式下发生两相短路时，短路电流为最小，即最小短路电流 $I_{k.min}$。这两种情况下短路电流的变化分别如图 3-1 中的曲线 I 和 II 所示。

电流速断保护的整定计算原则分析如下：

(1) 动作电流的整定　为了保证电流速断保护动作的选择性，对保护 1 来讲，其整定的动作电流 $I_{set.1}^{I}$ 必须大于 k_2 点短路时可能出现的最大短路电流，即在最大运行方式下变电所 F 母线上三相短路时的电流 $I_{k.F.max}$

$$I_{set.1}^{I} > I_{k.F.max} \tag{3-2}$$

考虑实际存在的各种误差影响，引入可靠系数 $K_{rel}^{I} = 1.2 \sim 1.3$，则上面不等式可写成等式

$$I_{set.1}^{I} = K_{rel}^{I} I_{k.F.max} \tag{3-3}$$

对保护 2 来讲，按照同样的原则，其起动电流应整定得大于 G 母线短路时的最大短路电流 $I_{k.G.max}$，即

$$I_{set.2}^{I} = K_{rel}^{I} I_{k.G.max} \tag{3-4}$$

$I_{set.1}^{I}$ 和 $I_{set.2}^{I}$ 在图 3-1 上是直线，它们与曲线 I 和曲线 II 各有一个交点。在交点以前短路时，由于短路电流大于整定电流，即 $I_k > I_{set}^{I}$，保护装置能够动作。而在交点以后短路时，由于短路电流小于整定电流，即 $I_k < I_{set}^{I}$，保护将不能起动。由此可见，有选择性的电流速断保护不能保护线路的全长。

(2) 保护的动作时限　速断保护瞬时动作切除故障，因而速断保护的动作时间取决于保护装置的固有动作时间，一般小于 100ms，理论上可以认为 $t^I = 0s$。

(3) 保护范围的校验　由于电流速断保护不能保护线路全长，所以电流速断保护对被保护线路内部故障的反应能力（即灵敏性），只能用保护范围的大小来衡量，此保护范围通常用线路全长的百分数来表示。

电流速断的保护范围受故障类型和系统运行方式变化的影响。在对应保护的最大运行方式下三相短路时，电流速断的保护范围为最大，当出现其他运行方式或两相短路时，速断的保护范围都会减小，而在最小运行方式下两相短路时，电流速断的保护范围为最小。一般情况下，要求最小保护范围大于被保护线路全长的 15% ~ 20%。

电流速断保护最大的优点是简单可靠、动作迅速。缺点是不能保护线路的全长，并且保护范围直接受系统运行方式变化的影响。当系统运行方式变化很大或被保护线路长度很短

时,速断保护的保护范围可能很小,甚至没有保护范围,如图 3-2 所示。

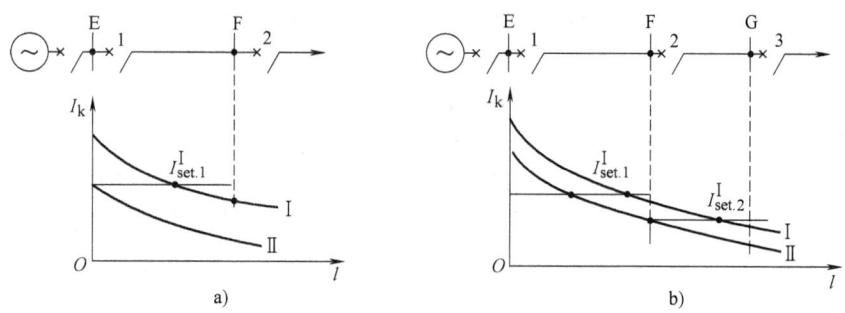

图 3-2 电流速断保护范围小的两种情况
a) 系统运行方式变化很大对电流速断保护的影响 b) 短线路对电流速断保护的影响

但在个别情况下,有选择性的电流速断也可以保护线路的全长,例如当电网的终端线上采用线路—变压器组的接线方式(见图 3-3)时,由于线路和变压器可以看成是一个元件,因此速断保护就可以按照躲开变压器低压侧线路出口处 k_1 点的短路电流来整定。由于变压器的阻抗一般比较大,因此 k_1 点的短路电流就大为减小,这样整定之后,电流速断就可以保护线路 E-F 的全长,并能保护变压器的一部分。

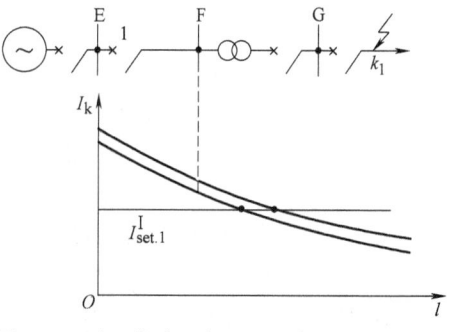

图 3-3 用于线路—变压器组的电流速断保护

【例 3-1】 如图 3-1 所示的 110kV 网络,已知系统最小电抗 $X_{s.min}=13\Omega$,系统最大电抗 $X_{s.max}=18\Omega$。E-F 线路电抗 $X_{E-F}=21\Omega$。$K_{rel}^I=1.25$。试对 E-F 线路的电流速断保护 1 进行整定计算并校验其保护范围。

解 电流速断保护的整定值 $I_{set.1}^I$ 按躲开 F 变电站母线短路的最大短路电流整定,即

$$I_{set.1}^I = K_{rel}^I I_{k.F.max} = 1.25 \times \frac{115/\sqrt{3}}{13+21} \text{kA} = 2.44 \text{kA}$$

动作时间 $t_1^I = 0\text{s}$

在求保护的最小保护范围 l_{min}(对应电抗 $X_{l.min}$)时,令最小运行方式下最小保护范围末端发生两相短路时的短路电流等于保护的整定电流 $I_{set.1}^I$,即

$$\frac{\sqrt{3}}{2} \frac{E_\phi}{X_{s.max}+X_{l.min}} = I_{set.1}^I$$

$$X_{l.min} = \frac{\sqrt{3}E_\phi}{2I_{set.1}^I} - X_{s.max} = \left(\frac{115}{2\times 2.44} - 18\right)\Omega = 5.59\Omega$$

最小保护范围 $l_{min} = X_{l.min}/X_{E-F} = 5.59/21 = 26.6\%$,可见保护范围满足要求。

二、限时电流速断保护

由于有选择性的电流速断保护不能保护线路的全长,因此考虑增加一段新的保护,用来

切除本线路上速断范围以外的故障,这就是限时电流速断保护。对这个新设保护的要求是能够保护本线路的全长,并具有足够的灵敏性和具有最小的动作时限。正是由于它能以较小的时限快速切除线路范围以内的故障,因此,称之为限时电流速断保护。

由于要求限时速断保护能够保护本线路的全长,因此它的保护范围就会延伸到下一条线路中去,这样当下一条线路出口处发生短路时,它就要起动。在这种情况下,为了保证动作的选择性,必须使保护的动作带有一定的时限,此时限的大小与其延伸的范围有关。为了使这一时限尽量缩短,首先考虑使它的保护范围不超出下一条线路速断保护的范围,而动作时限则比下一条线路的速断保护高出一个时间阶段,此时间阶段以 Δt 表示。

限时电流速断保护的整定计算原则分析如下:

(1) 动作电流的整定 现以图3-4的保护1为例来说明限时电流速断保护的整定方法。

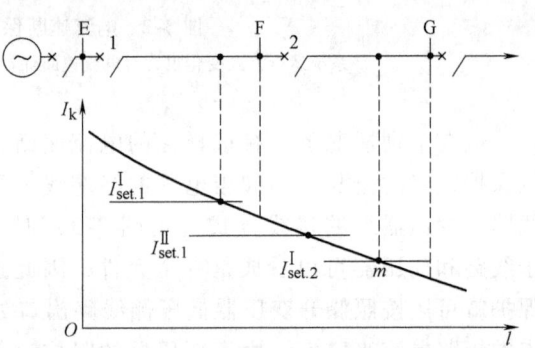

图 3-4 限时电流速断保护动作特性的分析

设保护2装有电流速断保护,其整定电流按式(3-4)计算后为 $I_{\text{set.2}}^{\text{I}}$。它与短路电流变化曲线的交点 m 即为保护2电流速断的保护范围末端,当在此点发生短路时,短路电流即为 $I_{\text{set.2}}^{\text{I}}$,速断保护刚好能动作。根据以上分析,保护1的限时电流速断不应超出保护2电流速断的范围,因此在单侧电源供电的情况下,它的起动电流就应该整定为

$$I_{\text{set.1}}^{\text{II}} \geq I_{\text{set.2}}^{\text{I}} \tag{3-5}$$

引入可靠系数 $K_{\text{rel}}^{\text{II}}$,则有

$$I_{\text{set.1}}^{\text{II}} = K_{\text{rel}}^{\text{II}} I_{\text{set.2}}^{\text{I}} \tag{3-6}$$

考虑到短路电流中的非周期分量已经衰减,$K_{\text{rel}}^{\text{II}}$ 可选取比速断保护的 $K_{\text{rel}}^{\text{I}}$ 小一些,一般取为1.1~1.2。

(2) 动作时限的整定 限时电流速断保护的动作时限应选择得比下一条线路速断保护的动作时限高出一个时间阶段 Δt,以保护1的限时电流速断保护为例,则

$$t_1^{\text{II}} = t_2^{\text{I}} + \Delta t \tag{3-7}$$

从尽快切除故障的观点来看,Δt 应越小越好,但是为了保证上下级保护之间动作的选择性,其值又不能选择得太小。由于技术水平的提高,在超高压系统 Δt 取 0.3~0.5s。

按照上述原则整定的时限特性如图3-5所示,由图3-5a可见,在保护2电流速断范围以内的故障,将以 t_2^{I} 的时间被切除,此时保护1的限时电流速断虽然可能起动,但由于 t_1^{II} 较 t_2^{I} 大一个 Δt 时限,保护2的电流速断动作切除故障后,保护1返回,因而从时间上保证了选择性。又如当故障发生在保

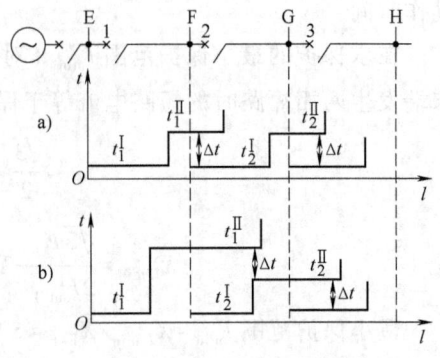

图 3-5 限时电流速断动作时限的配合关系
a) 与下一条线路的速断保护相配合
b) 与下一条线路的限时速断保护相配合

护 1 电流速断的范围以内时,将以 t_1^{I} 的时间被切除,而当故障发生在速断范围以外同时又在线路 E-F 以内时,则将以 t_1^{II} 的时间被切除。

由此可见,当线路上装设了电流速断和限时电流速断保护以后,它们的联合工作就可以保证全线路范围内的故障都能在 0.5s 的时间内予以切除,这在一般情况下都能够满足速动性的要求。这种能够快速切除全线路范围内各种故障的保护作为该线路的"主保护"。

(3) 灵敏性的校验 为了衡量保护对内部故障的反应能力,引入灵敏系数 K_{sen} 进行校验。对反应电流增大而动作的电流保护,灵敏系数的定义为

$$K_{\mathrm{sen}} = \frac{\text{保护范围内发生金属性短路时故障参数的计算值}}{\text{保护装置的动作参数}} \quad (3-8)$$

式中,故障参数的计算值应根据实际情况,合理地采用最不利于保护动作的系统运行方式和故障类型来选定。但不必考虑可能性很小的特殊情况。

对限时电流速断保护而言,为了保护线路全长,显然在最小运行方式下本线路末端发生两相短路时所出现的最小短路电流应该大于保护的整定值。具体对保护 1 有 $I_{\mathrm{k.F.min}} > I_{\mathrm{set.1}}^{\mathrm{II}}$,即

$$K_{\mathrm{sen}} = \frac{I_{\mathrm{k.F.min}}}{I_{\mathrm{set.1}}^{\mathrm{II}}} \quad (3-9)$$

为了保证在线路末端短路时,保护装置一定能够动作,再考虑实际短路时存在的过渡电阻以及测量误差等的影响,对限时电流速断保护要求 $K_{\mathrm{sen}} \geq 1.3 \sim 1.5$。

当灵敏系数不能满足要求时,那就意味着如果发生内部故障,由于各种不利因素的影响,保护可能起动不了,也就是达不到保护线路全长的目的。为了解决这个问题,可以考虑进一步延伸限时电流速断的保护范围,使之与下一条线路的限时电流速断保护相配合,即降低本线路限时电流速断保护的整定值,以保证灵敏性,这时保护动作时限就应该选择得比下一条线路限时速断的时限再高一个 Δt,如图 3-5b 所示,即

$$t_1^{\mathrm{II}} = t_2^{\mathrm{II}} + \Delta t \quad (3-10)$$

可见,保护范围的伸长,必然导致动作时限的升高。

三、定时限过电流保护

过电流保护通常是指其起动电流按照躲开最大负荷电流来整定的一种保护装置。它在正常运行时不应该起动,而在电网发生故障时,则能因电流的增大而动作。在一般情况下,过电流保护起后备保护的作用,它不仅能够保护本线路的全长,作为本线路主保护拒动时的近后备保护,而且也能保护相邻线路的全长,作为下一级线路保护拒动和断路器拒动的远后备保护。

定时限过电流保护的整定计算原则分析如下:

(1) 动作电流的整定 为保证在正常运行情况下过电流保护绝不动作,显然保护装置的起动电流必须整定得大于该线路上可能出现的最大负荷电流 $I_{\mathrm{L.max}}$。实际上在确定保护装置的起动电流时,还必须考虑在外部故障切除后,保护装置是否能够返回的问题。例如在图 3-6 所示的网络接线中,当 k_1 点短路时,短路电流将通过保护 1、2、3,这些保护都要起动,但是按照选择性的要求应由保护 3 动作切除故障。保护 1、2 由于断路器已切除了故障,

其电流减小而立即返回。

实际上当外部故障切除后,流经保护 2 的电流是仍然在继续运行中的负荷电流。由于短路时电压降低,变电所 F 母线上所接负荷的电动机被制动,因此,在故障切除后电压恢复时,电动机要有一个自起动过程。电动机的自起动电流要大于它正常工作的电流。因此,引入一个自起动系数 K_{Ms},它表示自起动时最大电流 $I_{Ms.max}$ 与正常运行时最大负荷电流 $I_{L.max}$ 之比,即

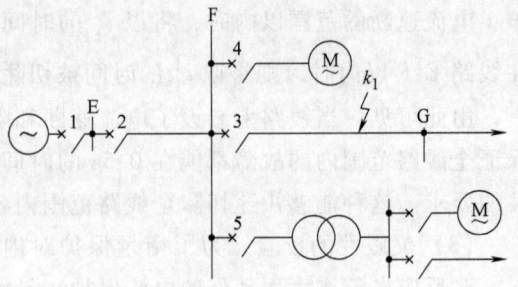

图 3-6 选择过电流保护起动电流和动作时间的网络接线图

$$I_{Ms.max} = K_{Ms} I_{L.max} \tag{3-11}$$

保护 1 和 2 在这个电流的作用下必须立即返回。为此应使保护装置的返回电流 I_{re} 大于 $I_{Ms.max}$。引入可靠系数 K_{rel}^{III},则

$$I_{re} = K_{rel}^{III} I_{Ms.max} = K_{rel}^{III} K_{Ms} I_{L.max} \tag{3-12}$$

这里引入返回系数 K_{re},它表示保护装置返回电流与起动电流的比值。即

$$K_{re} = \frac{I_{re}}{I_{set}} \tag{3-13}$$

于是,保护装置的起动电流整定为

$$I_{set}^{III} = \frac{1}{K_{re}} I_{re} = \frac{K_{rel}^{III} K_{Ms}}{K_{re}} I_{L.max} \tag{3-14}$$

式中,电动机的自起动系数 K_{Ms} 大于 1,具体数值由负荷性质及网络接线决定;可靠系数 K_{rel}^{III} 考虑负荷电流计算的不准确及误差影响,取 1.15~1.25;过电流继电器的返回系数 K_{re} 一般取 0.85~0.9。

(2) 动作时限的整定 如图 3-7 所示,假定在每个电气元件上均装有过电流保护,各保护装置的起动电流均按照躲开被保护元件上各自的最大负荷电流来整定。这样当 k_1 点短路时,保护 1~5 在短路电流的作用下都可能起动,但要满足选择性的要求,应该只有保护 5 动作切除故障,而保护 1、2、3、4 在故障切除后应立即返回。这个要求只有依靠各保护的动作时限来满足。

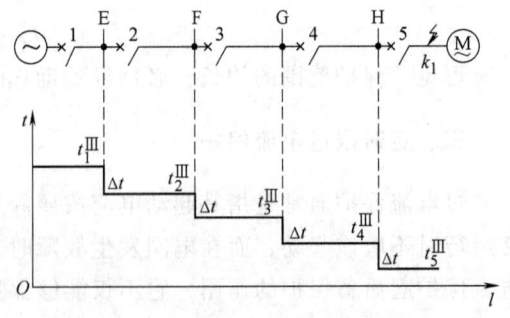

图 3-7 过电流保护动作时限的选择

保护 5 位于电网的最末端,只要电动机内部故障,它就可以瞬时动作予以切除,t_5^{III} 即为保护装置本身的固有动作时间。对保护 4 来说,为了保证 k_1 点短路时动作的选择性,则应整定其动作时限 $t_4^{III} > t_5^{III}$。引入时间阶段 Δt,则保护 4 的动作时限为

$$t_4^{III} = t_5^{III} + \Delta t \tag{3-15}$$

依次类推,保护 1、2、3 的动作时限均应比相邻各元件保护的动作时限高出至少一个 Δt,只有这样才能充分保证动作的选择性,即

第三章 电网的电流保护

$$t_3^{Ⅲ} = t_4^{Ⅲ} + \Delta t$$
$$t_2^{Ⅲ} = t_3^{Ⅲ} + \Delta t \tag{3-16}$$
$$t_1^{Ⅲ} = t_2^{Ⅲ} + \Delta t$$

对图 3-6 的接线，由于相邻母线有三条出线，故保护 2 应同时满足以下要求：

$$t_2^{Ⅲ} = t_3^{Ⅲ} + \Delta t$$
$$t_2^{Ⅲ} = t_4^{Ⅲ} + \Delta t \tag{3-17}$$
$$t_2^{Ⅲ} = t_5^{Ⅲ} + \Delta t$$

即
$$t_2^{Ⅲ} = \max(t_3^{Ⅲ} + \Delta t, t_4^{Ⅲ} + \Delta t, t_5^{Ⅲ} + \Delta t) \tag{3-18}$$

式中，$t_3^{Ⅲ}$、$t_4^{Ⅲ}$、$t_5^{Ⅲ}$ 分别为保护 3（线路 F-G）、保护 4（电动机）和保护 5（变压器）的过电流保护动作时间。

这样确定的保护动作时限与短路电流大小无关，因此称为定时限过电流保护。

当故障越靠近电源端时，短路电流越大，而由以上分析可见，此时过电流保护的动作时限越长。正是由于这个原因，过电流保护一般作为本线路和相邻元件的后备保护。

（3）灵敏性的校验　过电流保护的灵敏性仍用公式（3-8）来校验。当过电流保护作为本线路的后备保护时，应采用最小运行方式下，本线路末端两相短路时最小短路电流来校验，要求 $K_{sen} \geq 1.3 \sim 1.5$。当作为相邻线路的后备保护时，应采用最小运行方式下相邻线路末端两相短路时最小短路电流来校验，此时要求 $K_{sen} \geq 1.2$。

此外，在各个过电流保护之间，还必须要求灵敏系数相互配合，即对同一故障点而言，要求越靠近故障点的保护应具有越高的灵敏系数。例如在图 3-7 的网络中，当 k_1 点短路时，应要求各保护的灵敏系数之间具有下列关系：

$$K_{sen.5} > K_{sen.4} > K_{sen.3} > K_{sen.2} > K_{sen.1} \tag{3-19}$$

在单侧电源的网络接线中，由于越靠近电源端时，保护装置的定值越大，而发生故障后，各保护装置均流过同一个短路电流，因此上述灵敏系数的配合要求是自然满足的。

四、阶段式电流保护的配合与应用

电流速断、限时电流速断和过电流保护都是反应于电流增大而动作的保护装置。它们之间的区别主要在于按照不同的整定原则来选择起动电流。电流速断保护是按照躲开本线路末端短路的最大短路电流来整定，限时电流速断保护是按照躲开下一级各相邻元件电流速断保护的动作范围末端来整定，而过电流保护则是按照躲开最大负荷电流来整定。

电流速断保护、限时电流速断保护和过电流保护一般组合在一起构成阶段式电流保护。具体应用时，可以三段同时使用，也可以只采用其中某一段或两段。现以图 3-8 所示的网络接线为例予以说明。在电网最末端用户电动机或其他受电设备上，保护 4 只采用能够瞬时动作的过电流保护就可以满足要求。在电网的倒数第二级上，保护 3 应首先考虑采用 0.5s 延时动作的过电流保护，如果要求线路 G-H 上的故障必须快速切除，可以增设电流速断保护。保护 2 可以根据需要采用两段式或三段式结构，由于越靠近电源端，过电流保护的动作时限越长，因此一般都需要装设三段式保护。

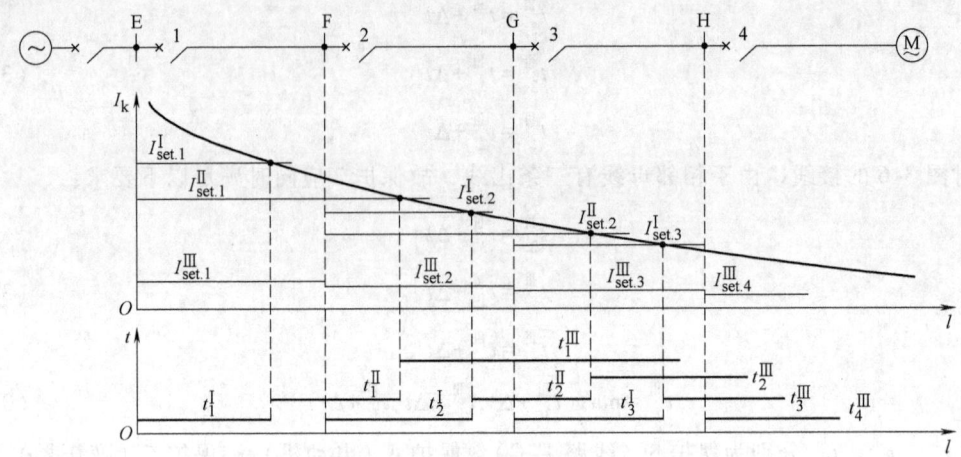

图 3-8 阶段式电流保护的配合和实际动作时间示意图

具有上述配合关系的保护装置配置情况,以及各点短路时实际切除故障的时间也相应地表示在图 3-8 中。由图可知,当全网任何地点发生短路时,如果不发生保护或断路器拒绝动作的情况,故障都可以在 0.5s 以内的时间予以切除。

具有电流速断、限时电流速断和过电流的三段式保护的单相原理接线如图 3-9 所示,电流速断保护由继电器①~③组成,限时电流速断保护由继电器④~⑥组成,过电流保护则由继电器⑦~⑨组成。由于三段的起动电流和动作时间整定得均不相同,因此必须分别使用三个电流继电器和两个时间继电器,而信号继电器③、⑥和⑨则分别用以发出 I、II、III 段保护动作的信号。

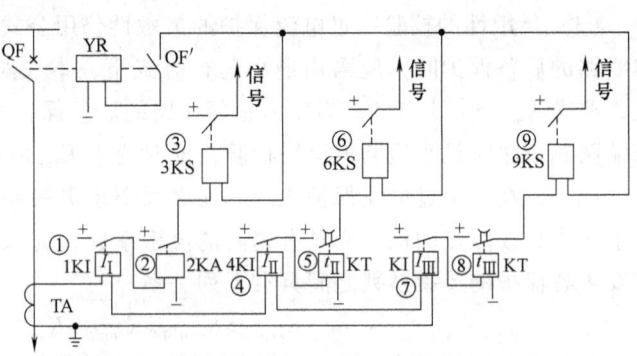

图 3-9 具有三段式电流保护的单相式原理接线图

阶段式电流保护最主要的优点是简单、可靠,并且在一般情况下能基本满足快速切除故障的要求,因此在电网中特别是在 35kV 及以下的电压等级网络中获得了广泛的应用。电流保护的缺点是直接受电网的接线以及电力系统运行方式变化的影响,例如整定值必须按系统最大运行方式来选择,而灵敏性则必须用系统最小运行方式来校验,这就使得保护整定后可能不能满足灵敏系数或保护范围的要求,这时需要降低相应保护段的整定值并增大动作时限,或者增设另外的保护段,这样就会使得电流保护的性能下降、结构复杂,从而失去优势。

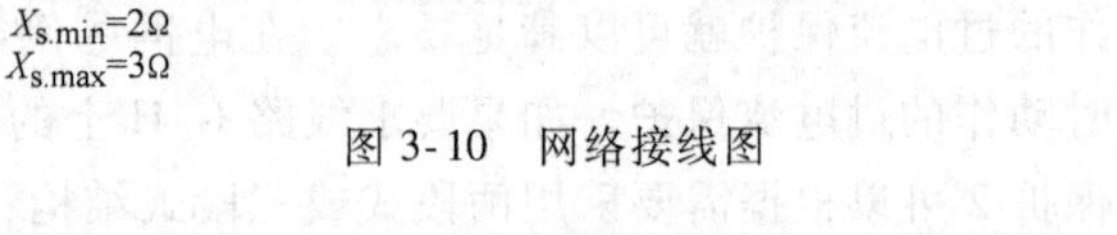

【例 3-2】 如图 3-10 所示的网络接线,线路 E-F 和 F-G 均装设了三段式电流保护,已知线路正序阻抗 $X_1 = 0.4\Omega/\text{km}$,线路 E-F 的最大负荷电流 $I_{\text{L.max}} = 170\text{A}$,可靠系数分别为 $K_{\text{rel}}^{\text{I}} = 1.3$,$K_{\text{rel}}^{\text{II}} = 1.1$,$K_{\text{rel}}^{\text{III}} = 1.2$,负荷自起动系数 $K_{\text{Ms}} = 1.5$,返回系数 $K_{\text{re}} = 0.85$,时间阶段 $\Delta t = 0.5\text{s}$,线路保护 3 的过电流动作时限

图 3-10 网络接线图

为 1.0s，其余参数见图 3-10，计算线路保护 1 电流三段的整定值和动作时限，并校验灵敏度。

解：（1）保护 1 电流速断的整定及校验

$$I_{\text{set.1}}^{\text{I}} = K_{\text{rel}}^{\text{I}} I_{\text{k.F.max}} = 1.3 \times \frac{115/\sqrt{3}}{2+20\times 0.4} \text{kA} = 8.63 \text{kA}$$

$$t_1^{\text{I}} = 0\text{s}$$

$$l_{\min} = \frac{1}{X_{\text{E-F}}}\left(\frac{\sqrt{3}}{2}\times\frac{E_s/\sqrt{3}}{I_{\text{set.1}}^{\text{I}}} - X_{\text{s.max}}\right) = \frac{\frac{115}{2\times 8.63}-3}{20\times 0.4} = 45.8\%$$

（2）保护 1 限时电流速断的整定及校验

$$I_{\text{set.2}}^{\text{I}} = K_{\text{rel}}^{\text{I}} I_{\text{k.G.max}} = 1.3\times\frac{115/\sqrt{3}}{2+20\times 0.4+80\times 0.4}\text{kA} = 2.055\text{kA}$$

$$I_{\text{set.1}}^{\text{II}} = K_{\text{rel}}^{\text{II}} I_{\text{set.2}}^{\text{I}} = 1.1\times 2.055\text{kA} = 2.26\text{kA}$$

$$t_1^{\text{II}} = 0.5\text{s}$$

$$K_{\text{sen}} = \frac{I_{\text{k.F.min}}}{I_{\text{set.1}}^{\text{II}}} = \frac{\frac{115}{\sqrt{3}}\times\frac{\sqrt{3}}{2}/(3+8)}{2.26} = \frac{5.23}{2.26} = 2.31 > 1.5$$

（3）保护 1 过电流的整定及校验

$$I_{\text{set.1}}^{\text{III}} = \frac{K_{\text{rel}}^{\text{III}} K_{\text{Ms}}}{K_{\text{re}}} I_{\text{L.max}} = \frac{1.2\times 1.5\times 170}{0.85}\text{A} = 360\text{A}$$

$$t_1^{\text{III}} = t_2^{\text{III}} + \Delta t = 1\text{s} + \Delta t + \Delta t = 2\text{s}$$

作本线路近后备时的灵敏系数

$$K_{\text{sen}} = \frac{I_{\text{k.F.min}}}{I_{\text{set.1}}^{\text{III}}} = \frac{5230}{360} = 14.53 > 1.3$$

作相邻线路远后备时的灵敏系数

$$K_{\text{sen}} = \frac{I_{\text{k.G.min}}}{I_{\text{set.1}}^{\text{III}}} = \frac{\frac{115}{2}\times 10^3/(3+8+32)}{360} = \frac{1340}{360} = 3.72 > 1.2$$

五、电流保护的接线方式

所谓电流保护的接线方式，就是指电流互感器的二次线圈与电流继电器之间的连接方式，相间短路的电流保护广泛使用以下几种接线方式。

（1）三相星形接线　接线方式如图 3-11 所示，它是将三个电流互感器与三个电流继电器分别按相连接在一起，电流互感器和电流继电器均接成星形。在中线上流回的电流为 $\dot{I}_a + \dot{I}_b + \dot{I}_c$，正常时此电流约为零，在发生接地短路时则为三倍零序电流 $3\dot{I}_0$。三个继电器的触点是并联联结的，相当于"或"回路，当其中任一个触点闭合后均可动作于跳闸或起动时间继电器等。

三相星形接线广泛应用于发电机、变压器等大型贵重电气设备的保护中，因为它能提高保护动作的可靠性和灵敏性。由于在每相上均装有电流继电器，因此，它可以反应各种相间以提高 Yd11 联结变压器后面发生两相短路时的灵敏性。每段保护动作后，都有相应的信号继电器给出信号（俗称"掉牌"）。在每段保护动作跳闸的回路中分别设有连接片 XB（俗称"压板"），以便根据运行的需要停用任一段的保护。图中继电器触点的位置，对应于被保护线路正常运行时的工作状态。

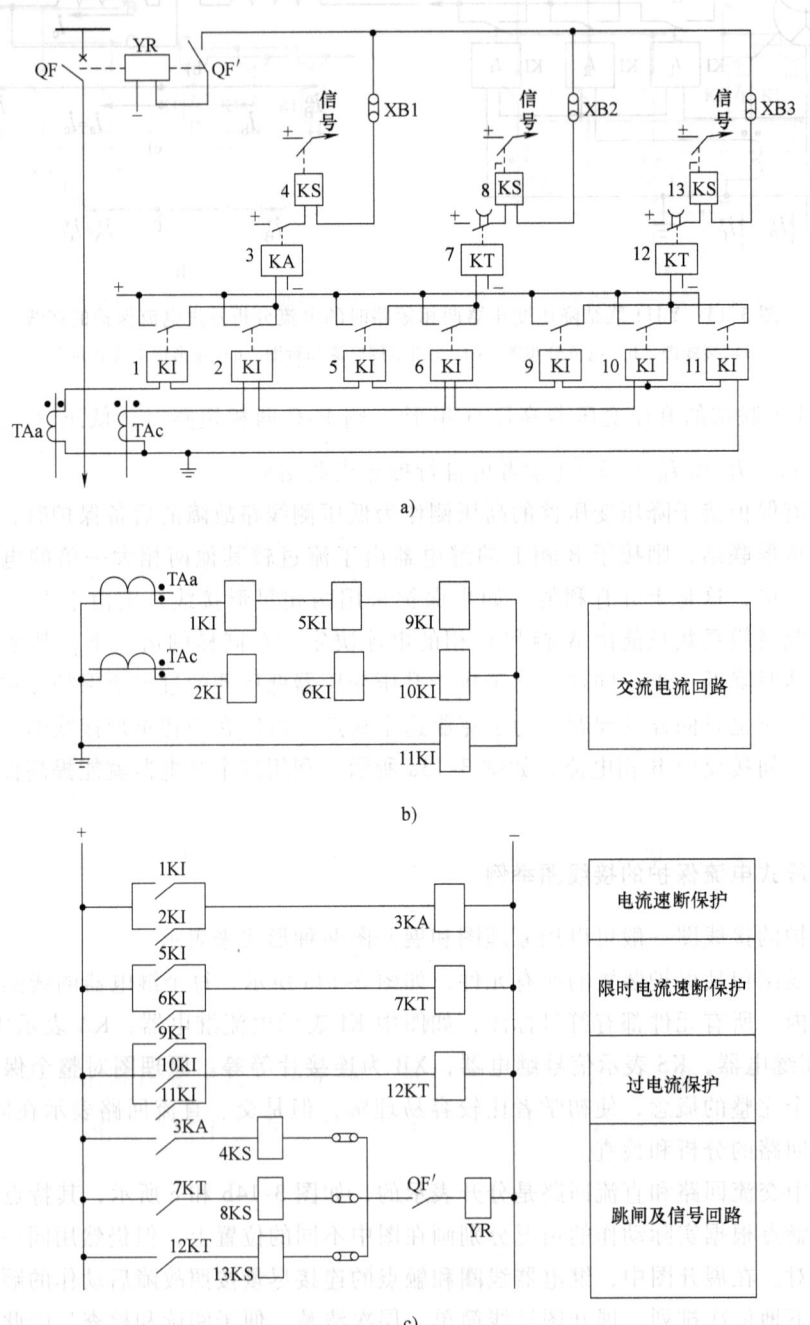

图 3-14 三段式电流保护的接线图
a）原理图 b）交流回路展开图 c）直流回路展开图

第二节 电网相间短路的方向性电流保护

一、方向性电流保护的工作原理

上一节所讲的三段式电流保护仅利用相间短路后电流幅值增大的特征来区分故障与正常运行状态,以动作电流的大小和动作时限的长短配合来保证有选择性地切除故障。这种简单的保护方式在实际的多电源复杂电网使用时会遇到困难。

在图 3-15 所示的双侧电源网络接线中,由于两侧都有电源,因此,在每条线路的两侧均需装设断路器和保护装置。当 k_1 点短路时,如图 3-15a 所示,按照选择性要求,应该由距故障点最近的保护 3 和 7 动作切除故障。然而,由电源 $\dot{E}_{\mathrm{II}}$ 供给的短路电流 $I''_{\mathrm{k}1}$ 也将通过保护 4,如果保护 4 采用电流速断且 $I''_{\mathrm{k}1}$ 大于保护装置的起动电流 $I^{\mathrm{I}}_{\mathrm{set.}4}$,则保护 4 的电流速断就要误动作;如果保护 4 采用过电流保护且其动作时限 $t_4 \leqslant t_7$,则保护 4 的过电流保护也将误动。同理,当图 3-15b 中 k_2 点短路时,应该由保护 4 和 6 动作切除故障,但是由电源 $\dot{E}_{\mathrm{I}}$ 供给的短路电流 $I'_{\mathrm{k}2}$ 也将通过保护 7,如果 $I'_{\mathrm{k}2} > I^{\mathrm{I}}_{\mathrm{set.}7}$,则保护 7 的电流速断要误动作;如果过电流保护的动作时限 $t_7 \leqslant t_4$,则保护 7 的过电流保护也要误动。同样地分析其他地点短路,有关的保护动作也存在类似的问题。

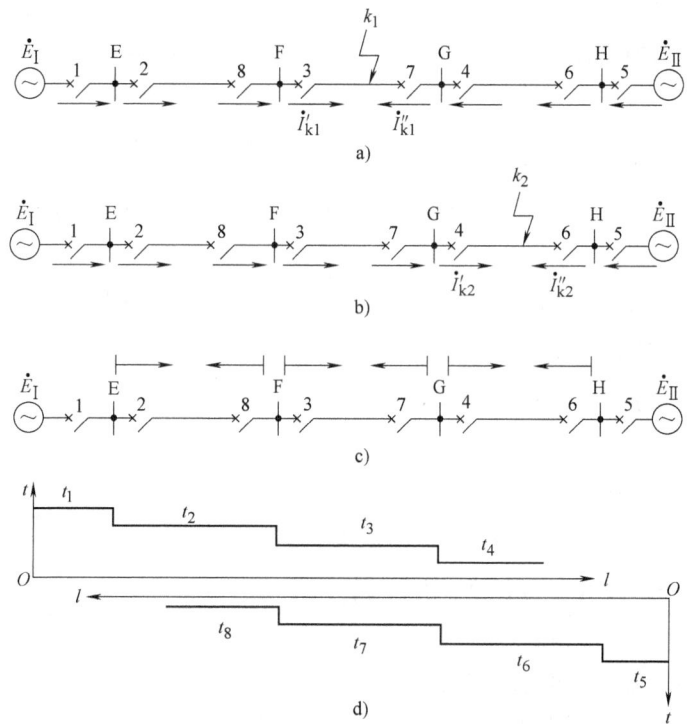

图 3-15 双侧电源网络接线及保护动作方向的规定
a) k_1 点短路时的电流分布 b) k_2 点短路时的电流分布 c) 各保护动作方向的规定
d) 方向过电流保护的阶梯形时限特性

如果规定短路功率（一般指短路时母线电压与线路电流相乘所得的感性功率）的正方向为从母线流向被保护线路。那么可以发现，对正确动作的保护，实际的短路功率方向就是从母线流向线路的，与假定正方向一致，而对误动作的保护而言，由于是由对侧电源提供的短路电流，实际短路功率方向都是由被保护线路流向母线的，与假定正方向相反。因此，在双侧电源供电时，为了保证动作的选择性，可以在每一个保护上增设一个功率方向闭锁元件，当短路功率方向由母线流向被保护线路时该元件动作，而当短路功率方向由线路流向母线时不动作，从而使继电保护的动作具有一定的方向性。按照这个要求配置的功率方向元件及其规定的动作方向如图 3-15c 所示。

当双侧电源网络上的电流保护装设方向元件以后，就可以把它们拆开看成两个单侧电源网络的保护，保护 1、2、3、4 反应于电源 $\dot{E}_\mathrm{I}$ 供给的短路电流而动作，保护 5、6、7、8 反应于电源 $\dot{E}_\mathrm{II}$ 供给的短路电流而动作，两组方向保护之间不要求有配合关系。这样上一节所讲的三段式电流保护的工作原理和整定计算原则就仍然可以应用了。

具有方向性的过电流保护的单相原理接线如图 3-16 所示，主要由方向元件、电流元件和时间元件组成，由图可见，方向性电流保护的主要特点就是在原有电流保护的基础上增加一个功率方向判别元件，以保证在反方向故障时把保护闭锁使其不致误动作。

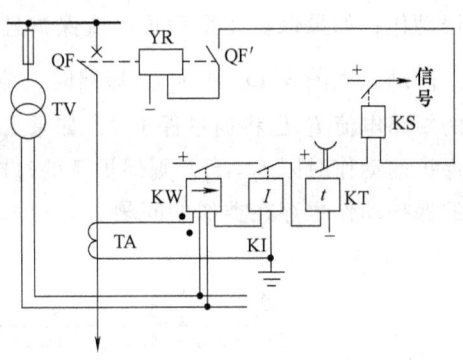

图 3-16 方向过电流保护的原理接线图

二、功率方向判别元件

1. 功率方向元件的工作原理

在图 3-17a 所示的网络接线中，对保护 1 而言，当正方向 k_1 点三相短路时，如果短路电流 $\dot{I}_{k1}$ 的规定正方向是从保护安装处母线流向线路，则它滞后于该母线电压 $\dot{U}$ 的相位角为 φ_{k1}（φ_{k1} 为从母线至 k_1 点之间的线路阻抗角），一般有 $0°<\varphi_{k1}<90°$，如图 3-17b 所示。当反方向 k_2 点短路时，通过保护 1 的短路电流是由电源 $\dot{E}_\mathrm{II}$ 供给的。对保护 1 如果仍按规定的电流正方向观察，则 $\dot{I}_{k2}$ 滞后于母线电压 $\dot{U}$ 的相角将是 $180°+\varphi_{k2}$（φ_{k2} 为从母线至是 k_2 点之间的线路阻抗角），此时 $180°<(180°+\varphi_{k2})<270°$，如图 3-17c 所示。如以母线电压 $\dot{U}$ 作为参考相量，并设 $\varphi_{k1}=\varphi_{k2}=\varphi_k$，则 $\dot{I}_{k1}$ 和 $\dot{I}_{k2}$ 的相位相差 $180°$。

因此，利用判别短路功率的方向或电流、电压之间的相位关系，就可以判别发生故障的方向。用以判别功率方向或测定电流、电压间相位角的元件称为功率方向元件。

对继电保护中功率方向元件的基本要求是：

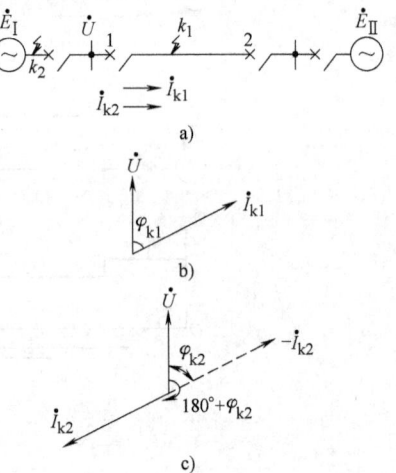

图 3-17 方向元件工作原理的分析
a) 网络接线 b) k_1 点短路相量图
c) k_2 点短路相量图

1) 应具有明确的方向性,即在正方向发生各种故障(包括故障点有过渡电阻的情况)时,能可靠动作,而在反方向故障时,可靠不动作。

2) 发生故障时动作有足够的灵敏度。

2. 功率方向元件的动作方程

(1) 0°接线方式 如对 A 相功率方向元件,加入电压 $\dot{U}_m (=\dot{U}_A)$ 和电流 $\dot{I}_m (=\dot{I}_A)$。则当正方向短路时,如图 3-17b 所示,方向元件中电压和电流之间的相位角为

$$\varphi_{mA} = \arg \frac{\dot{U}_A}{\dot{I}_{k1.A}} = \varphi_{k1} \tag{3-23}$$

反方向短路时,如图 3-17c 所示,φ_{mA} 为

$$\varphi_{mA} = \arg \frac{\dot{U}_A}{\dot{I}_{k2.A}} = 180° + \varphi_{k2} \tag{3-24}$$

式中,符号 arg 表示分子相量超前于分母相量的角度,此处即相量 $\dot{U}_A / \dot{I}_A$ 的辐角。如取 $\varphi_k = 60°$,可画出相量图如图 3-18 所示。一般的功率方向元件当输入电压和电流的幅值不变时,其输出值随两者间相位差的大小而改变,输出最大时的相位差称为最大灵敏角。为了在最常见的短路情况下使方向元件最灵敏,采用上述接线的功率方向元件的最大灵敏角应为 $\varphi_{sen} = \varphi_k = 60°$。又为了保证正方向故障,$\varphi_k$ 在 0°~90°范围内变化时,方向元件都能可靠动作,方

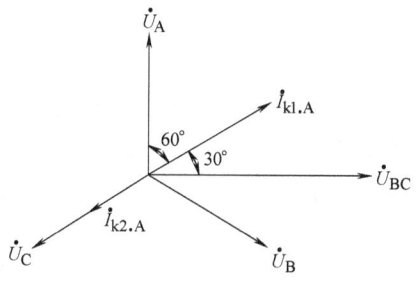

图 3-18 三相短路 $\varphi_k = 60°$时的相量图

向元件动作的角度范围通常取为(电压超前电流)$\varphi_{sen} \pm 90°$。此动作特性在复平面上是一条直线,如图 3-19a 所示,阴影部分为动作区,其动作方程可表示为

$$90° \geqslant \arg \frac{\dot{U}_m e^{-j\varphi_{sen}}}{\dot{I}_m} \geqslant -90° \tag{3-25}$$

由于 $\varphi_m = \arg \dfrac{\dot{U}_m}{\dot{I}_m}$,式(3-25)可以写成

$$\varphi_{sen} + 90° \geqslant \varphi_m \geqslant \varphi_{sen} - 90° \tag{3-26}$$

如用功率的形式表示,则为

$$U_m I_m \cos(\varphi_m - \varphi_{sen}) > 0 \tag{3-27}$$

采用这种接线和特性的功率方向元件,在其正方向出口附近发生三相短路、A-B 或 C-A 两相接地短路,以及 A 相接地短路时,由于 $U_A \approx 0$ 或数值很小,A 相功率方向元件将不能动作,称为"电压死区"。当上述故障发生在死区范围以内时,保护将要拒动,这是一个很大的缺点,因而这种接线实际上很少使用。

(2) 90°接线方式 即对 A 相的方向元件加入电流 $\dot{I}_A$ 和电压 $\dot{U}_{BC}$,此时,功率方向元件

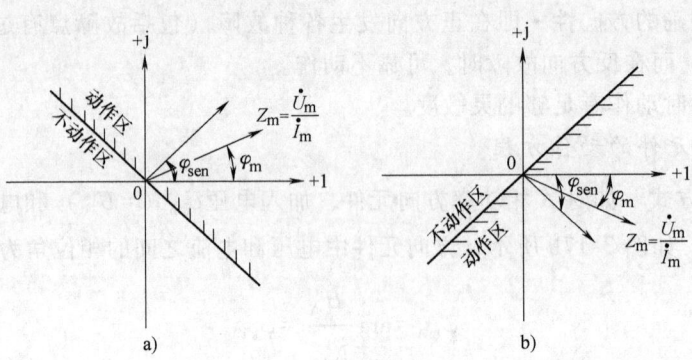

图 3-19 功率方向元件的动作特性
a) 0°接线方式 b) 90°接线方式

的测量相位角 $\varphi_{mA} = \arg \dfrac{\dot{U}_{BC}}{\dot{I}_A}$。这种采用非故障相的相间电压作为参考量去判别电流的相位，可以减小或消除死区。

由图 3-18 可知，当正方向三相短路时，$\varphi_m = \varphi_k - 90°$；反方向三相短路时，$\varphi_m = \varphi_k + 90°$，线路最常见短路时的阻抗角 $\varphi_k = 60°$，此时功率方向元件的最大灵敏角设计成 $\varphi_{sen} = \varphi_k - 90° = -30°$。其动作特性如图 3-19b 所示，动作方程为

$$90° \geqslant \arg \dfrac{\dot{U}_m e^{j(90° - \varphi_k)}}{\dot{I}_m} \geqslant -90° \quad (3-28)$$

习惯上采用 $90° - \varphi_k = \alpha$，称 α 为功率方向元件的内角，则式（3-28）可变为

$$90° - \alpha \geqslant \varphi_m \geqslant -90° - \alpha \quad (3-29)$$

功率的形式表示为

$$U_m I_m \cos(\varphi_m + \alpha) > 0 \quad (3-30)$$

对 A 相的功率方向元件而言，可具体表示为

$$U_{BC} I_A \cos(\varphi_{mA} + \alpha) > 0 \quad (3-31)$$

除正方向出口附近发生三相短路时（$U_{BC} \approx 0$），方向元件具有很小的电压死区以外，在其他任何包含 A 相的不对称短路时（I_A 的电流很大），U_{BC} 的电压很高，因此方向元件不仅没有电压死区，而且动作灵敏度很高。至于如何消除三相短路时的死区，可以采用后面将介绍的电压记忆措施。

为使功率方向元件工作于最灵敏的条件下，应使 $\cos(\varphi_k - 90° + \alpha) = 1$，即 $\varphi_k + \alpha = 90°$。因此当线路阻抗 $\varphi_k = 60°$ 时，则应取内角 $\alpha = 30°$，如果 $\varphi_k = 45°$，则取 $\alpha = 45°$ 等。

3. 功率方向元件的动作特性

在式（3-30）所示的动作方程中，U_m、I_m 和 φ_m 均为变数，当其中任何一个变化时，方向元件的起动条件都要随之改变，因此为了便于应用，通常采用下面 2 种特性予以表示。

（1）角度特性 表示当 I_m 固定不变时，方向元件起动电压 $U_{act} = f(\varphi_m)$ 的关系曲线，如图 3-20 所示，其最大灵敏角为 $\varphi_{sen} = -\alpha$，其中 α 为功率方向元件的内角。当 $\varphi_k = 60°$ 时，$\varphi_{sen} = -30°$，动作范围位于以 φ_{sen} 为中心的 $\pm 90°$ 以内。在此动作范围内，方向元件的最小起

动电压 $U_{act.min}$ 基本上与 φ_m 无关。当加入的电压 $U_m<U_{act.min}$ 时，方向元件将不能起动，这就是出现"电压死区"的原因。

（2）伏安特性 表示当固定 $\varphi_m=\varphi_{sen}$ 不变时，方向元件起动电压 $U_{act}=f(I_m)$ 的关系曲线。在理想情况下，该曲线平行于两个坐标轴，如图 3-21 所示，只要加入的电流和电压分别大于最小起动电流 $I_{act.min}$ 和最小起动电压 $U_{act.min}$，方向元件就可以动作。

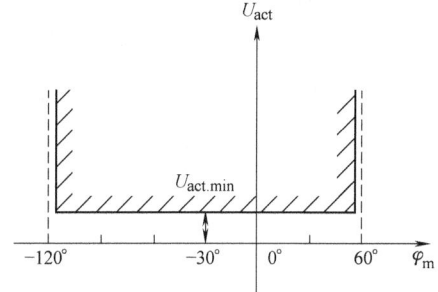

图 3-20 $\alpha=30°$ 时功率方向元件的角度特性

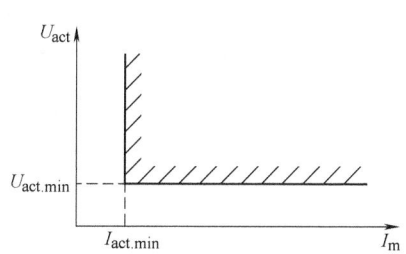

图 3-21 功率方向元件的伏安特性

在分析功率方向元件的动作特性时，还要考虑继电器的"潜动"问题。所谓潜动就是指：在只加入电流或只加入电压的情况下，继电器就能够动作的现象。发生潜动的最大危害是在反方向出口处三相短路时，$U_m\approx 0$，而 I_m 很大，方向元件本应将保护装置闭锁，但由于此时出现了潜动，因而可能使保护装置失去方向性而误动作。

三、相间短路功率方向元件的接线方式

功率方向元件的接线方式，就是指电压互感器和电流互感器的二次线圈与方向元件之间的连接方式。由于功率方向元件的主要任务是判断短路功率的方向，因此对其接线方式提出如下要求：

1）正方向任何类型的故障都能动作，而当反方向故障时不动作。

2）故障后加入方向元件的电压和电流的幅值应尽可能地大一些，并尽可能使电压与电流相位角接近于最大灵敏角 φ_{sen}，以消除和减小死区。

为了满足上述要求，功率方向元件广泛采用 90°接线方式。此时三个功率方向元件分别接于 $\dot{I}_A$、$\dot{U}_{BC}$，$\dot{I}_B$、$\dot{U}_{CA}$，$\dot{I}_C$、$\dot{U}_{AB}$。所谓 90°接线方式是指在三相对称情况下，若 $\cos\varphi=1$，加入的电压 $\dot{U}_{BC}$ 和电流 $\dot{I}_A$ 相位相差 90°。这个定义仅仅是为了称呼的方便，没有什么物理意义。

下面对 90°接线方式下，线路上发生各种故障时的动作情况加以讨论。

1. 正方向发生三相短路

由于三相对称，三个功率方向元件的工作情况完全一样，故可只取 A 相元件来分析。由前面的分析可知，A 相元件的动作条件为 $U_{BC}I_A\cos(\varphi_k-90°+\alpha)>0$，显然应该有

$$0°<\varphi_k+\alpha<180°$$

一般而言，电力系统中任何电缆或架空线路的阻抗角（包括含有过渡电阻短路的情况）均为：$0°<\varphi_k<90°$。为使方向元件在任何 φ_k 的情况下均能动作，需要选择一个合适的内角，才能满足要求，即

当 $\varphi_k \approx 0°$ 时,必须选择 $0° < \alpha < 180°$

当 $\varphi_k \approx 90°$ 时,必须选择 $-90° < \alpha < 90°$

当同时满足上述 2 个条件时,方向元件在任何情况下均能动作,所以在三相短路时,应选择 α 的取值为 $0° < \alpha < 90°$。

2. 正方向发生两相短路

如图 3-22 所示,假定 B-C 两相短路,此时可以有两种极限情况:

1) 短路点位于保护安装地点附近,短路阻抗 $Z_k \ll Z_s$(Z_s 为保护安装处到电源间的系统阻抗),极限时取 $Z_k \approx 0$。此时的相量图如图 3-23 所示。短路电流 $\dot{I}_B$ 由电势 $\dot{E}_{BC}$ 产生,$\dot{I}_B$ 滞后 $\dot{E}_{BC}$ 的相位角为 φ_k,电流 $\dot{I}_C = -\dot{I}_B$,短路点(保护安装地点)的电压为

$$\left.\begin{array}{l} \dot{U}_A = \dot{U}_{KA} = \dot{E}_A \\ \dot{U}_B = \dot{U}_{KB} = -\dfrac{1}{2}\dot{E}_A \\ \dot{U}_C = \dot{U}_{KC} = -\dfrac{1}{2}\dot{E}_A \end{array}\right\} \tag{3-32}$$

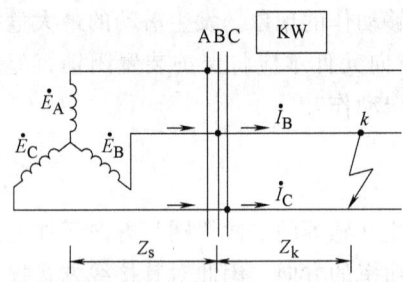 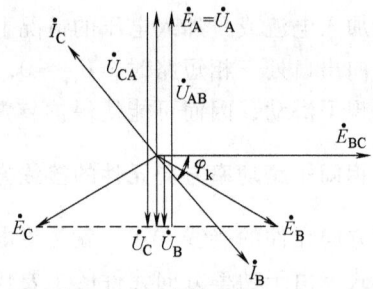

图 3-22 B-C 两相短路的电网接线图　　图 3-23 保护安装地点出口处 B-C 两相短路时的相量图

此时,对于 A 相的方向元件而言,当忽略负荷电流时,$\dot{I}_A \approx 0$,因此,方向元件不动作。

对于 B 相的方向元件,$\dot{I}_{mB} = \dot{I}_B$,$\dot{U}_{mB} = \dot{U}_{CA}$,$\varphi_{mB} = \varphi_k - 90°$,则动作条件应为

$$U_{CA} I_B \cos(\varphi_k - 90° + \alpha) > 0 \tag{3-33}$$

对于 C 相的方向元件,$\dot{I}_{mC} = \dot{I}_C$,$\dot{U}_{mC} = \dot{U}_{AB}$,$\varphi_{mC} = \varphi_k - 90°$,则动作条件应为

$$U_{AB} I_C \cos(\varphi_k - 90° + \alpha) > 0 \tag{3-34}$$

同理,为了使功率方向元件在 $0° < \varphi_k < 90°$ 的范围内均能动作,此时也需要选择内角 α 为:$0° < \alpha < 90°$。

2) 短路点远离保护安装地点,且系统容量很大,此时 $Z_k \gg Z_s$,极限时取 $Z_s = 0$,此时的相量图如图 3-24 所示。电流 $\dot{I}_B$ 仍由电势 $\dot{E}_{BC}$ 产生,滞后于 $\dot{E}_{BC}$ 的相位角为 φ_k,保护安装处的电压为

$$\left.\begin{array}{l} \dot{U}_A = \dot{E}_A \\ \dot{U}_B \approx \dot{E}_B \\ \dot{U}_C \approx \dot{E}_C \end{array}\right\} \tag{3-35}$$

对于 B 相的方向元件，由于电压 $\dot{U}_{CA} \approx \dot{E}_{CA}$，由图 3-24 可见，$\dot{I}_B$ 滞后于 $\dot{U}_{CA}$ 的相位角为 $\varphi_{mB} = \varphi_k - 120°$，则动作条件应为

$$U_{CA} I_B \cos(\varphi_k - 120° + \alpha) > 0 \quad (3-36)$$

因此，当 $0° < \varphi_k < 90°$ 时，方向元件能够动作的条件为 $30° < \alpha < 120°$。

对于 C 相的方向元件，由于电压 $\dot{U}_{AB} \approx \dot{E}_{AB}$，由相量图可见，$\dot{I}_C$ 滞后于 $\dot{U}_{AB}$ 的相位角为 $\varphi_{mC} = \varphi_k - 60°$，则动作条件应为

$$U_{AB} I_C \cos(\varphi_k - 60° + \alpha) > 0 \quad (3-37)$$

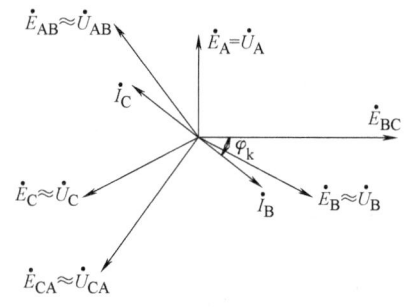

图 3-24 远离保护安装地点 B-C 两相短路时的相量图

因此，当 φ_k 在 $0° \sim 90°$ 之间变化时，方向元件能够动作的条件是 $-30° < \alpha < 60°$。

3）综合以上两种极限情况可得出，在正方向任何地点发生 B-C 两相短路时，B 相方向元件能够动作的条件是 $30° < \alpha < 90°$，C 相方向元件能够动作的条件是 $0° < \alpha < 60°$。同理分析 A-B 和 C-A 两相短路，也可以得出相应的结论。

综合三相和各种两相短路的分析得出，当 $0° < \varphi_k < 90°$ 时，使功率方向元件在一切故障情况下都能动作的条件是

$$30° < \alpha < 60° \quad (3-38)$$

应该指出，以上的讨论只是功率方向元件在各种情况下能够动作的条件，而不是动作最灵敏的条件。为了减小死区范围，方向元件动作最灵敏的条件，应根据三相短路时使 $\cos(\varphi_m + \alpha) = 1$ 来决定。因此，对某一已经确定了阻抗角的送电线路而言，应采用 $\alpha = 90° - \varphi_k$，以使方向元件在短路时尽可能工作在最灵敏的状态。

由以上分析可见，90°接线方式的主要优点是：第一，对各种两相短路都没有死区，因为方向元件加入的是非故障相与故障相的相间电压，其值很高；第二，适当地选择方向元件的内角 α 后，对送电线路上发生的各种故障，都能保证动作的方向性。因此 90°接线得到了广泛的应用。

四、双侧电源网络中电流保护的应用特点

1. 装设方向元件的一般方法

由以上分析可见，在具有两个以上电源的网络接线中，必须采用方向性保护才有可能保证各保护之间动作的选择性，这是方向保护的主要优点。但是装设方向元件将使继电保护装置接线复杂，同时保护安装地点正方向出口处发生三相短路时，由于母线电压降低至零，方向元件将失去判别相位的依据，从而导致整套保护装置拒动。

鉴于上述缺点的存在，在电流保护中应力求不用方向元件。实际上是否能够取消方向元件而同时又不失掉动作的选择性，需要根据电流保护的工作情况和具体的整定计算来确定。例如：

1）对于电流速断保护，如果从整定值上可以躲开反方向的短路，就可以不用装设方向元件。

图 3-25 所示为双侧电源网络中线路上各点短路时由两侧电源供给短路点的最大短路电

流分布曲线，其中曲线①为由电源 E_I 供给的电流，曲线②为由电源 E_{II} 供给的电流。对应用于双侧电源线路上的电流速断保护，当任一侧区外相邻元件出口处，如图 3-25 中的 k_1 点和 k_2 点短路时，短路电流 I_{k1} 和 I_{k2} 要同时流过两侧的保护 1、2，此时按照选择性的要求，两个保护均不应动作，因此两个保护的起动电流都应按躲开较大的一个短路电流进行整定，例如当 $I_{k2.max} > I_{k1.max}$ 时，则应取

$$I_{set.1}^I = I_{set.2}^I = K_{rel}^I I_{k2.max} \quad (3\text{-}39)$$

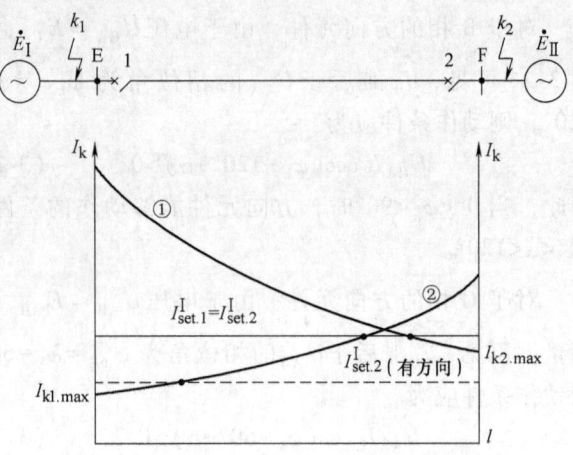

图 3-25 双侧电源线路上电流速断保护的整定

这样整定的结果，虽然保证了选择性，但使位于小电源侧保护 2 的保护范围缩小。两端电源容量的差别越大，对保护 2 的影响就越大。

为了增大小电源侧保护的保护范围，可以在保护 2 处装设方向元件，使其只当电流从母线流向被保护线路时才动作，这样保护 2 的起动电流就不需要躲开反方向 k_2 点短路，只需要按照躲开正方向 k_1 点短路来整定，取

$$I_{set.2}^I = K_{rel}^I I_{k1.max} \quad (3\text{-}40)$$

如图 3-25 中的虚线所示，保护 2 的保护范围较之前增加了很多。必须指出，在上述情况下，保护 1 处无须装设方向元件，因为它从定值上已经可靠地躲开了反方向短路时流过保护的最大电流 $I_{k1.max}$。

2）对于过电流保护，一般很难从电流整定值上躲开，如果从动作时限上可以躲开反方向短路，也可以不装设方向元件。

以图 3-15 中保护 7 为例，如果其过电流保护的动作时限 $t_7 \geq t_4 + \Delta t$，式中 t_4 为保护 4 过电流保护的时限，则保护 7 就可以不用方向元件，因为当反方向线路 G-H 上短路时，它能以较长的时限来保证动作的选择性。但在这种情况下，保护 4 必须装方向元件，否则，当在线路 F-G 上短路时，由于 $t_4 < t_7$，它将先于保护 7 而误动作。由以上分析还可以看出，当 $t_4 = t_7$ 时，则保护 4 和 7 都需要装设方向元件。

2. 分支电路对限时电流速断保护整定的影响

对应用于双侧电源网络的限时电流速断保护，其基本的整定原则仍应与下一级保护的电流速断相配合，但需要考虑保护安装地点与短路点之间有电源或线路（称为分支电路）时的影响。对此可归纳为以下两种典型情况。

（1）助增电流的影响　如图 3-26 所示，分支电路中有电源，当 k 点短路时，故障线路中的短路电流由两个电源供给，即 $\dot{I}_{F\text{-}G} = \dot{I}_{E\text{-}F} + \dot{I}'_F$，故障线路电流数值 $I_{F\text{-}G}$ 将大于保护安装处电流 $I_{E\text{-}F}$。这种使故障线路电流较大的现象，称为助增。有助增以后的短路电流分布曲线如图 3-26 所示。

此时保护 2 电流速断的整定值仍按躲开相邻线路出口短路整定为 $I_{set.2}^I = K_{rel}^I I_{k.G.max}$，设

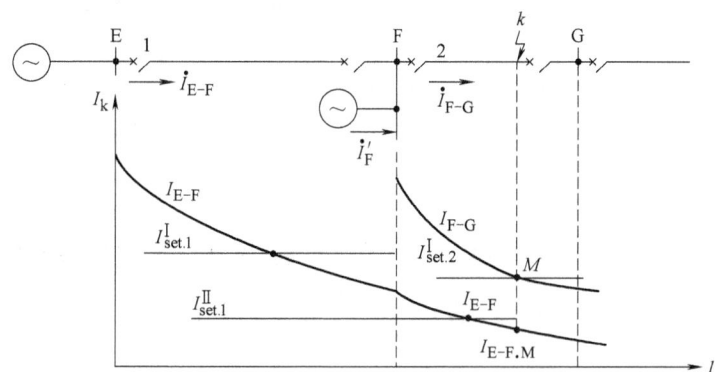

图 3-26　有助增电流时限时电流速断保护的整定

其保护范围末端位于 M 点。M 点短路时，流过保护 1 的电流为 $I_{E-F.M}$，其值小于此时故障线路的电流 $I_{F-G.M}(=I_{set.2}^{I})$，因此保护 1 限时电流速断的整定值应为

$$I_{set.1}^{II}=K_{rel}^{II}I_{E-F.M} \tag{3-41}$$

引入分支系数 K_{bra}，其定义为

$$K_{bra}=\frac{\text{故障线路流过的短路电流}}{\text{前一级保护所在线路上流过的短路电流}} \tag{3-42}$$

在图 3-26 中，整定配合点 M 处的分支系数为

$$K_{bra}=\frac{I_{F-G.M}}{I_{E-F.M}}=\frac{I_{set.2}^{I}}{I_{E-F.M}} \tag{3-43}$$

显然，此时 $K_{bra}>1$，代入式（3-41），得

$$I_{set.1}^{II}=\frac{K_{rel}^{II}}{K_{bra}}I_{set.2}^{I} \tag{3-44}$$

与单侧电源线路的整定公式（3-6）相比，在分母上多了一个大于 1 的分支系数的影响。

（2）外汲电流的影响　如图 3-27 所示，分支电路为一并联的线路。k 点短路时，故障线路电流 I_{F-G}' 将小于前一级保护安装处的电流 I_{EF}，其关系为 $\dot{I}_{E-F}=\dot{I}_{F-G}'+\dot{I}_{F-G}''$，这种使故障线路的电流比保护安装处电流为小的现象称为外汲。此时分支系数 $K_{bra}<1$，短路电流的分布曲线示于图 3-27 中。

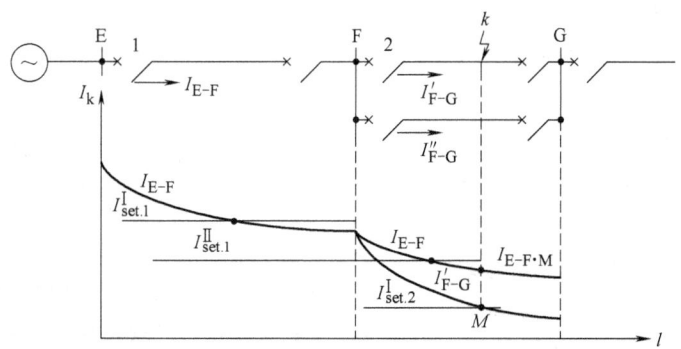

图 3-27　有外汲电流时限时电流速断保护的整定

有外汲电流影响时的分析方法同于有助增电流的情况,限时电流速断保护的动作电流仍按式(3-44)整定。

当变电所 F 母线上既有电源又有并联的线路时,其分支系数可能大于 1 也可能小于 1,此时应根据实际可能的运行方式,选取分支系数的最小值进行整定计算。对单侧电源无分支供电的线路,就是 $K_{bra}=1$ 的一种特殊情况。

第三节 中性点直接接地电网中接地短路的零序电流及其方向保护

电力系统中性点的工作方式有中性点直接接地、中性点经消弧线圈接地、中性点不接地和中性点经小电阻接地等几种方式。在中性点直接接地的系统中,发生一点接地故障时就构成单相接地短路,故障相中流过很大短路电流,故又称之为大接地电流系统。

我国 110kV 及以上等级电网都采用中性点直接接地方式。统计表明,大接地电流系统单相接地短路故障占故障总次数的 60%~70%,甚至更高。所以,针对接地短路故障应设置有效的接地保护。

众所周知,接地短路时必有零序电流,而在正常运行或相间短路时,零序电流没有或很小,因此利用零序电流来构成接地短路的保护就具有显著的优点。

一、接地短路时零序分量的特点

在电力系统中发生接地短路时,如图 3-28a 所示,可利用对称分量法将电流和电压分解为正序、负序和零序分量,并利用复合序网来表示它们之间的关系。短路计算的零序等效网络如图 3-28b 所示,零序电流可以看成是在故障点出现一个零序电压 $\dot{U}_{k0}$ 而产生的,它必须经过变压器接地的中性点构成回路。在电力系统运行方式变化时,如果送电线路和中性点接地变压器位置、数目不变,则零序阻抗和零序等效网络就是不变的。但是系统的正序阻抗和负序阻抗要随着运行方式而变化,正、负序阻抗的变化将引起故障点处 U_{k1}、U_{k2}、U_{k0} 三序电压之间分配的改变,因而间接影响零序分量的大小。对零序电流的方向,仍然采用从母线流向线路或变压器为正,而对零序电压的方向,是电

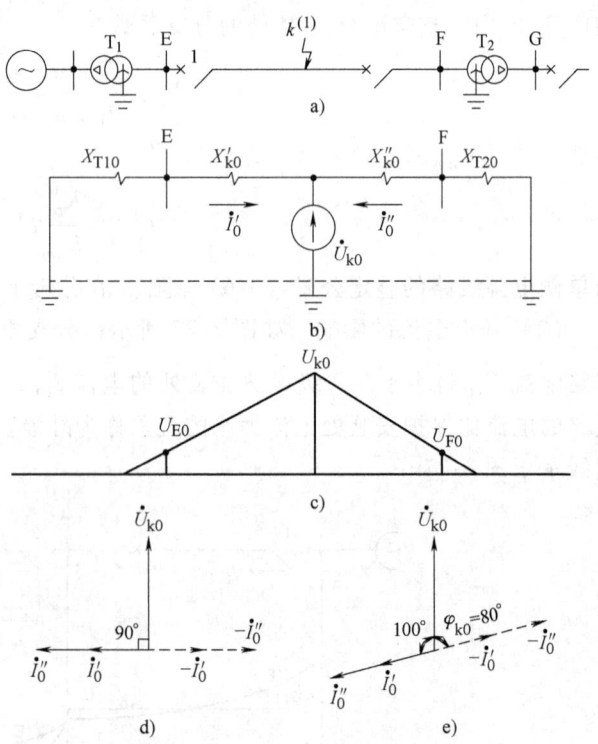

图 3-28 接地短路时的零序等效网络
a) 系统接线 b) 零序等效网络 c) 零序电压的分布
d) 忽略电阻时的相量图
e) 计及电阻时的相量图(设 $\varphi_{k0}=80°$)

流经电感支路流入大地产生的电压降为正。零序分量的参数具有如下特点：

1. 零序电压

零序电源在故障点，所以故障点的零序电压最高，系统中距离故障点越远处的零序电压越低，零序电压的大小取决于测量点到大地间的阻抗，电压分布如图 3-28c 所示。

2. 零序电流

零序电流是由故障点零序电压 $\dot{U}_{k0}$ 产生的，由故障点经由线路流向大地。当忽略回路的电阻时，按照规定的正方向画出的零序电流、电压的相量图如图 3-28d 所示，可见，流过故障点两侧线路保护的电流 $\dot{I}_0'$ 和 $\dot{I}_0''$ 将超前 $\dot{U}_{k0}$ 为 90°；而当计及回路电阻时，例如取零序阻抗角为 $\varphi_{k0} = 80°$，则相量图如图 3-28e 所示，$\dot{I}_0'$ 和 $\dot{I}_0''$ 将超前 $\dot{U}_{k0}$ 为 100°。零序电流的分布，主要决定于送电线路的零序阻抗和中性点接地变压器的零序阻抗，而与电源的数目和位置无关，例如在图 3-28a 中，当变压器 T_2 的中性点不接地时，则 $\dot{I}_0'' = 0$。

3. 零序功率

对于发生故障的线路，两端零序功率方向与正序功率方向相反，零序功率实际上都是由线路流向母线的。

4. 零序电压与电流的相位关系

从任一保护安装处的零序电压与电流之间的关系看，例如对保护 1，由于 E 母线上的零序电压 $\dot{U}_{E0}$ 实际上是从该点到零序网络中性点之间零序阻抗上的电压降，因此可表示为

$$\dot{U}_{E0} = (-\dot{I}_0') Z_{T10} \tag{3-45}$$

式中，Z_{T10} 为变压器 T_1 的零序阻抗。该处零序电流和零序电压之间的相位角也将由 Z_{T10} 的阻抗角决定，而与被保护线路的零序阻抗及故障点的位置无关。

用零序电流和零序电压的幅值以及它们的相位关系即可实现接地短路的零序电流和方向保护。

二、零序分量的获取

1. 零序电压的获取

由电力系统故障分析的原理可知，三相电压 $\dot{U}_a$、$\dot{U}_b$、$\dot{U}_c$ 与零序电压 $\dot{U}_0$ 的关系为

$$\dot{U}_a + \dot{U}_b + \dot{U}_c = 3\dot{U}_0 \tag{3-46}$$

由此可以获得零序电压。采用三个单相式电压互感器或三相五柱式电压互感器，其二次绕组接成开口三角形就能取得零序电压，如图 3-29a、b 所示。当发电机的中性点经电压互感器或消弧线圈接地时，从它的二次绕组中也能够取得零序电压，如图 3-29c 所示。

在集成电路和微机保护中，由电压形成回路取得三个相电压后，利用加法器将三个相电压相加，如图 3-29d 所示，也可以从内部合成零序电压。

实际上在正常运行和电网相间短路时，由于电压互感器的误差以及三相系统对地不完全平衡，在开口三角形侧也可能有数值不大的电压输出，此电压称为不平衡电压。此外，当系统中存在有三次谐波分量时，一般三相中的三次谐波电压是同相位的，因此，也有三次谐波的电压输出。对反应于零序电压而动作的保护装置，应该考虑躲开它们的影响。

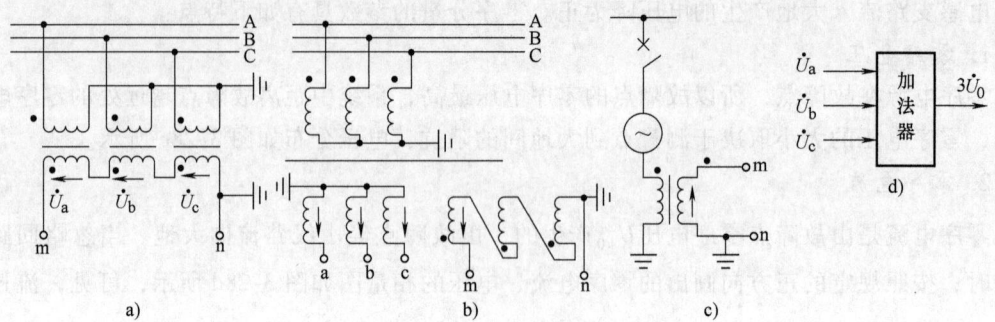

图 3-29 取得零序电压的接线图

a) 用三个单相式电压互感器　b) 用三相五柱式电压互感器　c) 用接于发电机中性点的电压互感器
d) 在集成电路和微机保护装置内部合成零序电压

2. 零序电流的获取

同理,利用三相电流 $\dot{I}_a$、$\dot{I}_b$、$\dot{I}_c$ 与零序电流 $\dot{I}_0$ 的关系可以获取零序电流,即

$$\dot{I}_a + \dot{I}_b + \dot{I}_c = 3\dot{I}_0 \tag{3-47}$$

电流互感器采用三相星形联结方式,在中性线上所流过的电流就是 $3\dot{I}_0$,如图 3-30a 所示。因此在实际的使用中,获取零序电流并不需要专门的一组电流互感器,而是接入相间保护用的电流互感器的中性线上就可以了。在电子式和数字式保护装置中,也可以在形成三个相电流的回路中将电流相量相加获得零序电流。此外,对于由电缆引出的送电线路,还广泛地采用了零序电流互感器的接线以获得 $3\dot{I}_0$,如图 3-31 所示。此电流互感器就套在三相电缆的外面,互感器的一次电流是 $\dot{I}_A + \dot{I}_B + \dot{I}_C$,只当一次侧有零序电流时,在互感器的二次侧才有相应的 $3\dot{I}_0$ 输出,这种接线简单且没有不平衡电流。

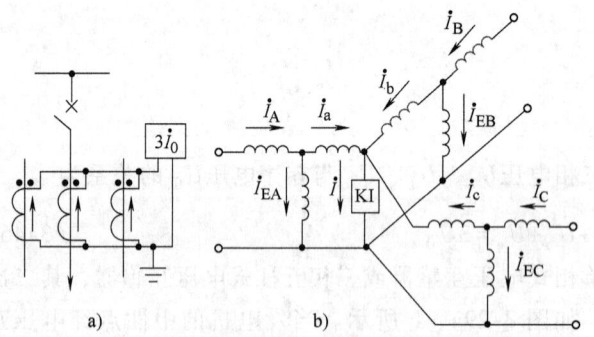 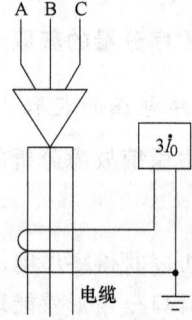

图 3-30 零序电流过滤器　　　　　图 3-31 零序电流互感器接线示意图
a) 原理接线　b) 等效电路

在正常运行和电网相间短路时,三相星形联结的电流互感器中性线上会出现不平衡电流。等效电路如图 3-30b 所示,三相一次电流分别为 $\dot{I}_A$、$\dot{I}_B$、$\dot{I}_C$,二次电流分别 $\dot{I}_a$、$\dot{I}_b$、$\dot{I}_c$,励磁电流分别为 $\dot{I}_{EA}$、$\dot{I}_{EB}$、$\dot{I}_{EC}$,此时流入继电器 KI 的电流为

$$\dot{i} = \dot{i}_a + \dot{i}_b + \dot{i}_c$$

$$= \frac{1}{n_{TA}}[(\dot{i}_A - \dot{i}_{EA}) + (\dot{i}_B - \dot{i}_{EB}) + (\dot{i}_C - \dot{i}_{EC})]$$

$$= \frac{1}{n_{TA}}(\dot{i}_A + \dot{i}_B + \dot{i}_C) - \frac{1}{n_{TA}}(\dot{i}_{EA} + \dot{i}_{EB} + \dot{i}_{EC}) \quad (3\text{-}48)$$

在正常运行和一切不伴随有接地的相间短路时，三个电流互感器一次侧电流的相量和为零，因此，流入继电器的电流即为

$$\dot{i} = \frac{-1}{n_{TA}}(\dot{i}_{EA} + \dot{i}_{EB} + \dot{i}_{EC}) = \dot{i}_{ub} \quad (3\text{-}49)$$

此处 $\dot{i}_{ub}$ 即为不平衡电流。它是由三个互感器励磁电流不对称而产生的。而励磁电流的不对称，则是由于铁心的磁化曲线不完全相同以及制造过程中的某些差别而引起的。当发生相间短路时，电流互感器一次侧流过的电流值最大并且包含有非周期分量，因此不平衡电流也达到最大值，以 $\dot{I}_{ub.max}$ 表示。

三、阶段式零序电流保护

零序电流保护和相间电流保护一样，广泛采用阶段式。零序Ⅰ段为瞬时动作的零序电流速断，只保护线路的一部分；零序Ⅱ段为零序电流限时速断，可保护线路全长，并与相邻元件保护相配合，动作一般带 0.5s 延时；零序Ⅲ段为零序过电流保护，作为本线路及相邻线路的后备保护。可以根据电网的特点以及灵敏性的要求等，设置更多的零序保护段。

1. 零序电流Ⅰ段保护

在发生单相或两相接地短路时，也可以求出零序电流 $3\dot{I}_0$ 随线路长度 l 变化的关系曲线，然后相似于相间短路电流保护的原则，进行保护的整定计算。零序电流速断保护的整定原则如下：

1) 躲开下一条线路出口处单相或两相接地短路时出现的最大零序电流 $3I_{0.max}$，引入可靠系数 K_{rel}^I（一般取为 1.2~1.3），即

$$I_{set}^I = K_{rel}^I 3I_{0.max} \quad (3\text{-}50)$$

2) 躲开断路器三相触头不同期合闸时所出现的最大零序电流 $3I_{0.ut}$，引入可靠系数 K_{rel}^I，即为

$$I_{set}^I = K_{rel}^I 3I_{0.ut} \quad (3\text{-}51)$$

如果保护装置的动作时间大于断路器三相不同期合闸的时间，则可以不考虑这一整定原则，整定值应取上述两种情况下的较大值。

2. 零序电流Ⅱ段保护

零序电流Ⅱ段保护的工作原理与相间短路限时电流速断保护一样，其动作电流首先考虑和下一条线路的零序电流速断配合，即躲过下一条线路第Ⅰ段保护范围末端接地短路时，通过本保护装置的最大零序电流。同时还带有高出一个 Δt 的时限，以保证动作的选择性。

但是，当这两个保护之间的变电所母线上接有中性点接地的变压器时（见图 3-32a），则由于这一分支电路的影响，将使零序电流的分布发生变化，此时的零序等效网络如图 3-32b 所示，零序电流变化曲线如图 3-32c 所示。当线路 F-G 上 k 点发生接地短路时，流过保

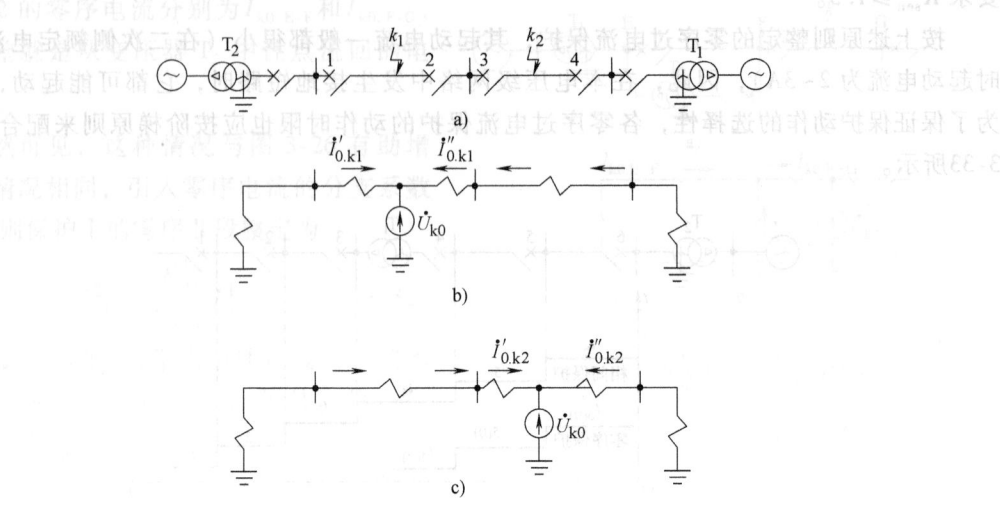

图 3-34 零序方向保护工作原理的分析
a) 网络接线 b) k_1 点短路的零序网络 c) k_2 点短路的零序网络

五、对零序电流保护的评价

在中性点直接接地系统中,针对接地短路采用专门的零序电流保护,与利用三相星形联结的电流保护相比较,具有一系列优点:

1) 相间短路的过电流保护是按躲开最大负荷电流整定的,二次起动电流一般为 5~7A;而零序过电流保护则按躲开不平衡电流整定,其值一般为 2~3A。由于发生单相接地短路时,故障相的接地电流与零序电流 $3I_0$ 相等,因此,零序过电流保护有较高的灵敏度。而且零序过电流保护的动作时限一般也较相间保护为短。

2) 相间短路的电流速断和限时电流速断保护直接受系统运行方式变化的影响很大,而零序电流保护受系统运行方式变化的影响要小得多。而且,由于线路零序阻抗远较正序阻抗为大 $[X_0 = (2~3.5)X_1]$,故线路始端与末端接地短路时,零序电流变化显著,曲线较陡,因此零序Ⅰ段的保护范围较大,也较稳定,零序Ⅱ段的灵敏系也易于满足要求。

3) 当系统中发生某些不正常运行状态时,如系统振荡、短时过负荷等,三相是对称的,相间短路的电流保护均受它们的影响而可能误动作,需要采取必要的措施予以防止,而零序电流保护则不受它们的影响(非全相振荡除外)。

4) 在 110kV 及以上的高压和超高压系统中,单相接地故障约占全部故障的 70%~90%,而且其他的故障也往往是由单相接地故障发展起来的,因此,采用专门的零序保护具有显著的优越性。

零序电流保护的缺点是:

1) 对于短线路或运行方式变化很大的情况,零序电流保护往往不能满足系统运行所提出的要求。由于零序电流保护受中性点接地数目和分布的影响,因此电力系统实际运行时,要保证零序网络结构的相对稳定。

2) 随着单相重合闸的广泛应用,在重合闸动作的过程中将出现非全相运行状态,如果再发生系统振荡,则可能出现较大的零序电流,因而影响零序电流保护的正确工作。此时应从整定值上予以考虑,或在单相重合闸动作过程中使保护短时退出运行。

3) 当采用自耦变压器联系两个不同电压等级的网络时(例如 110kV 和 220kV 电网),则任一网络的接地短路都将在另一网络中产生零序电流,这将使零序保护的整定配合复杂化,并将增大零序Ⅲ段保护的动作时限。

4) 现代电网越来越大,网络结构日趋复杂,相邻线路间的零序互感不能忽略。相近线路的运行状态严重影响本线路的零序电流。因此,在零序电流保护的整定中必须计及此种影响,使整定计算工作非常复杂,要使可能出现的运行状态下都能满足选择性和灵敏性的要求往往非常困难。遇到新建线路或改变网络结构时,又需大量的复杂计算,因此在超高压系统中,已出现减少依赖零序电流保护的趋势,改用接地距离保护代替。

在中性点直接接地的简单电网中,由于零序电流保护简单、经济、可靠,因而获得了广泛的应用。

第四节 中性点非直接接地电网中单相接地故障的保护

中性点不接地、中性点经消弧线圈接地等系统,统称为中性点非直接接地系统,又称小接地电流系统。在中性点非直接接地系统中发生单相接地时,由于故障点电流很小,而且三相之间的线电压仍然保持对称,因此一般允许继续运行 1~2h,而不必立即跳闸,但此时非故障相的对地电压要升高$\sqrt{3}$倍。为了防止故障进一步扩大造成两点或多点接地,要求继电保护能有选择性地发出信号,以便运行人员及时发现发生接地的线路,采取措施予以消除。能完成这种任务的保护装置也被称为"接地选线装置"。

一、中性点不接地电网发生单相接地故障时的特点

图 3-35 所示的最简单网络接线中,电源和负荷的中性点均不接地。在正常运行情况下,三相对地有相同的电容 C_0,在相电压作用下,每相都有一超前于相电压 90°的电容电流流入地中,三相电流之和等于零。假设 A 相发生单相接地,在接地点处 A 相对地电压为零,对地电容被短接,电容电流为零,而其他两相的对地电压要升高$\sqrt{3}$倍,对地电流也相应增大$\sqrt{3}$倍,其相量图如图 3-36 所示。

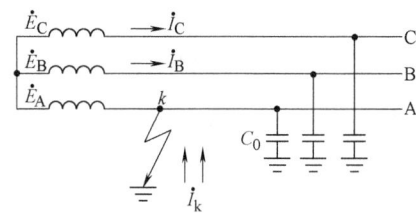

图 3-35 简单网络接线示意图

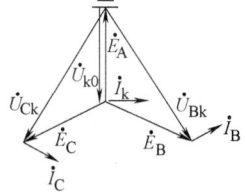

图 3-36 A 相接地故障时的相量图

由于三相线电压和三相负荷电流仍然对称,这里只分析对地关系的变化。在 A 相接地以后,忽略负荷电流和电容电流在线路阻抗上产生的电压降,故障点处各相对地电压为

$$\left.\begin{aligned}\dot{U}_{Ak} &= 0 \\ \dot{U}_{Bk} &= \dot{E}_B - \dot{E}_A = \sqrt{3}\,\dot{E}_A \mathrm{e}^{-\mathrm{j}150°} \\ \dot{U}_{Ck} &= \dot{E}_C - \dot{E}_A = \sqrt{3}\,\dot{E}_A \mathrm{e}^{\mathrm{j}150°}\end{aligned}\right\} \tag{3-55}$$

故障点 k 的零序电压为

$$\dot{U}_{k0} = \frac{1}{3}(\dot{U}_{Ak} + \dot{U}_{Bk} + \dot{U}_{Ck}) = -\dot{E}_A \tag{3-56}$$

非故障相中产生的流向故障点的电容电流为

$$\left.\begin{aligned}\dot{I}_B &= \mathrm{j}\omega C_0 \dot{U}_{Bk} \\ \dot{I}_C &= \mathrm{j}\omega C_0 \dot{U}_{Ck}\end{aligned}\right\} \tag{3-57}$$

其有效值为 $I_B = I_C = \sqrt{3}\,U_\varphi \omega C_0$,其中,$U_\varphi$ 为相电压的有效值。

因为全系统 A 相对地的电压均为零,因而各元件 A 相对地的电容电流也为零,此时从故障点流回的电流是全系统非故障相电容电流之和,即 $\dot{I}_k = \dot{I}_B + \dot{I}_C$,由图 3-36 可见,其有效值为 $I_k = 3U_\varphi \omega C_0$,是正常运行时单相电容电流的 3 倍。

当网络中有发电机 G 及多条线路存在时(见图 3-37),发电机和每条线路的对地电容以 C_{0G}、C_{0I}、C_{0II} 等集中电容来表示,假设在线路 II 的 k 点发生 A 相接地,电容电流的分布示意于图 3-37 中。

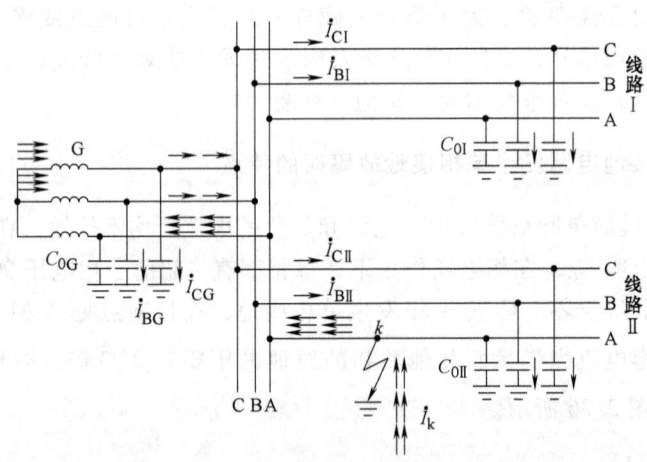

图 3-37 单相接地时,用三相系统表示的电容电流分布图

在非故障线路 I 上,A 相电流为零,B 相和 C 相中流有本身的电容电流,因此在线路 I 始端所反应的零序电流为

$$3\dot{I}_{0I} = \dot{I}_{BI} + \dot{I}_{CI} \tag{3-58}$$

其有效值为 $3I_{0I} = 3U_\varphi \omega C_{0I}$。可见非故障线路有如下特点:非故障线路中的零序电流为线路 I 本身的电容电流,电容性无功功率的方向为由母线流向线路。当电网中的线路很多时,此结论可适用于每一条非故障的线路。

在发电机 G 上,首先有它本身的 B 相和 C 相的对地电容电流 $\dot{I}_{BG}$ 和 $\dot{I}_{CG}$,但是,由于它还是产生其他电容电流的电源,因此,从 A 相中要流回从故障点流上来的全部电容电流,而在 B 相和 C 相中流出各线路上同名相的电容电流,此时从发电机出线端所反应的零序电流仍应为三相电流之和。由图 3-37 可见,各线路的电容电流从 A 相流入后又分别从 B 相和 C 相流出,因此,相加后互相抵消,只剩下发电机本身的电容电流,故

$$3\dot{I}_{0G} = \dot{I}_{BG} + \dot{I}_{CG} \tag{3-59}$$

其有效值为 $3I_{0G} = 3U_\varphi \omega C_{0G}$。即零序电流为发电机本身的电容电流,其电容性无功功率的方向是由母线流向发电机,这个特点和非故障线路是一样的。

而对于故障线路 Ⅱ,在 B 相和 C 相上流有它本身的电容电流 $\dot{I}_{BⅡ}$ 和 $\dot{I}_{CⅡ}$,此外,在接地点要流回全系统 B 和 C 相对地电容电流之和,其值为

$$\dot{I}_k = (\dot{I}_{BⅠ} + \dot{I}_{CⅠ}) + (\dot{I}_{BⅡ} + \dot{I}_{CⅡ}) + (\dot{I}_{BG} + \dot{I}_{CG}) \tag{3-60}$$

其有效值为 $I_k = 3U_\varphi \omega (C_{0Ⅰ} + C_{0Ⅱ} + C_{0G}) = 3U_\varphi \omega C_{0\Sigma}$,其中 $C_{0\Sigma}$ 为全系统每相对地电容的总和。此电流要从 A 相流回去,因此,从 A 相流出的电流可表示为 $\dot{I}_{AⅡ} = -\dot{I}_k$,这样在线路 Ⅱ 始端所流过的零序电流为

$$3\dot{I}_{0Ⅱ} = \dot{I}_{AⅡ} + \dot{I}_{BⅡ} + \dot{I}_{CⅡ} = -(\dot{I}_{BⅠ} + \dot{I}_{CⅠ} + \dot{I}_{BG} + \dot{I}_{CG}) \tag{3-61}$$

其有效值为 $3I_{0Ⅱ} = 3U_\varphi \omega (C_{0Ⅰ} + C_{0G})$。

由此可见,故障线路中的零序电流,其数值等于全系统非故障元件对地电容电流之总和(但不包括故障线路本身),其电容性无功功率的方向为由线路流向母线,与非故障线路上的相反。

根据上述分析结果,可以做出单相接地时的零序等效网络,如图 3-38 所示。在接地点有一个零序电压 $\dot{U}_{k0}$,而零序电流的回路是通过各个元件的对地电容构成,$I'_{0Ⅱ}$ 表示线路 Ⅱ 本身的零序电容电流,由此可以得出中性点不接地系统发生单相接地故障后零序分量分布的特点如下:

1)零序网络由同级电压网络中元件对地的等效电容构成通路,网络的零序阻抗很大,与中性点直接接地系统由接地的中性点构成通路有极大的不同。

2)在发生单相接地时,故障相对地电压为零,非故障相对地电压为电网的线电压,在故障点产生一个与故障相故障前相电压大小相等、方向相反的零序电压,从而全系统都将出现零序电压。

3)在非故障元件中流过的零序电流,其数值等于本身的对地电容电流,电容性无功功率的方向为由母线流向线路。

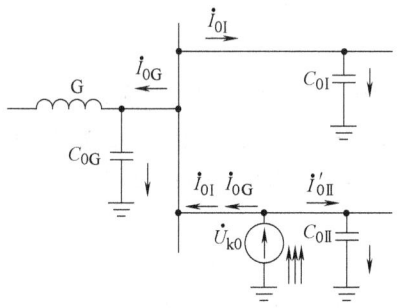

图 3-38 单相接地时的零序等效网络

4)在故障元件中流过的零序电流,其数值为全系统非故障元件对地电容电流之总和。电容性无功功率的方向为由线路流向母线。

二、中性点经消弧线圈接地电网发生单相接地故障时的特点

根据以上的分析,当中性点不接地电网中发生单相接地时,在接地点要流过全系统的对

地电容电流，如果此电流比较大，就会在接地点燃起电弧，引起弧光过电压，从而使非故障相的对地电压进一步升高，致使绝缘损坏，形成两点或多点接地短路，造成停电事故。为了解决这个问题，通常在中性点接入一个电感线圈，如图3-39a所示，这样，当单相接地时，在接地点就有一个电感分量的电流通过，此电流和原系统中的电容电流相抵消，可以减少流经故障点的电流，起熄灭电弧的作用。因此称它为消弧线圈。

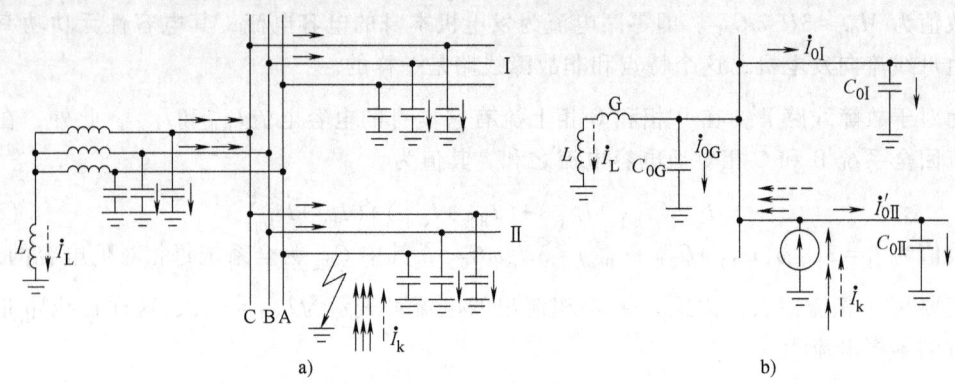

图 3-39 消弧线圈接地电网中，单相接地的电流分布
a) 用三相系统表示 b) 零序等效网络

如图3-39a所示，在电源中性点接入了消弧线圈，当线路Ⅱ上A相接地以后，电容电流的大小和分布与不接消弧线圈时是一样的，不同之处是在接地点又增加了一个电感分量的电流$\dot{I}_L$，因此，从接地点流回的总电流为

$$\dot{I}_k = \dot{I}_L + \dot{I}_{C\Sigma} \tag{3-62}$$

式中，$\dot{I}_{C\Sigma}$为全系统的对地电容电流，可用式（3-60）计算；$\dot{I}_L$为消弧线圈的电流，设其电感为L，则$\dot{I}_L = \dfrac{-\dot{E}_A}{j\omega L}$。

由于$\dot{I}_{C\Sigma}$和$\dot{I}_L$的相位大约相差180°，因此$\dot{I}_k$将因消弧线圈的补偿而减小。相似地，可以做出它的零序等效网络，如图3-39b所示。

根据对电容电流的补偿程度不同，消弧线圈可以有完全补偿、欠补偿及过补偿三种补偿方式。

（1）完全补偿 完全补偿就是使$I_L = I_{C\Sigma}$，接地点的电流近似为零。从消除故障点的电弧，避免出现弧光过电压的角度来看，这种补偿方式是最好的。但从运行实际来看，则又存在严重的缺陷。因为完全补偿时，有$\omega L = \dfrac{1}{3\omega C_{0\Sigma}}$，这正是电感$L$和三相对地电容$3C_{0\Sigma}$对50Hz交流串联谐振的条件。实际运行时，可能会产生很高的谐振过电压，这是不允许的，因此实际上不采用这种方式。

（2）欠补偿 欠补偿就是使$I_L < I_{C\Sigma}$，补偿后的接地点电流仍然是电容性的，采用这种方式时，仍然不能避免上述问题的发生，因为当系统运行方式变化时，例如某个元件被切除或因发生故障而跳闸，则电容电流就将减小，这时很可能又出现I_L和$I_{C\Sigma}$两个电流相等的情

况,从而又引起过电压。因此欠补偿的方式一般也不采用。

(3) 过补偿 过补偿就是使 $I_L > I_{C\Sigma}$,补偿后的残余电流是电感性的,采用这种方法不可能发生串联谐振过电压的问题。因此在实际中获得了广泛的应用。I_L 大于 $I_{C\Sigma}$ 的程度用过补偿度 P 来表示,其关系为

$$P = \frac{I_L - I_{C\Sigma}}{I_{C\Sigma}} \tag{3-63}$$

一般选择过补偿度 $P = 5\% \sim 10\%$,而不大于 10%。

总结以上分析的结果,可以得出如下结论:当采用过补偿方式时,流经故障线路的零序电流是流过消弧线圈的零序电流与非故障元件零序电流之差,而电容性无功功率的实际方向仍然是由母线流向线路(实际上是电感性无功率由线路流向母线),和非故障线路的方向一样。因此,在这种情况下,首先就无法利用功率方向的差别来判别故障线路,其次由于过补偿度不大,也很难利用电流大小判别出故障线路。

以上所讨论的都是在稳态情况下电容电流的分布,其值较小,难以识别故障线路,当采用过补偿方式时,亦无法利用功率方向的差别来判别故障线路。当发生单相接地故障时,接地电容电流的暂态分量可能较其稳态值大几倍到几十倍,可否利用暂态过程的特点实现故障选线,是多年来研究的课题。

三、中性点不接地电网的单相接地保护

根据网络接线的具体情况,可利用以下方式来构成单相接地保护。

1. 零序电压保护

在中性点非直接接地系统中,只要本级电压网络中发生单相接地故障,则在同一电压等级的所有发电厂和变电所的母线上,都将出现零序电压。利用这一特点,在发电厂和变电所的母线上,一般装设网络单相接地的监视装置。它利用接地后出现的零序电压,带延时动作于信号,表明本级电压网络中出现了单相接地。为此,可用一过电压继电器接于电压互感器二次接成开口三角形的一侧,如图 3-40 所示。可见这种方法给出的信号没有选择性,判别故障是在哪条线路上,还需要由运行人员依次短时断开每条线路,并继之将断开线路投入。当断开某条线路时,零序电压的信号消失,即可判定故障是在该线路上。

2. 零序电流保护

零序电流保护利用故障线路零序电流较非故障线路零序电流大的特点来实现有选择性地发出信号或动作于跳闸。这种保护一般使用在有条件安装零序电流互感器的线路(如电缆线路或经电缆引出的架空线路)上;或者当单相接地电流较大,足以克服零序电流过滤器中不平衡电流的影响时,保护装置也可以接于三个电流互感器构成的零序回路中。

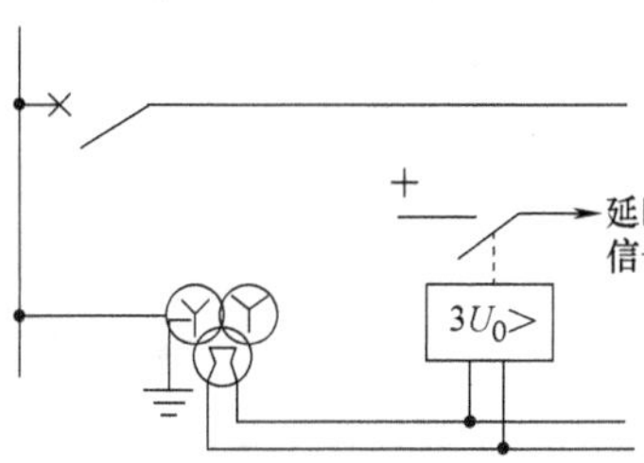

图 3-40 单相接地监视装置的原理接线图

根据对图 3-37 的分析,当某一线路上发生单相接地时,非故障线路上的零序电流为本身的电容电流,因此,为了保证动作的选择性,保护装置的动作电流应大于本线路的电容电流,即

$$I_{\text{set}} = K_{\text{rel}} 3 U_\varphi \omega C_0 \tag{3-64}$$

式中，K_{rel} 为可靠系数；C_0 为被保护线路每相的对地电容。

整定之后，还需要校验在本线路上发生单相接地故障时的灵敏系数。由于流经故障线路上的零序电流为全网络中非故障元件电容电流的总和，因此灵敏系数为

$$K_{\text{sen}} = \frac{3 U_\varphi \omega (C_{0\Sigma} - C_0)}{K_{\text{rel}} 3 U_\varphi \omega C_0} = \frac{C_{0\Sigma} - C_0}{K_{\text{rel}} C_0} \tag{3-65}$$

式中，$C_{0\Sigma}$ 为电网在最小运行方式下，各元件每相对地电容之和。校验时应采用系统最小运行方式时的电容电流，也就是 $C_{0\Sigma}$ 为最小时的电容值。可以看出，当全网络的电容电流越大或被保护线路的电容电流越小时，零序电流保护的灵敏系数就越容易满足要求。

3. 零序功率方向保护

利用故障线路与非故障线路功率方向的不同可以实现有选择性的零序功率方向保护，动作于信号或跳闸。这种方式适用于零序电流保护不能满足灵敏系数的要求和接线复杂的网络。

中性点非直接接地系统中发生单相接地时，由于流过故障和非故障线路的电流变化仅为对地电容电流的变化，其值都较小，特别是当系统中性点经消弧线圈接地，且采用过补偿方式工作时，利用工频分量的变化难以区分故障线路与非故障线路。直到目前为止，对于中性点非直接接地系统，还没有一种原理完善、动作可靠、实现简单的保护。随着对供电可靠性要求的提高，停电检修时间缩短，城市配电网环网供电和大量采用电缆，对迅速、有选择性地选出单相接地线路的要求日益紧迫，因而对中性点非直接接地系统单相接地保护的研究仍然是一个重要的课题。

习题与思考题

1. 何谓三段式电流保护？其各段是如何保证动作选择性的？试述各段的工作原理、整定原则和整定计算方法、灵敏性校验方法和要求以及原理接线图的特点。画出三段式电流保护各段的保护范围和时限配合特性图。

2. 在什么情况下采用三段式电流保护？什么情况下可以采用两段式电流保护？什么情况下可只用一段定时限过电流保护？Ⅰ、Ⅱ段电流保护能否单独使用？为什么？

3. 过电流保护是如何保证选择性的？在整定计算中为什么要考虑返回系数及自起动系数？

4. 如何确定保护装置灵敏性够不够？何谓灵敏系数？为什么一般总要求它们至少大于 1.2~1.5 以上？是否越大越好？

5. 电流保护的接线方式有几种？它们各自适合于什么情况？

6. 在图 3-41 所示电网中，线路 L1、L2 均装有三段式电流保护，当在线路 L2 的首端 k 点短路时有哪些保护起动？应由哪个保护经过多长时间后动作跳开相应断路器？若该保护或断路器拒动，故障如何切除？

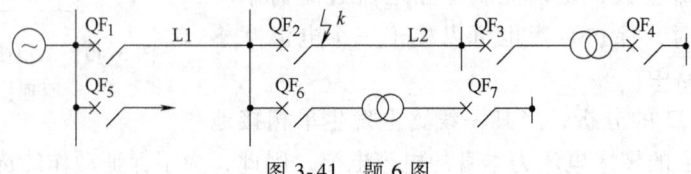

图 3-41 题 6 图

7. 在图 3-42 所示的 35kV 单侧电源辐射形电网中，已知线路的最大负荷电流为 120A，电流互感器的电

流比为 200/5，最大运行方式下 k_1 点三相短路电流为 1305A，k_2 点三相短路电流为 530A；最小运行方式下 k_1 点三相短路电流为 1200A，k_2 点三相短路电流为 511A，线路 L2 过电流保护的动作时限为 2.5s。可靠系数分别为 $K_{rel}^{I}=1.3$，$K_{rel}^{II}=1.1$，$K_{rel}^{III}=1.2$，负荷自启动系数 $K_{Ms}=2$，返回系数 $K_{re}=0.85$，线路 L1 的阻抗为 10Ω，线路 L2 的阻抗为 24Ω。拟定在线路 L1 上装设三段式电流保护。试确定：

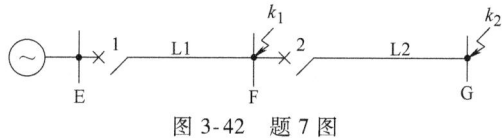

图 3-42 题 7 图

1）保护应采用哪种接线方式？
2）各段保护的动作电流和动作时限。
3）Ⅰ段的最小保护范围，以及Ⅱ段和Ⅲ段的灵敏系数。

8. 如图 3-43 所示的网络接线，线路均装设三段式电流保护，已知线路正序阻抗 $X_1=0.4\Omega/\text{km}$，线路 E-F 的最大负荷电流 $I_{L.max}=170A$，可靠系数分别为 $K_{rel}^{I}=1.3$，$K_{rel}^{II}=1.1$，$K_{rel}^{III}=1.2$，负荷自启动系数 $K_{Ms}=1.5$，返回系数 $K_{re}=0.85$，时间阶段 $\Delta t=0.5s$，线路保护 6 的过电流动作时限为 1.0s，计算线路保护 1 电流三段的整定值和动作时限，并校验灵敏度。

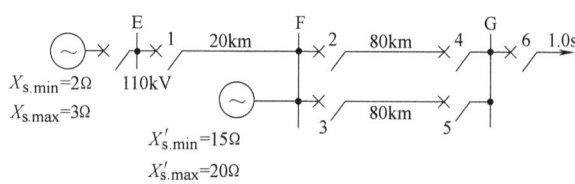

图 3-43 题 8 图

9. 何谓功率方向元件的 90°接线？采用 90°接线的功率方向元件在正方向三相和两相短路时正确动作的条件是什么？采用 90°接线的功率方向元件在相间短路时会不会有死区？为什么？

10. 若线路阻抗角 $\varphi_k=50°$，功率方向元件采用 90°接线，其最大灵敏角应选择为多少比较合适？并用相量图分析，在保护安装处正方向发生 A、B 两相短路时，故障相功率方向元件能否动作？

11. 举例说明在什么情况下电流保护（电流速断和过电流保护）有必要加装方向元件。

12. 整定图 3-44 中各断路器 QF 上定时限过电流保护的动作时限，并指出图 3-44a、b 图中哪些保护需加装方向元件？

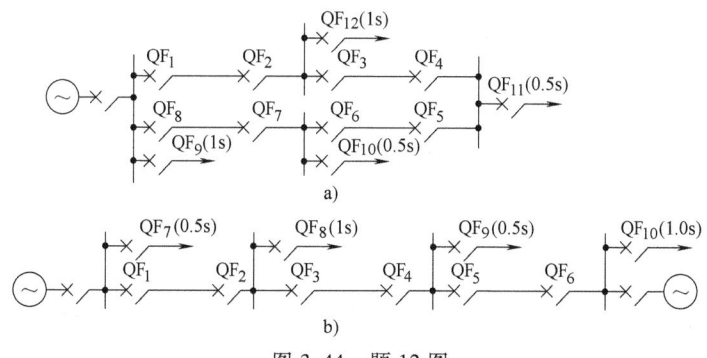

图 3-44 题 12 图

13. 中性点直接接地电网中，当发生单相接地时，其故障分量的特点是什么？如何获取零序电压和零序电流？组成零序电流滤过器的三个电流互感器为什么要求特性一致？

14. 图 3-45 所示的零序电流保护的接线图中，三个电流互感器的极性如图所示。其接线是否正确？正常运行时保护装置是否会误动作？

15. 举例说明在零序电流保护中，什么情况下必须考虑保护的方向性？零序功率方向元件有无电压死区？为什么？

16. 中性点非直接接地电网中，发生单相接地故障时，其零序电压、电流变化的特点是什么？

17. 何谓欠补偿、过补偿、完全补偿？一般采用哪一种补偿方式较好？为什么？

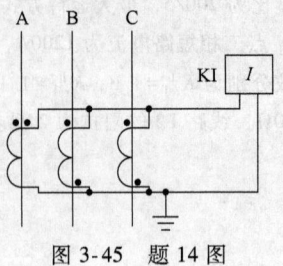

图 3-45　题 14 图

第四章 电网的距离保护

第一节 距离保护的基本原理

一、距离保护的作用原理

由于电流保护在整定值的选择、保护范围以及灵敏系数等方面都直接受电网接线方式及系统运行方式的影响，所以在 35kV 及以上电压的复杂网络中，很难满足选择性、灵敏性以及快速切除故障的要求。为此必须采用性能更加完善的保护装置，距离保护就是适应这种要求的一种保护方法。

如图 4-1 所示，假设各保护测量元件的输入是保护安装处的电压和流过该线路上的电流。保护安装处的电压 $\dot{U}_m$ 称为保护的测量电压，流经该线路的电流 $\dot{I}_m$ 称为保护的测量电流，两者之比为保护的测量阻抗 Z_m，即

$$Z_m = \frac{\dot{U}_m}{\dot{I}_m} \quad (4-1)$$

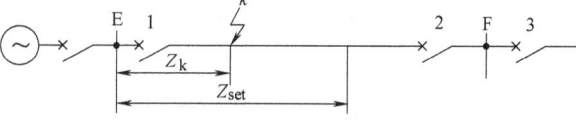

图 4-1 距离保护的作用原理图

在电力系统正常运行时，$\dot{U}_m$ 为正常工作电压 $\dot{U}_L$，$\dot{I}_m$ 为线路的负荷电流 $\dot{I}_L$，此时保护的测量阻抗为负荷阻抗 Z_L，即

$$Z_m = \frac{\dot{U}_L}{\dot{I}_L} = Z_L \quad (4-2)$$

显然正常运行时的工作电压 $\dot{U}_L$ 在额定值附近，一般说，线路的负荷电流 $\dot{I}_L$ 相对于短路电流要小很多，故线路在负荷状态下的测量阻抗 Z_L 值较大，且其角度为负荷功率因数角。例如，当线路的负荷功率因数为 0.9 时，负荷功率因数角 $\varphi_L = 25.8°$。

当 E-F 线上 k 点发生金属性三相短路时，在保护 1 处所测得的阻抗等于此时的残余电压 $\dot{U}_k$ 与流经该被保护线路的短路电流 $\dot{I}_k$ 的比值，就是短路阻抗 Z_k，即

$$Z_m = \frac{\dot{U}_k}{\dot{I}_k} = Z_k \quad (4-3)$$

通过适当选择距离保护的接线方式，可以使短路时的测量阻抗大小与短路点到保护安装处的距离 l 成正比，即

$$Z_m = Z_k = Z_1 l \quad (4-4)$$

式中，Z_1 为线路的单位正序阻抗。

由于短路时的残压低而短路电流很大，所以短路阻抗明显小于负荷阻抗。短路阻抗的阻

抗角就是线路阻抗角,数值较大。例如对于 220kV 及以上电压等级的线路,阻抗角一般不低于 75°。

从以上分析可知,短路时测量阻抗有以下特征:

1) 由保护安装处的测量阻抗 Z_m 能区分线路在正常状态还是故障状态,两种状态下测量阻抗在幅值和角度上均有明显的差别。

2) 由保护安装处的测量阻抗 Z_m 能区分故障点的远近,故障点离保护安装处的距离越远,测量阻抗 Z_m 越大,反之,测量阻抗越小。

3) 金属性短路时的测量阻抗只与故障点至保护安装处的距离有关,而与系统运行方式无关。

为了区分故障点在保护范围内还是在保护范围外,可根据选择性和灵敏度要求事先给定距离保护的保护范围。与这个保护范围对应的阻抗称为距离保护的整定阻抗,用 Z_{set} 表示,见图 4-1。

可见,距离保护装置是反应故障点至保护安装地点之间的距离(或阻抗),并根据距离的远近而确定是否动作以及动作时间的一种保护装置。

二、距离保护的动作特性

为了满足速动性、选择性和灵敏性的要求,距离保护也采用阶段式的动作特性,一般为三段式,并称为距离保护的 Ⅰ、Ⅱ、Ⅲ 段,可以分别与电流速断、限时电流速断以及过电流保护相对应,如图 4-2 所示。

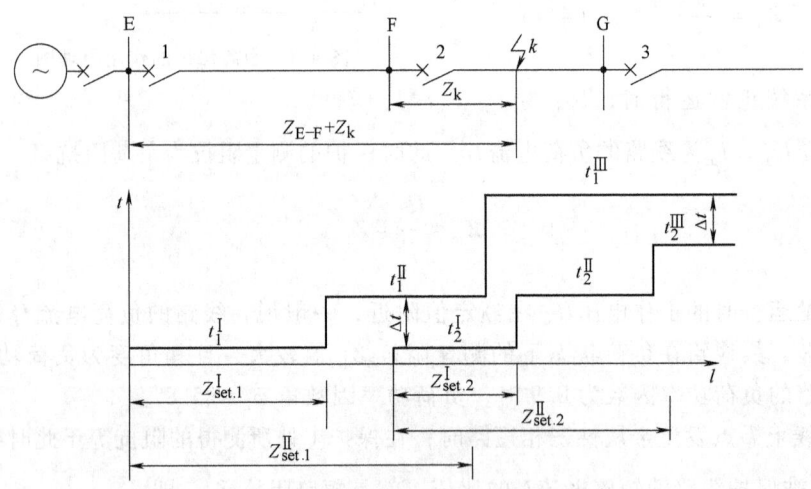

图 4-2 距离保护的动作特性

距离 Ⅰ 段保护是瞬时动作的,t^I 是保护的固有动作时间。以保护 1 为例,其第 Ⅰ 段本应保护线路 E-F 的全长,但为了保证动作的选择性,线路 F-G 出口处短路时,保护 1 的第 Ⅰ 段不应该动作。为此,其起动阻抗的整定值必须躲开这一点短路时所测量到的阻抗 Z_{E-F},即 $Z^I_{set.1} < Z_{E-F}$。考虑到保护装置和电流、电压互感器的误差,引入可靠系数 K^I_{rel}(一般取为 0.8~0.85),则

$$Z^I_{set.1} = K^I_{rel} Z_{E-F} \tag{4-5}$$

如此整定后,距离Ⅰ段就只能保护本线路全长的 80%~85%。为了切除本线路末端 15%~20% 范围以内的故障,就需设置距离Ⅱ段保护。

距离Ⅱ段保护整定值的选择与限时电流速断相似,即应使其不超过下一条线路距离Ⅰ段的保护范围,同时带有高出一个 Δt 的时限,以保证动作的选择性。如图 4-2 所示的单侧电源网络中,当保护 2 距离Ⅰ段保护范围末端短路时,保护 1 的测量阻抗为 $Z_{\text{E-F}}+Z_{\text{set.2}}^{\text{I}}$,引入可靠系数 $K_{\text{rel}}^{\text{II}}$(一般取 0.8),则保护 1 的距离Ⅱ段整定值为

$$Z_{\text{set.1}}^{\text{II}} = K_{\text{rel}}^{\text{II}}(Z_{\text{E-F}}+Z_{\text{set.2}}^{\text{I}})$$
$$= 0.8[Z_{\text{E-F}}+(0.8\sim0.85)Z_{\text{F-G}}] \tag{4-6}$$

距离Ⅰ段与Ⅱ段的联合工作构成本线路的主保护。为了作为相邻元件保护装置和断路器拒绝动作的远后备保护,同时也作为本线路距离Ⅰ、Ⅱ段的近后备保护,还应该装设距离Ⅲ段保护。

距离Ⅲ段保护的整定与过电流保护相似,其起动阻抗按躲开正常运行时的最小负荷阻抗来选择,而动作时限则按阶梯原则逐级配合。

三、距离保护的构成

距离保护一般由起动、测量、振荡闭锁、电压回路断线闭锁、配合逻辑和出口等几部分组成。

1. 起动部分

起动部分用来判别系统是否发生故障。要求在远后备保护范围内发生故障时,灵敏地瞬间起动整套保护。在模拟式距离保护中,大多采用反应负序电流、零序电流或负序与零序复合电流的判断原理。在数字式保护中,起动部分由软件实时检测电流突变量或零序电流变化量来实现。

2. 测量部分

测量部分是距离保护的核心。要求在系统故障时,能够快速、准确地测定出故障方向和距离,并与预先设定的保护范围相比较。在传统的模拟式距离保护中,实现故障距离测量和比较的元件,称为阻抗元件或阻抗继电器。在数字式距离保护中,故障距离的测量和比较功能是由软件算法实现的,这时,传统意义上的"元件"或"继电器"已不存在,但为了与传统的概念相衔接,也可以把实现这些算法的软件模块称为"测量元件"、"阻抗元件"或"阻抗继电器"。

3. 振荡闭锁部分

在电力系统发生振荡时,距离保护不应该动作。但是振荡时的电压、电流幅值周期性变化,有可能导致距离保护误动作。为防止保护误动作,要求该部分能够准确地判别出系统振荡,并将保护闭锁。

4. 电压回路断线闭锁部分

电压回路断线将会造成保护测量电压的消失,从而可能使距离保护的测量部分出现误判断。因此电压回路断线时应该将保护闭锁,以防止出现误动。

5. 配合逻辑部分

该部分用来实现距离保护各个部分之间的逻辑配合以及三段式距离保护中各段之间的时限配合。

6. 出口部分

出口部分包括跳闸出口和信号出口，在保护动作时接通跳闸回路并发出相应的信号。

第二节 距离保护的接线方式

一、对接线方式的基本要求

根据距离保护的工作原理，加入保护的电压 $\dot{U}_m$ 和电流 $\dot{I}_m$ 应满足以下要求：

1) 测量阻抗正比于短路点到保护安装地点之间的距离。
2) 测量阻抗应与故障类型无关，也就是保护范围不随故障类型而变化。

距离保护采用不同的接线方式时，接入的电压和电流关系如表 4-1 所示。

表 4-1 距离保护采用不同的接线方式时，接入的电压和电流关系

阻抗元件 接线方式	M_1		M_2		M_3	
	$\dot{U}_m$	$\dot{I}_m$	$\dot{U}_m$	$\dot{I}_m$	$\dot{U}_m$	$\dot{I}_m$
相间距离保护的0°接线	$\dot{U}_{AB}$	$\dot{I}_A - \dot{I}_B$	$\dot{U}_{BC}$	$\dot{I}_B - \dot{I}_C$	$\dot{U}_{CA}$	$\dot{I}_C - \dot{I}_A$
接地距离保护接线	$\dot{U}_A$	$\dot{I}_A + K3\dot{I}_0$	$\dot{U}_B$	$\dot{I}_B + K3\dot{I}_0$	$\dot{U}_C$	$\dot{I}_C + K3\dot{I}_0$

二、相间距离保护的0°接线方式

以下对各种相间短路时保护的测量阻抗进行分析。

1. 三相短路

如图 4-3 所示，三相短路时，三个阻抗元件 $M_1 \sim M_3$ 的工作情况完全相同，因此，可以以 M_1 为例分析。设短路点至保护安装地点之间的距离为 l，线路的单位长度正序阻抗为 Z_1，则保护安装地点的电压 $\dot{U}_{AB}$ 应为

$$\dot{U}_{AB} = \dot{U}_A - \dot{U}_B = \dot{I}_A Z_1 l - \dot{I}_B Z_1 l = (\dot{I}_A - \dot{I}_B) Z_1 l \quad (4-7)$$

此时 M_1 的测量阻抗为

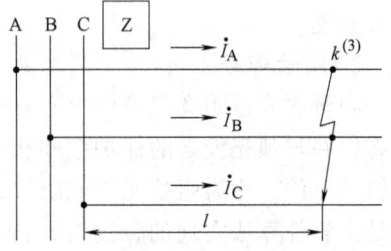

图 4-3 三相短路时测量阻抗的分析

$$Z_{M_1}^{(3)} = \frac{\dot{U}_{AB}}{\dot{I}_A - \dot{I}_B} = Z_1 l \quad (4-8)$$

可见三相短路时，三个阻抗元件的测量阻抗均等于短路点到保护安装地点之间的阻抗，三个阻抗元件均能正确动作。

2. 两相短路

如图 4-4 所示，设以 A-B 相间短路为例，则故障环路的电压 $\dot{U}_{AB}$ 为

$$\dot{U}_{AB} = \dot{I}_A Z_1 l - \dot{I}_B Z_1 l = (\dot{I}_A - \dot{I}_B) Z_1 l \quad (4-9)$$

因此，M_1 的测量阻抗为

$$Z_{M_1}^{(2)} = \frac{\dot{U}_{AB}}{\dot{I}_A - \dot{I}_B} = Z_1 l \qquad (4\text{-}10)$$

与三相短路时的测量阻抗相同，因此，M_1 能正确动作。

在 A-B 两相短路的情况下，对阻抗元件 M_2 和 M_3 而言，由于所加电压为非故障相间的电压，数值较高，而电流只是故障相的电流，数值较小，因此，其测量阻抗必然大于 M_1 的测量阻抗，所以一般不会起动。

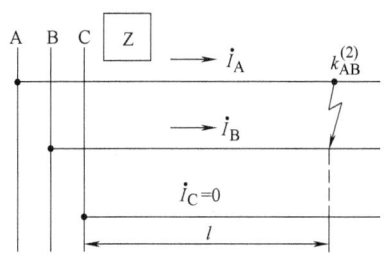

图 4-4 A-B 两相短路时测量阻抗的分析

由此可见，在 A-B 两相短路时，只有 M_1 能准确地测量短路阻抗而动作。同理，分析 B-C 和 C-A 两相短路可知，相应地只有 M_2 和 M_3 能准确地测量到短路点的阻抗而动作。

3. 中性点直接接地电网中的两相接地短路

如图 4-5 所示，仍以 A-B 两相故障为例，它与两相短路不同之处是地中有电流流回，因此 $\dot{I}_A \neq -\dot{I}_B$。

此时，我们可以把 A 相和 B 相看成两个"导线——地"的送电线路并有互感耦合在一起，设以 Z_L 表示输电线单位长度的自感阻抗，Z_M 表示单位长度的互感阻抗，则单位长度的正序阻抗为 $Z_1 = Z_L - Z_M$，这样保护安装地点的故障相电压为

$$\left. \begin{array}{l} \dot{U}_A = \dot{I}_A Z_L l + \dot{I}_B Z_M l \\ \dot{U}_B = \dot{I}_B Z_L l + \dot{I}_A Z_M l \end{array} \right\} \qquad (4\text{-}11)$$

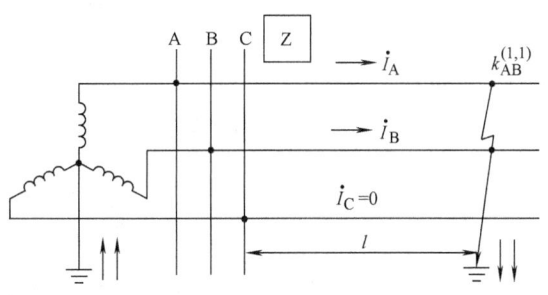

图 4-5 A-B 两相接地短路时测量阻抗的分析

因此，阻抗元件 M_1 的测量阻抗为

$$Z_{M_1}^{(1,1)} = \frac{\dot{U}_{AB}}{\dot{I}_A - \dot{I}_B} = \frac{(\dot{I}_A - \dot{I}_B)(Z_L - Z_M)l}{\dot{I}_A - \dot{I}_B} = (Z_L - Z_M)l = Z_1 l \qquad (4\text{-}12)$$

由此可见，当发生 A-B 两相接地短路时，M_1 的测量阻抗与三相短路时相同，保护能够正确动作。而对 M_2、M_3 而言，由于在测量电压和电流中含有非故障相的电压、电流量，测量阻抗较大，故一般不起动。

三、接地距离保护的接线方式

在中性点直接接地的电网中，当零序电流保护不能满足要求时，一般考虑采用接地距离保护，它的主要任务是正确反应电网中的接地短路。

假设短路点到保护安装处的距离为 l，被保护线路单位长度的正序、负序、零序阻抗为 Z_1、Z_2、Z_0，一般认为 $Z_1 = Z_2$。按照对称分量法，保护安装处的母线电压 $\dot{U}_A$、故障点的电压 $\dot{U}_{kA}$ 和电流 $\dot{I}_A$ 可分解为

$$\left.\begin{aligned}\dot{U}_A &= \dot{U}_{A1} + \dot{U}_{A2} + \dot{U}_{A0} \\ \dot{I}_A &= \dot{I}_{A1} + \dot{I}_{A2} + \dot{I}_{A0} \\ \dot{U}_{kA} &= \dot{U}_{k1} + \dot{U}_{k2} + \dot{U}_{k0}\end{aligned}\right\} \quad (4\text{-}13)$$

根据各序的等效网络，可以求出保护安装处母线上的 A 相电压为

$$\begin{aligned}\dot{U}_A &= \dot{U}_{k1} + \dot{I}_{A1}Z_1 l + \dot{U}_{k2} + \dot{I}_{A2}Z_1 l + \dot{U}_{k0} + \dot{I}_{A0}Z_0 l \\ &= \dot{U}_{kA} + \left[(\dot{I}_{A1} + \dot{I}_{A2} + \dot{I}_{A0}) + 3\dot{I}_{A0}\frac{Z_0 - Z_1}{3Z_1}\right] Z_1 l\end{aligned} \quad (4\text{-}14)$$

设零序电流补偿系数 $K = \dfrac{Z_0 - Z_1}{3Z_1}$。这样，保护安装处母线的三相电压可表示为

$$\left.\begin{aligned}\dot{U}_A &= \dot{U}_{kA} + (\dot{I}_A + K3\dot{I}_0)Z_1 l \\ \dot{U}_B &= \dot{U}_{kB} + (\dot{I}_B + K3\dot{I}_0)Z_1 l \\ \dot{U}_C &= \dot{U}_{kC} + (\dot{I}_C + K3\dot{I}_0)Z_1 l\end{aligned}\right\} \quad (4\text{-}15)$$

以下对各种接地短路时保护的测量阻抗进行分析。

1. 单相接地短路

以 A 相为例，在发生金属性接地短路时，$\dot{U}_{kA} = 0$，因此 M_1 的测量阻抗为

$$Z_{M1}^{(1)} = \frac{\dot{U}_A}{\dot{I}_A + K3\dot{I}_0} = Z_1 l \quad (4\text{-}16)$$

它能正确地测量从短路点到保护安装地点之间的阻抗，并与相间短路的阻抗元件所测量的阻抗值相同。此时 B 相和 C 相的测量阻抗与负荷阻抗差别不大，一般不会动作。

2. 两相接地短路

仍以 A-B 两相接地短路为例，$\dot{U}_{kA} = \dot{U}_{kB} = 0$，由式（4-15）可以得到

$$\left.\begin{aligned}Z_{M1}^{(1,1)} &= \frac{\dot{U}_A}{\dot{I}_A + K3\dot{I}_0} = Z_1 l \\ Z_{M2}^{(1,1)} &= \frac{\dot{U}_B}{\dot{I}_B + K3\dot{I}_0} = Z_1 l\end{aligned}\right\} \quad (4\text{-}17)$$

可见 M_1 和 M_2 均能正确动作，此时 M_3 一般不会动作。

3. 三相接地短路

三相对称性短路时，故障点的各相电压均为零，即 $\dot{U}_{kA} = \dot{U}_{kB} = \dot{U}_{kC} = 0$，所以三相的阻抗元件 M_1、M_2、M_3 均能正确动作，测量阻抗同样是 $Z_1 l$。

第三节 阻抗元件及其动作特性

阻抗元件是距离保护的核心元件，它的动作特性关系到距离保护动作的正确性。下面利

用复数平面来分析阻抗元件的动作特性，首先对以下分析中所运用到的三个阻抗值：Z_m、Z_{set}、Z_{act}加以定义和说明。

测量阻抗Z_m，即为加入阻抗元件的测量电压$\dot{U}_m$与测量电流$\dot{I}_m$的比值，Z_m的阻抗角就是$\dot{U}_m$和$\dot{I}_m$的相位角φ。

整定阻抗Z_{set}，是用来界定保护范围的。一般取为保护安装处到保护范围末端的线路阻抗。

起动阻抗Z_{act}，或称临界动作阻抗，它表示阻抗元件刚好动作时，加入其中的电压$\dot{U}_m$与电流$\dot{I}_m$的比值。下面的分析说明，Z_{act}随着相位角φ的不同而改变，当测量阻抗的阻抗角刚好等于整定阻抗角时，起动阻抗Z_{act}就是整定阻抗Z_{set}。当φ改变时，不同的Z_{act}在复阻抗平面上往往表现为某种几何图形，最常见的是圆或直线。

一、圆和直线特性的阻抗元件

1. 圆特性的阻抗元件

假定圆特性阻抗元件的动作区域如图4-6所示，它有两个整定阻抗，即正方向整定阻抗$Z_{set.1}$和反方向整定阻抗$Z_{set.2}$。该特性圆的圆心位于$Z_0 = \frac{1}{2}(Z_{set.1}+Z_{set.2})$处，半径为$\left|\frac{1}{2}(Z_{set.1}-Z_{set.2})\right|$。

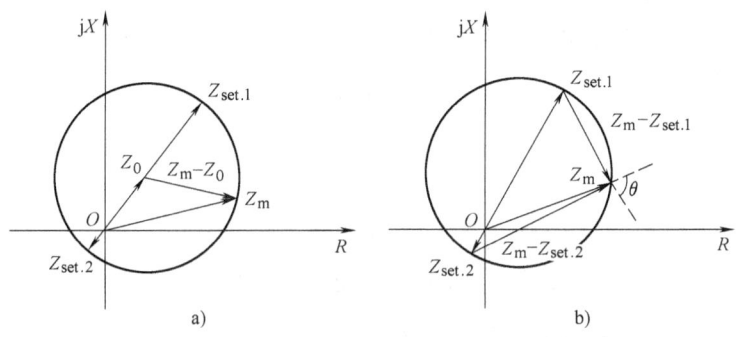

图4-6 圆特性阻抗元件的动作特性
a）幅值比较式的分析 b）相位比较式的分析

当测量阻抗Z_m位于圆内时阻抗元件动作，即圆内为动作区，而圆外为不动作区。当测量阻抗位于圆周上时，阻抗元件刚好动作，对应此时的阻抗就是起动阻抗Z_{act}。

阻抗元件的动作方程，可以分别采用比较两个量的幅值或两个量的相位方式构成，现分别叙述如下。

（1）幅值比较方式 如图4-6a所示，当测量阻抗Z_m落在圆内或圆周上时，Z_m末端到圆心的距离一定小于或等于圆的半径。所以动作方程为

$$\left|Z_m - \frac{1}{2}(Z_{set.1}+Z_{set.2})\right| \leq \left|\frac{1}{2}(Z_{set.1}-Z_{set.2})\right| \qquad (4-18)$$

式（4-18）两端乘以测量电流$\dot{I}_m$，考虑到$\dot{I}_m Z_m = \dot{U}_m$，有

$$\left| \dot{U}_\text{m} - \frac{1}{2}\dot{I}_\text{m}(Z_\text{set.1}+Z_\text{set.2}) \right| \leqslant \left| \frac{1}{2}\dot{I}_\text{m}(Z_\text{set.1}-Z_\text{set.2}) \right| \tag{4-19}$$

(2) 相位比较式 以 $Z_\text{set.1}$ 和 $Z_\text{set.2}$ 的矢量末端连线的直径为界，可将特性圆分为右下部分和左上部分。对于右下部分，当测量阻抗 Z_m 位于圆周上时，矢量 $(Z_\text{m}-Z_\text{set.2})$ 超前于 $(Z_\text{m}-Z_\text{set.1})$ 的角度 $\theta=90°$；当 Z_m 位于圆内时，$\theta>90°$；而当 Z_m 位于圆外时，$\theta<90°$，如图4-6b所示。当测量阻抗落在左上部分的圆内时，对应于 $\theta\leqslant 270°$，因此，阻抗元件的动作方程为

$$270° \geqslant \arg\frac{Z_\text{m}-Z_\text{set.2}}{Z_\text{m}-Z_\text{set.1}} \geqslant 90° \tag{4-20}$$

将两个矢量均乘以测量电流 $\dot{I}_\text{m}$，可以得到电压相位比较形式的动作方程为

$$270° \geqslant \arg\frac{\dot{U}_\text{m}-\dot{I}_\text{m}Z_\text{set.2}}{\dot{U}_\text{m}-\dot{I}_\text{m}Z_\text{set.1}} \geqslant 90° \tag{4-21}$$

(3) 幅值比较式和相位比较式的互换关系 一般而言，设以 $\dot{A}$ 和 $\dot{B}$ 表示比较幅值的两个电压，动作条件为 $|\dot{A}|\geqslant|\dot{B}|$，又以 $\dot{C}$ 和 $\dot{D}$ 表示比较相位的两个电压，且动作条件为 $270°\geqslant\arg\dfrac{\dot{C}}{\dot{D}}\geqslant 90°$，则它们之间的关系符合下式

$$\left.\begin{array}{l}\dot{C}=\dot{B}+\dot{A}\\ \dot{D}=\dot{B}-\dot{A}\end{array}\right\} \tag{4-22}$$

若已知 $\dot{A}$ 和 $\dot{B}$ 时，可以直接求出 $\dot{C}$ 和 $\dot{D}$，反之，如已知 $\dot{C}$ 和 $\dot{D}$，可以求出 $\dot{A}$ 和 $\dot{B}$，即为

$$\left.\begin{array}{l}\dot{B}=\dfrac{1}{2}(\dot{C}+\dot{D})\\ \dot{A}=\dfrac{1}{2}(\dot{C}-\dot{D})\end{array}\right\} \tag{4-23}$$

可见幅值比较式和相位比较式之间具有互换性，如图4-7所示。此结论可以推广到所有比较两个电气量的阻抗元件，但要求 $\dot{A}$、$\dot{B}$、$\dot{C}$、$\dot{D}$ 为同一频率的正弦交流量，不适于分析短路暂态过程中出现的非周期分量和谐波分量，因为不同比较方式构成的阻抗元件受暂态过程的影响不同。

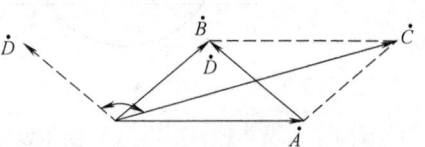

图4-7 幅值比较式与相位比较式之间的关系

上述圆特性的阻抗元件（见图4-6）一般称为偏移特性的阻抗元件，它在保护反方向故障时有一定的动作区，通常用在距离保护的后备段（如第Ⅲ段）中。在距离保护中还常常采用以下两种圆特性的阻抗元件。

(1) 方向阻抗元件 在上述的偏移特性中，如果令 $Z_\text{set.1}=Z_\text{set}$，$Z_\text{set.2}=0$，则动作特性变化成方向圆特性，如图4-8所示，方向阻抗元件的特性是以整定阻抗 Z_set 为直径而通过坐标原点的一个圆。方向阻抗元件的幅值比较式动作方程为

$$\left|\dot{U}_\text{m}-\frac{1}{2}\dot{I}_\text{m}Z_\text{set}\right| \leqslant \left|\frac{1}{2}\dot{I}_\text{m}Z_\text{set}\right| \tag{4-24}$$

同理,相位比较式动作方程为

$$270° \geqslant \arg \frac{\dot{U}_m}{\dot{U}_m - \dot{I}_m Z_{set}} \geqslant 90°$$

(4-25)

当加入阻抗元件的 $\dot{U}_m$ 和 $\dot{I}_m$ 的相位角 φ 为不同数值时,方向阻抗元件的起动阻抗 Z_{act} 也将随之改变。当 φ 等于 Z_{set} 的阻抗角时,阻抗元件的起动阻抗达到最大,就是整定阻抗,此时,阻抗元件的保护范围最大,工作最灵敏,因此,这个角度称为阻抗元件的最大灵敏角 φ_{sen}。当保护范围内部故障时,$\varphi = \varphi_k$(为被保护线路的阻抗角),因此应该调整阻抗元件的最大灵敏角 $\varphi_{sen} = \varphi_k$,以便使阻抗元件这时能工作在最灵敏的条件下。当反方向发生短路时,测量阻抗 Z_m 位于第三象限,阻抗元件不能动作,因此它本身就具有方向性,故称之为方向阻抗元件。方向阻抗元件一般用于距离保护的主保护段(Ⅰ段和Ⅱ段)中。

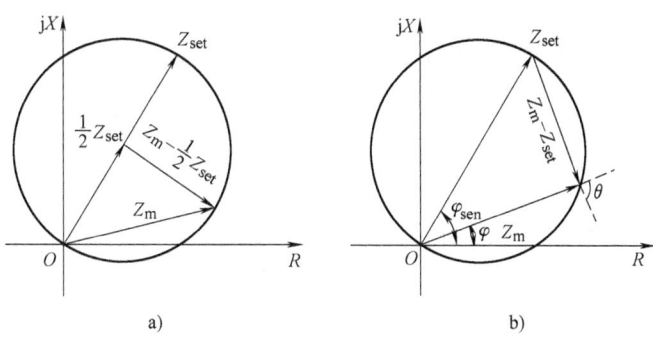

图 4-8 方向阻抗元件的动作特性
a) 幅值比较式 b) 相位比较式

(2) 全阻抗元件 在偏移特性中,如果令 $Z_{set.1} = Z_{set}$,$Z_{set.2} = -Z_{set}$,则动作特性变化成全阻抗圆特性,如图 4-9 所示,全阻抗元件的特性是以保护安装处为圆心,以整定阻抗 Z_{set} 为半径所做的一个圆。全阻抗元件的幅值比较式动作方程为

$$|\dot{U}_m| \leqslant |\dot{I}_m Z_{set}| \qquad (4\text{-}26)$$

同理,相位比较式动作方程为

$$270° \geqslant \arg \frac{\dot{U}_m + \dot{I}_m Z_{set}}{\dot{U}_m - \dot{I}_m Z_{set}} \geqslant 90° \qquad (4\text{-}27)$$

由于这种特性是以原点为圆心而作的圆,因此,不论加入阻抗元件的电压与电流之间的角度 φ 为多大,起动阻抗 Z_{act} 在数值上都等于整定阻抗 Z_{set}。具有这种动作特性的阻抗元件在各个方向上动作阻抗都相同,在正方向和反方向故障时具有相同的保护区,即不具有方向性,所以称为全阻抗元件。全阻抗元件可以应用于单侧电源的系统中。

2. 直线特性的阻抗元件

有一种阻抗元件的动作特性为一直线,如图 4-10 所示。由 O 点做动作特性边界线的垂线,其矢量表示为 Z_{set},测量阻抗 Z_m 位于直线的左侧为动作区,右侧为不动作区。

当用幅值比较方式分析阻抗元件的起动特性时(见图 4-10a),阻抗元件能够起动的条件可表示为

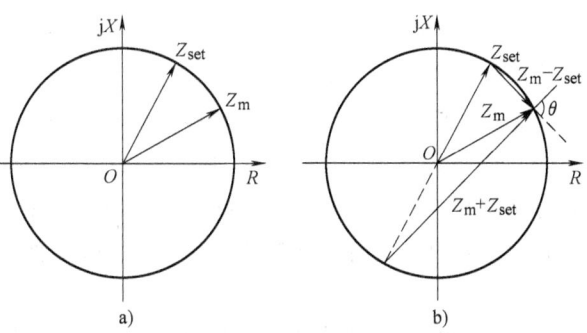

图 4-9 全阻抗元件的动作特性
a) 幅值比较式 b) 相位比较式

$$|Z_m| \leq |2Z_{set} - Z_m| \quad (4-28)$$

两端均以电流 $\dot{I}_m$ 乘之,则变为如下两个电压的比较

$$|\dot{U}_m| \leq |2\dot{I}_m Z_{set} - \dot{U}_m| \quad (4-29)$$

如用相位比较方式分析阻抗元件的动作特性(见图 4-10b),则阻抗元件能够起动的条件是矢量 Z_{set} 超前于 $(Z_m - Z_{set})$ 的角度为 $270° \geq \theta \geq 90°$,将 Z_{set} 和 $(Z_m - Z_{set})$ 均以电流 $\dot{I}_m$ 乘之,即可得到相位比较方式的动作方程为

$$270° \geq \arg \frac{\dot{I}_m Z_{set}}{\dot{U}_m - \dot{I}_m Z_{set}} \geq 90° \quad (4-30)$$

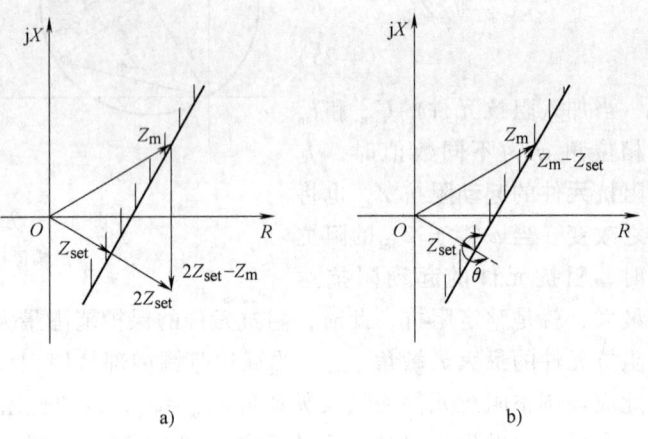

图 4-10 直线特性阻抗元件的动作特性
a)幅值比较式 b)相位比较式

根据直线在阻抗复平面上位置和方向的不同,直线特性可以有电抗特性、电阻特性和方向特性等具体特例。

(1)电抗特性 如图 4-11a 所示,动作边界垂直于 jX 轴,到 R 轴的距离为 X_{set},直线下方为动作区。因此在任意直线特性阻抗元件的动作方程中取 $Z_{set} = jX_{set}$,即为电抗型阻抗元件的动作方程。此时只要测量阻抗 Z_m 的电抗部分小于 X_{set},就可以动作,而与电阻部分的大小无关,因而具有很强的耐过渡电阻能力。但是它本身不具有方向性,且在负荷阻抗下也能动作,所以

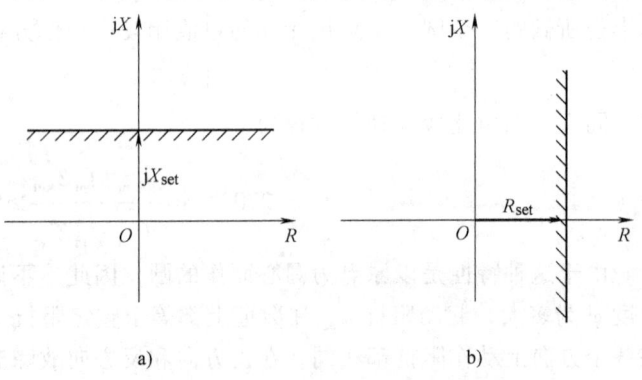

图 4-11 具有电抗和电阻特性的阻抗元件
a)电抗特性 b)电阻特性

通常不能独立应用,而是与其他特性复合,形成具有复合特性的阻抗元件。

(2)电阻特性 如图 4-11b 所示,动作边界垂直于 R 轴,到 jX 轴的距离为 R_{set},直线左侧为动作区。同理,在任意直线特性阻抗元件的动作方程中取 $Z_{set} = R_{set}$,即为电阻型阻抗元件的动作方程。此时只要测量阻抗 Z_m 的电阻部分小于 R_{set},就可以动作,而与电抗部分的大小无关。

(3)方向特性 如果用复数阻抗平面来分析功率方向元件的动作特性,可以把它看成是方向阻抗元件的一个特例,即当整定阻抗 Z_{set} 趋向于无限大时,原来的特性圆就趋于和直径 Z_{set}(见图 4-8)垂直的一条圆的切线,即直线 AA',如图 4-12 所示。因此,如果从阻抗

元件的观点来理解功率方向元件,那就意味着只要是正方向的短路(此时电压和电流的比值对应着一个位于第Ⅰ象限的阻抗),而不管测量阻抗的数值大小,功率方向元件都能够起动,也就是正方向的保护范围理论上是无限大。而真正的方向阻抗元件除了必须是正方向短路外,还要求测量阻抗小于一定数值才能起动,这就是两者的区别。

当用幅值比较的方式来分析功率方向元件的起动特性时,如图 4-12a 所示,在最大灵敏角的方向上任取两个矢量 Z_0 和 $-Z_0$,当测量阻抗 Z_m 位于直线 AA' 以上时,它到 Z_0 的距离(即矢量 $Z_m - Z_0$),恒小于到 $-Z_0$ 的距离(即矢量 $Z_m + Z_0$),而当正好位于直线上时,则到两者的距离相等,因此方向元件能够动作的条件可表示为

$$|Z_m - Z_0| \leq |Z_m + Z_0| \tag{4-31}$$

两端均以电流 $\dot{I}_m$ 乘之,则变为如下两个电压幅值的比较

$$|\dot{U}_m - \dot{I}_m Z_0| \leq |\dot{U}_m + \dot{I}_m Z_0| \tag{4-32}$$

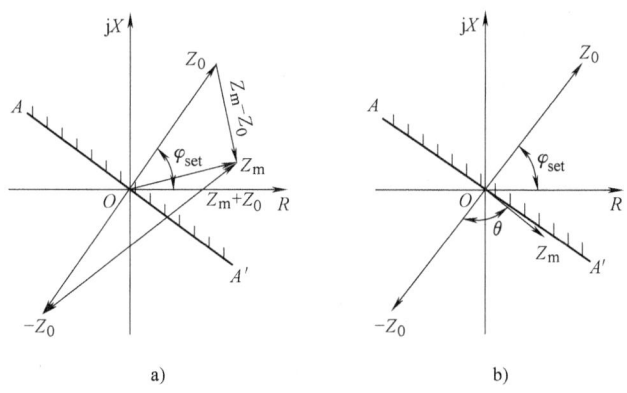

图 4-12 功率方向元件的动作特性
a) 幅值比较式 b) 相位比较式

如用相位比较方式来分析功率方向元件的特性,如图 4-12b 所示,只要矢量 Z_m 和 $(-Z_0)$ 之间的角度 θ 位于 $270° \geq \theta \geq 90°$ 之间,就是它能够动作的条件。将 Z_m 和 $(-Z_0)$ 均以电流 $\dot{I}_m$ 乘之,即可得到相位比较式的动作方程

$$270° \geq \arg \frac{\dot{U}_m}{-\dot{I}_m Z_0} \geq 90° \tag{4-33}$$

3. 动作角度范围变化对阻抗元件特性的影响

在以上分析中均采用动作的角度范围为 $270° \geq \theta \geq 90°$,在复数平面上获得的是圆或直线的特性。如果使动作范围小于 $180°$,例如采用 $240° \geq \theta \geq 120°$,则圆特性的方向阻抗元件将变成透镜形特性的阻抗元件,如图 4-13a 所示,而直线特性的功率方向元件的动作范围则变成一个小于 $180°$ 的折线,如图 4-13b 所示。其他元件特性的变化与此相似,当然也可以使动作范围大于 $180°$,这里不再阐述。

4. 阻抗元件的极化电压和补偿电压的特征

由以上分析可知,各种圆或直线特性的元件均可用极化电压 $\dot{U}_{pol}$ 与补偿电压 $\dot{U}_{com}$ 进行比相而构成。对各种阻抗元件,均有 $\dot{U}_{com} = \dot{U}_m - \dot{I}_m Z_{set}$。在系统正常

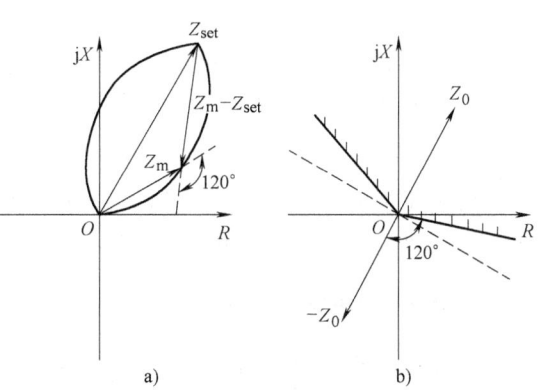

图 4-13 $240° \geq \theta \geq 120°$ 时的动作特性
a) 方向阻抗元件 b) 功率方向元件

运行时，补偿电压 $\dot{U}_{\text{com}}$ 就是线路上对应 Z_{set} 处的运行电压，在数值上接近额定电压，相位上基本与 $\dot{U}_{\text{m}}$ 同相位。

当发生金属性短路时，有 $Z_{\text{m}} = Z_{\text{k}} = \dfrac{\dot{U}_{\text{k}}}{\dot{I}_{\text{k}}}$，若选择阻抗元件的最大灵敏角 $\varphi_{\text{sen}} = \varphi_{\text{k}}$，则 Z_{k} 与 Z_{set} 的阻抗角相同。

1）当保护范围正方向外部故障时，$\dot{U}_{\text{m}} = \dot{I}_{\text{m}} Z_{\text{k}}$，$\dot{U}_{\text{com}} = \dot{I}_{\text{m}} (Z_{\text{k}} - Z_{\text{set}})$，由于 $Z_{\text{k}} > Z_{\text{set}}$，因此 $\dot{U}_{\text{com}}$ 与 $\dot{U}_{\text{m}}$ 同相位，保护不动作。

2）当保护范围反方向外部故障时，$\dot{U}_{\text{m}} = -\dot{I}_{\text{m}} Z_{\text{k}}$，$\dot{U}_{\text{com}} = -\dot{I}_{\text{m}} (Z_{\text{k}} + Z_{\text{set}})$，因此 $\dot{U}_{\text{com}}$ 与 $\dot{U}_{\text{m}}$ 同相位，保护不动作。

3）当保护范围内部故障时，$\dot{U}_{\text{m}} = \dot{I}_{\text{m}} Z_{\text{k}}$，$\dot{U}_{\text{com}} = \dot{I}_{\text{m}} (Z_{\text{k}} - Z_{\text{set}})$，由于 $Z_{\text{k}} < Z_{\text{set}}$，因此 $\dot{U}_{\text{com}}$ 与 $\dot{U}_{\text{m}}$ 相位差 180°，保护动作。

由此可见，阻抗元件正是反应于补偿电压相位的变化而动作。因此在任何特性的阻抗元件中均包含有补偿电压 $\dot{U}_{\text{com}}$。在正常运行、正方向区外故障以及反方向故障时，$\dot{U}_{\text{com}}$ 电压实际上都是保护范围末端（Z_{set} 处）的真实电压，即为补偿到 Z_{set} 处的电压。这也是称它为补偿电压的原因。而当保护范围内部金属性短路时，$\dot{U}_{\text{com}}$ 的相位与正常运行或区外故障时相比较变化了约 180°，不再是保护范围末端的真实电压。

为了判别 $\dot{U}_{\text{com}}$ 相位的变化，必须有一个参考矢量作为基准，这就是所采用的极化电压 $\dot{U}_{\text{pol}}$。当 $\theta = \arg \dfrac{\dot{U}_{\text{pol}}}{\dot{U}_{\text{com}}}$ 满足一定的角度范围时，阻抗元件应该起动，而当 $\theta = 180°$ 时，阻抗元件动作最灵敏。从这一观点出发，可以认为不同特性的阻抗元件的区别只是在于所选的极化电压 $\dot{U}_{\text{pol}}$ 不同。例如：

1）当以保护安装处的母线电压 $\dot{U}_{\text{m}}$ 作为极化量时，可得到具有方向性的圆特性阻抗元件或直线特性的功率方向元件。当保护安装处出口短路时，$\dot{U}_{\text{m}} = 0$，阻抗元件因失去极化电压而不能动作，从而出现电压死区。

2）当以测量电流 $\dot{I}_{\text{m}}$ 作为极化量时，可得到动作特性为包括原点在内的各种直线，这些直线特性的元件没有方向性，在反方向短路时也能够动作。

3）当以 $\dot{U}_{\text{m}}$ 和 $\dot{I}_{\text{m}}$ 的复合电压作为极化量时，则得到偏移特性的阻抗元件。

最后顺便指出，还可以采用非故障相的电压、正序电压、零序电流及负序电流等作为极化量，来构成各种其他特性的阻抗元件。

二、复合特性的阻抗元件

将上述各种特性按"与"、"或"等逻辑复合而得到的动作特性称为复合特性，用以满足实际应用的特殊要求。多边形动作特性可以看作是直线特性与折线特性的"与"复合而成，如图 4-14 所示。

圆特性的阻抗元件在整定值较小时,动作特性圆也就比较小,区内经过渡电阻短路时,测量阻抗容易落在区外,导致测量元件拒动;而当整定值较大时,动作特性圆也较大,负荷阻抗有可能落在圆内,从而导致测量元件误动。具有多边形特性的阻抗元件可以克服这些缺点,能够同时兼顾耐受过渡电阻的能力(防拒动)和躲负荷的能力(防误动)。

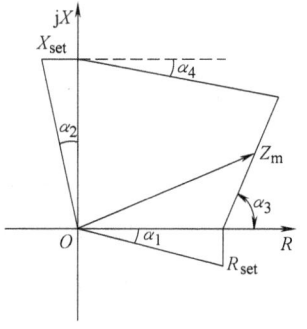

设测量阻抗 Z_m 的实部为 R_m,虚部为 X_m,则图 4-14 中在第Ⅳ象限部分的特性可以表示为

$$\left.\begin{aligned} R_m &\leq R_{set} \\ X_m &\geq -R_m \tan\alpha_1 \end{aligned}\right\} \quad (4\text{-}34)$$

图 4-14 多边形特性的阻抗元件

第Ⅱ象限部分的特性可以表示为

$$\left.\begin{aligned} X_m &\leq X_{set} \\ R_m &\geq -X_m \tan\alpha_2 \end{aligned}\right\} \quad (4\text{-}35)$$

而第Ⅰ象限部分的特性可以表示为

$$\left.\begin{aligned} R_m &\leq R_{set} + X_m \cot\alpha_3 \\ X_m &\leq X_{set} - R_m \tan\alpha_4 \end{aligned}\right\} \quad (4\text{-}36)$$

综合以上三式,动作特性可以表示为

$$\left.\begin{aligned} -X_m \tan\alpha_2 &\leq R_m \leq R_{set} + \hat{X}_m \cot\alpha_3 \\ -R_m \tan\alpha_1 &\leq X_m \leq X_{set} - \hat{R}_m \tan\alpha_4 \end{aligned}\right\} \quad (4\text{-}37)$$

其中

$$\hat{X}_m = \begin{cases} 0, & X_m \leq 0 \\ X_m, & X_m > 0 \end{cases}$$

$$\hat{R}_m = \begin{cases} 0, & R_m \leq 0 \\ R_m, & R_m > 0 \end{cases}$$

三、方向阻抗元件的特性分析

当在保护安装地点正方向出口处发生相间短路时,故障环路的残余电压将降到零。例如,在三相短路时,$U_{AB} = U_{BC} = U_{CA} = 0$,A-B 两相短路时,$U_{AB} = 0$ 等。此时,任何具有方向性的阻抗元件将因加入的电压为零而不能动作,从而出现保护装置的"死区"。为克服这个缺点,可以利用记忆回路记忆故障前的电压,作为测量元件比相的极化电压,但其动作特性能否满足要求,需要进一步分析。

对方向阻抗元件,当不采用记忆回路时,极化电压即为保护安装处的母线电压 $\dot{U}_k$。当采用记忆回路后,极化电压将短时记忆短路前负荷状态下母线电压 $\dot{U}_L$ 的相位,因此在短路 $t = 0s$ 瞬间的阻抗元件动作条件应为

$$270° \geq \arg \frac{\dot{U}_L}{\dot{U}_k - \dot{I}_k Z_{set}} \geq 90° \quad (4\text{-}38)$$

式中出现三个变量,不能再简单地只用测量阻抗 $Z_\mathrm{m} = Z_\mathrm{k} = \dfrac{\dot{U}_\mathrm{k}}{\dot{I}_\mathrm{k}}$ 来表示。此时阻抗元件的动作特性只能结合具体系统的接线参数和短路点位置进行分析。

1. 保护正方向短路

保护正方向短路时系统的接线及其有关的参数如图 4-15 所示。阻抗元件的测量阻抗包括短路阻抗 Z_k 和过渡电阻 R_t,即 $Z = Z_\mathrm{k} + R_\mathrm{t}$,则

$$\dot{U}_\mathrm{k} = \dot{I}_\mathrm{k} Z$$

$$\dot{E} = \dot{I}_\mathrm{k}(Z_\mathrm{s} + Z)$$

$$\dot{I}_\mathrm{k} = \dfrac{\dot{E}}{(Z + Z_\mathrm{s})}$$

$$\dot{U}_\mathrm{com} = \dot{U}_\mathrm{k} - \dot{I}_\mathrm{k} Z_\mathrm{set} = \dfrac{Z - Z_\mathrm{set}}{Z + Z_\mathrm{s}} \dot{E} \quad (4\text{-}39)$$

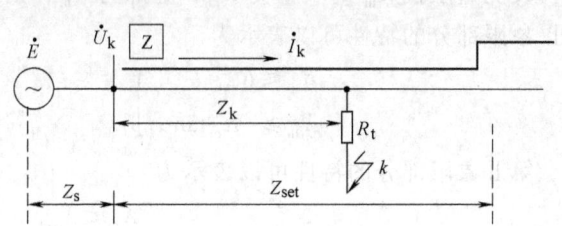

图 4-15 保护正方向短路时,分析记忆回路影响的系统接线

将式(4-39)代入式(4-38)中,可得阻抗元件的动作条件为

$$270° \geqslant \arg \dfrac{Z + Z_\mathrm{s}}{Z - Z_\mathrm{set}} \dfrac{\dot{U}_\mathrm{L}}{\dot{E}} \geqslant 90° \quad (4\text{-}40)$$

如果把 $\dot{E}$ 和 $\dot{U}_\mathrm{L}$ 看作参变量,其值可由故障前的运行方式确定,则式(4-40)仅剩下一个变量 Z,因此仍可以在复数阻抗平面上进行分析。

假定短路前为空载,$\dot{U}_\mathrm{L} = \dot{E}$,则阻抗元件在 $t = 0\mathrm{s}$ 时的动作条件为

$$270° \geqslant \arg \dfrac{Z + Z_\mathrm{s}}{Z - Z_\mathrm{set}} \geqslant 90° \quad (4\text{-}41)$$

此时阻抗元件的动作特性是以矢量 Z_set、$-Z_\mathrm{s}$ 末端的连线为直径所做的包括坐标原点的偏移圆,圆内为动作区,如图 4-16 所示。此圆又称为方向阻抗元件在 $t = 0\mathrm{s}$ 时的动态特性圆。正方向出口处短路时,测量阻抗落在动作区内,保护能够可靠动作。动态特性圆虽然包括坐标原点在内,但并不意味着会失去方向性,因为式(4-41)是在保护正方向短路的前提下导出的,故不适用于保护反方向短路的情况。当记忆作用消失后,在稳态情况下阻抗元件的动作特性仍是以 Z_set 为直径所做的圆,如图 4-16 中虚线所示。

由以上分析可见,在记忆回路作用下的动态特性圆,扩大了动作范围,而又不失去方向性,因此,对消除死区和减少过渡电阻的影响都是有利的。

2. 保护反方向短路

保护反方向短路时系统的接线及参数如图 4-17 所示。此时短路电流由 $\dot{E}'$ 供给,仍假定电

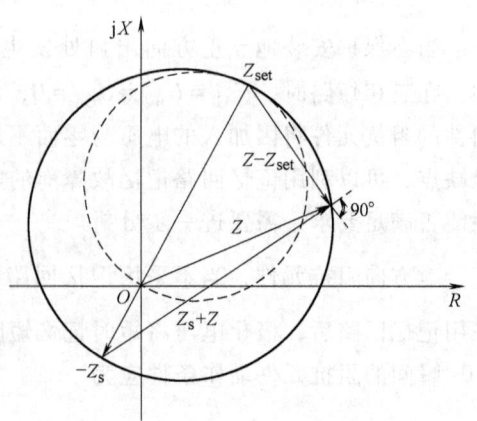

图 4-16 记忆作用下正方向短路时阻抗元件的动作特性

流的正方向为从母线流向被保护线路，则

$$\dot{U}_k = \dot{I}_k Z$$
$$\dot{E}' = \dot{U}_k - \dot{I}_k Z'_s = \dot{I}_k (Z - Z'_s)$$
$$\dot{I}_k = \frac{\dot{E}'}{(Z - Z'_s)}$$
$$\dot{U}_{\text{com}} = \dot{U}_k - \dot{I}_k Z_{\text{set}} = \frac{Z - Z_{\text{set}}}{Z - Z'_s} \dot{E}' \quad (4\text{-}42)$$

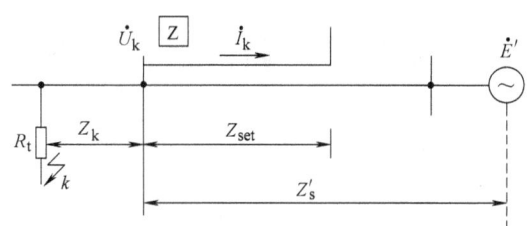

图 4-17 反方向短路时，分析记忆
回路影响的系统接线

将式（4-42）代入式（4-38），可得阻抗元件在反方向短路时的动作条件为

$$270° \geqslant \arg \frac{Z - Z'_s}{Z - Z_{\text{set}}} \frac{\dot{U}_L}{\dot{E}'} \geqslant 90° \quad (4\text{-}43)$$

仍假定短路前为空载，$\dot{U}_L = \dot{E}'$，则阻抗元件在 $t = 0$s 时的动作条件为

$$270° \geqslant \arg \frac{Z - Z'_s}{Z - Z_{\text{set}}} \geqslant 90° \quad (4\text{-}44)$$

此时阻抗元件的动作特性为以矢量（$Z'_s - Z_{\text{set}}$）为直径所做的上抛圆，如图4-18所示，圆内为动作区。当反方向短路时，阻抗元件测量到的阻抗是 $-(Z_k + R_t)$，位于第Ⅲ象限，远离动作区域。因此在反方向短路时的动态过程中，阻抗元件有明确的方向性，可靠不动作。当记忆作用消失后，在稳态情况下的阻抗元件动作特性仍以 Z_{set} 为直径所做的圆，如图4-18中虚线所示。

在传统的模拟式距离保护中，记忆电压是通过 LC 谐振记忆回路获得的，即系统正常运行时，测量电压为额定电压，LC 谐振回路存储一定的电磁能量；系统出口处短路时，测量电压变为零，依靠 LC 回路的自由振荡，记忆故障前的测量电压。由于回路电阻的存在，记忆量是逐渐衰减的，故障一定时间后，记忆电压将衰减至故障后的测量电压，动作特性将变成经过原点的方向圆特性。在上面的分析中，当正方向故障时出现偏移圆特性（见图4-16），反方向故障时出现上抛圆特性（见图4-18），仅在故障刚刚发生，记忆尚未消失时是成立的，所以称之为初态特性或动态特性。

数字式保护中，记忆电压就是存放在存储器中的故障前电压的采样值，不存在衰减问题，所以特性不会随时间的变化而变化。但故障发生一定时间后，电源的电

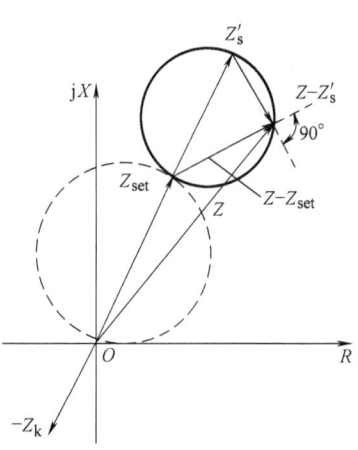

图 4-18 记忆作用下反方向短路时
阻抗元件的动作特性

动势变化，将不再等于故障前的记忆电压，再用故障前的记忆电压作为参考电压，特性将会发生变化。所以记忆电压仅能在故障后的一定时间内使用。

第四节 距离保护的整定计算及对距离保护的评价

一、距离保护的整定计算

目前电力系统中应用的距离保护装置,一般都采用阶梯时限配合的三段式配置方式。距离保护的整定计算,就是根据被保护电力系统的实际运行情况,确定计算出距离Ⅰ段、Ⅱ段和Ⅲ段测量元件的整定阻抗以及Ⅱ段和Ⅲ段的动作时限。

1. 距离Ⅰ段保护

距离保护第Ⅰ段是无延时的速动段,一般按躲开下一条线路出口处短路的原则来整定,也即按躲过本线路末端短路时的测量阻抗来整定,如图 4-19 所示。保护 1 的整定阻抗为 $Z_{\text{set.1}}^{\text{I}} = K_{\text{rel}}^{\text{I}} Z_{\text{E-F}}$,可靠系数 $K_{\text{rel}}^{\text{I}}$ 一般取 $0.8 \sim 0.85$。所以距离Ⅰ段只能保护本线路全长的 $80\% \sim 85\%$。

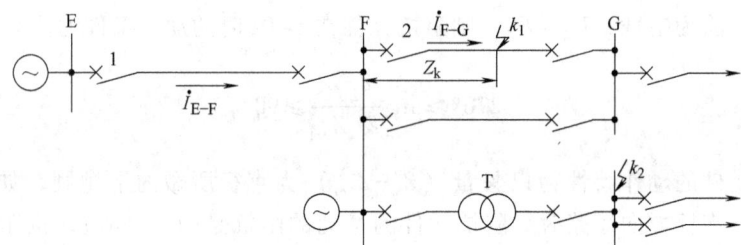

图 4-19 整定计算的网络接线

2. 距离Ⅱ段保护

(1) 第Ⅱ段的整定阻抗 距离保护第Ⅱ段的整定按以下两个原则进行计算。

1) 与相邻线路的距离保护第Ⅰ段相配合 为保证在下级线路上发生故障时,上级线路保护处的保护Ⅱ段不至于越级跳闸,所以其Ⅱ段的动作范围不应该超出下级线路Ⅰ段的动作范围。以保护 1 为例,来说明考虑分支电路影响时距离Ⅱ段的整定方法,如图 4-19 所示。

在 k_1 点短路时,保护 1 的测量阻抗为

$$Z_{\text{m.1}} = \frac{\dot{U}_{\text{E}}}{\dot{I}_{\text{E-F}}} = \frac{\dot{I}_{\text{E-F}} Z_{\text{E-F}} + \dot{I}_{\text{F-G}} Z_{\text{k}}}{\dot{I}_{\text{E-F}}}$$

$$= Z_{\text{E-F}} + \frac{\dot{I}_{\text{F-G}}}{\dot{I}_{\text{E-F}}} Z_{\text{k}}$$

$$= Z_{\text{E-F}} + K_{\text{bra}} Z_{\text{k}} \tag{4-45}$$

当保护 1 的距离Ⅱ段与保护 2 的距离Ⅰ段配合时,可按下式进行整定:

$$Z_{\text{set.1}}^{\text{II}} = K_{\text{rel}}^{\text{II}} (Z_{\text{E-F}} + K_{\text{bra.min}} Z_{\text{set.2}}^{\text{I}}) \tag{4-46}$$

式中, $K_{\text{rel}}^{\text{II}}$ 为可靠系数,一般取 0.8;为确保在各种运行方式下保护 1 的Ⅱ段范围不超过保护 2 的Ⅰ段范围,分支系数 K_{bra} 取各种情况下的最小值 $K_{\text{bra.min}}$。这样整定之后,在 K_{bra} 较大的其他运行方式下,前一级线路Ⅱ段的保护范围只会缩小而不可能失去选择性。

2) 与相邻变压器的快速保护相配合 若被保护线路的末端母线接有变压器时,其距

Ⅱ段保护的动作范围不应超出变压器快速保护（一般是差动保护）的范围，即距离Ⅱ段应躲开线路末端变电所变压器低压侧出口处 k_2 点短路时的阻抗值，设变压器的阻抗为 Z_T，则起动阻抗整定为

$$Z_{\text{set.1}}^{\text{II}} = K_{\text{rel}}^{\text{II}}(Z_{\text{E-F}} + K_{\text{bra.min}}Z_T) \tag{4-47}$$

考虑到变压器的阻抗较大，此时的可靠系数 $K_{\text{rel}}^{\text{II}}$ 一般取 0.7~0.75。

当被保护线路末端母线上既有出线又有变压器时，距离Ⅱ段的整定阻抗应取上述两种情况的较小者。

(2) 动作时限的整定　距离保护Ⅱ段的动作时间应比与之配合的相邻元件保护的动作时间大一个时间级差 Δt。当保护 1 的距离Ⅱ段与保护 2 的距离Ⅰ段配合时，有

$$t_1^{\text{II}} = t_2^{\text{I}} + \Delta t \tag{4-48}$$

(3) 灵敏度校验　一般要求距离Ⅱ段保护能够保护线路的全长，因此需要校验本线路末端短路时是否有足够的灵敏度。由于是反应于数值的下降而动作，其灵敏系数定义为

$$K_{\text{sen}} = \frac{\text{保护装置的动作阻抗}}{\text{保护范围内发生金属性短路时故障阻抗的计算值}}$$

具体对保护 1 的距离Ⅱ段而言，在本线路末端短路时其测量阻抗为 $Z_{\text{E-F}}$，因此灵敏系数为

$$K_{\text{sen}} = \frac{Z_{\text{set.1}}^{\text{II}}}{Z_{\text{E-F}}} \tag{4-49}$$

一般要求 $K_{\text{sen}} \geq 1.25$，若不满足要求，则距离保护Ⅱ段应与相邻元件的保护Ⅱ段相配合，进一步延伸保护范围，并延长动作时限。

3. 距离Ⅲ段保护

(1) 第Ⅲ段的整定阻抗　按躲过正常运行时的最小负荷阻抗整定，当线路上流过最大负荷电流 $\dot{I}_{\text{L.max}}$ 且母线电压最低时（用 $\dot{U}_{\text{L.min}}$ 表示），在线路始端所测量到的负荷阻抗最小，其值为

$$Z_{\text{L.min}} = \frac{\dot{U}_{\text{L.min}}}{\dot{I}_{\text{L.max}}} \tag{4-50}$$

其中，正常运行时母线电压的最小值 $\dot{U}_{\text{L.min}}$，一般取 0.9 倍的额定电压。参照过电流保护的整定原则，考虑到外部故障切除后，在电动机自起动的情况下，保护第Ⅲ段必须立即返回的要求，当采用全阻抗特性时，其整定值为

$$Z_{\text{set.1}}^{\text{III}} = \frac{1}{K_{\text{rel}}^{\text{III}} K_{\text{Ms}} K_{\text{re}}} Z_{\text{L.min}} \tag{4-51}$$

式中，Ⅲ段可靠系数 $K_{\text{rel}}^{\text{III}}$ 一般取 1.2~1.25；电动机自起动系数 K_{Ms} 一般取 1.5~2.5；阻抗元件的返回系数 K_{re} 一般取 1.15~1.25。

当距离保护第Ⅲ段采用方向阻抗元件时，需要考虑其动作阻抗随阻抗角 φ_k 的变化关系以及正常运行时负荷潮流和功率因数的变化，整定值为

$$Z_{\text{set.1}}^{\text{III}} = \frac{1}{K_{\text{rel}}^{\text{III}} K_{\text{Ms}} K_{\text{re}} \cos(\varphi_{\text{sen}} - \varphi_L)} Z_{\text{L.min}} \tag{4-52}$$

其中，阻抗元件的最大灵敏角 φ_{sen} 取线路阻抗角 φ_k，φ_L 取正常运行时负荷阻抗角的最大值，

以保证选择性。如图 4-20 所示，采用方向阻抗元件能得到较好的躲负荷性能。

（2）动作时限的整定 距离保护Ⅲ段的动作时间，应比与之配合的相邻元件保护动作时间大一个时间级差 Δt，但考虑到距离Ⅲ段一般不经振荡闭锁，所以动作时间不应该小于最大的振荡周期（1.5~2s）。

（3）灵敏度校验 距离保护第Ⅲ段既作为本线路Ⅰ、Ⅱ段保护的近后备，又作为相邻元件的远后备。灵敏度应分别进行校验。以图 4-19 所示网络接线的保护 1 为例：

作为近后备时，按本线路末端短路校验，即

$$K_{\text{sen.1.L}} = \frac{Z_{\text{set.1}}^{\text{Ⅲ}}}{Z_{\text{E-F}}} \tag{4-53}$$

作为远后备时，按相邻元件末端短路校验，即

$$K_{\text{sen.1.R}} = \frac{Z_{\text{set.1}}^{\text{Ⅲ}}}{Z_{\text{E-F}} + K_{\text{bra.max}} Z_{\text{next}}} \tag{4-54}$$

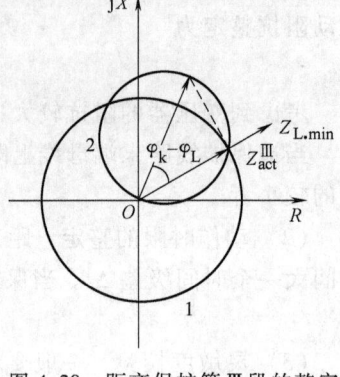

图 4-20 距离保护第Ⅲ段的整定

式中，Z_{next} 为相邻元件（线路，变压器等）的阻抗；为保证在各种运行方式下保护动作的灵敏性，$K_{\text{bra.max}}$ 取相邻元件末端短路时对应的分支系数最大值。

【例 4-1】 图 4-21 所示网络中，各段线路均装有距离保护，试对三段式距离保护 1（拟采用全阻抗元件）进行整定计算，并校验其灵敏系数。如果距离Ⅲ段灵敏系数不满足要求，应采用什么措施？已知线路 E-F 的 $I_{\text{L.max}} = 300\text{A}$，$\cos\varphi_L = 0.866$，$\varphi_{\text{sen}} = 75°$，$K_{\text{rel}}^{\text{Ⅰ}} = 0.85$，$K_{\text{rel}}^{\text{Ⅱ}} = 0.8$，$K_{\text{rel}}^{\text{Ⅲ}} = 1.2$，$K_{\text{Ms}} = 1.5$，$K_{\text{re}} = 1.15$，$\Delta t = 0.5\text{s}$，单位线路阻抗为 $0.4\Omega/\text{km}$。

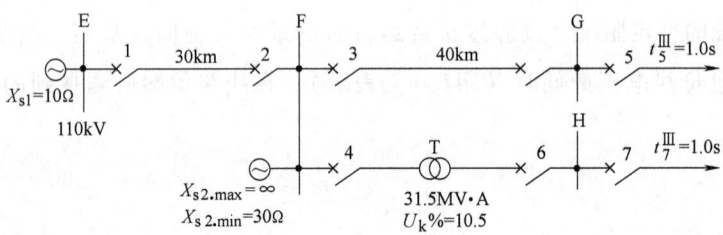

图 4-21 例 4-1 图

解：（1）相关元件阻抗计算

$$Z_{\text{E-F}} = 0.4 \times 30\Omega = 12\Omega$$

$$Z_{\text{F-G}} = 0.4 \times 40\Omega = 16\Omega$$

$$Z_{\text{T}} = 10.5\% \times \frac{115^2}{31.5}\Omega = 44.1\Omega$$

（2）距离Ⅰ段的整定与校验

1）整定阻抗 $Z_{\text{set.1}}^{\text{Ⅰ}} = K_{\text{rel}}^{\text{Ⅰ}} \times Z_{\text{E-F}} = 0.85 \times 12\Omega = 10.2\Omega$。

2）动作时限 $t_1^{\text{Ⅰ}} = 0\text{s}$。

3）保护范围 保护本线路全长的 85%。

（3）距离Ⅱ段的整定与校验

1）整定阻抗 按下面两个原则进行整定：

① 与相邻线路 F-G 的保护 3 距离 Ⅰ 段配合（设 k_1 点为保护 3 的 Ⅰ 段保护末端），如图 4-22 所示，即

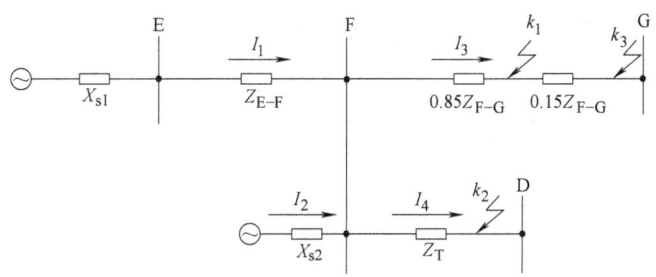

图 4-22 例题解答图

$$Z_{set.3}^{I} = K_{rel}^{I} \times Z_{F-G} = 0.85 \times 16\Omega = 13.6\Omega$$

保护 1 的 Ⅱ 段整定公式为

$$Z_{set.1}^{II} = K_{rel}^{II}(Z_{E-F} + K_{bra.min} Z_{set.3}^{I})$$

在 k_1 点短路时，与保护 1 配合的分支系数为

$$K_{bra} = \frac{I_3}{I_1} = \frac{I_1 + I_2}{I_1} = 1 + \frac{X_{s1} + X_{E-F}}{X_{s2}}$$

可以看出当两系统阻抗分别取 $X_{s1.min}$ 和 $X_{s2.max}$ 时，分支系数为最小，此时有 $K_{bra.min} = 1$。所以可求得

$$Z_{set.1}^{II} = K_{rel}^{II}(Z_{E-F} + K_{bra.min} Z_{set.3}^{I}) = 0.8 \times (12 + 1 \times 13.6)\Omega = 20.48\Omega$$

② 躲过变压器低压侧出口短路（k_2 点）。在 k_2 点短路时，与保护 1 配合的分支系数为

$$K_{bra} = \frac{I_4}{I_1} = \frac{I_1 + I_2}{I_1} = 1 + \frac{X_{s1} + X_{E-F}}{X_{s2}}$$

同理，分支系数最小值为 $K_{bra.min} = 1$。于是

$$Z_{set.1}^{II} = K_{rel}^{II}(Z_{E-F} + K_{bra.min} Z_T) = 0.8(12 + 1 \times 44.1)\Omega = 44.88\Omega$$

以上两个原则所得的计算值取较小者作为距离 Ⅱ 段整定值，即 $Z_{set.1}^{II} = 20.48\Omega$。

2) 动作时限 $t_1^{II} = t_3^{I} + \Delta t = 0.5s$

3) 灵敏性校验

$$K_{sen} = \frac{Z_{set.1}^{II}}{Z_{E-F}} = \frac{20.48}{12} = 1.71 > 1.3 \quad 满足要求$$

（4）距离 Ⅲ 段的整定与校验

1) 整定阻抗 $U_{L.min}$ 取母线额定电压的 0.9，母线额定电压取 110kV 的平均额定电压 115kV，则最小负荷阻抗为

$$Z_{L.min} = \frac{U_{L.min}}{I_{L.max}} = \frac{0.9 \times 115}{\sqrt{3} \times 0.3}\Omega = 199.2\Omega$$

当采用全阻抗元件时，整定值为

$$Z_{set.1}^{III} = \frac{Z_{L.min}}{K_{rel}^{III} \times K_{Ms} \times K_{re}} = \frac{199.2}{1.2 \times 1.5 \times 1.15}\Omega = 96.2\Omega$$

2) 动作时限　　$t_1^{\text{III}} = \max\{t_5^{\text{III}}, t_7^{\text{III}}\} + 2\Delta t = 1 + 0.5 + 0.5\text{s} = 2.0\text{s}$

3) 灵敏性校验

近后备　　$K_{\text{sen.1.L}} = \dfrac{Z_{\text{set.1}}^{\text{III}}}{Z_{\text{E-F}}} = \dfrac{96.2}{12} = 8.02 > 1.5$　　满足要求

远后备

按 F-G 线路末端短路（如图 4-22 所示的 k_3 点）校验：

当 k_3 点短路时，与保护 1 配合的分支系数最大值为

$$K_{\text{bra.max}} = 1 + \dfrac{X_{\text{s1.max}} + Z_{\text{E-F}}}{X_{\text{s2.min}}} = 1 + \dfrac{10 + 12}{30} = 1.73$$

$$K_{\text{sen.1.R}} = \dfrac{Z_{\text{set.1}}^{\text{III}}}{Z_{\text{E-F}} + K_{\text{bra.max}} Z_{\text{F-G}}} = \dfrac{96.2}{12 + 1.73 \times 16} = 2.42 > 1.2 \quad \text{满足要求}$$

按变压器 T 低压侧出口短路（如图 4-22 所示的 k_2 点）校验：

可求得 k_2 点短路时，与保护 1 配合的分支系数最大值仍然是 $K_{\text{bra.max}} = 1.73$

$$K_{\text{sen.1.R}} = \dfrac{Z_{\text{set.1}}^{\text{III}}}{Z_{\text{E-F}} + K_{\text{bra.max}} Z_{\text{T}}} = \dfrac{96.2}{12 + 1.73 \times 44.1} = 1.09 < 1.2 \quad \text{不满足要求}$$

即保护 1 在采用全阻抗元件时，作为变压器 T 低压侧出口短路的Ⅲ段远后备不满足要求。为解决此问题，可采用方向阻抗元件，由 $\cos\varphi_{\text{L}} = 0.866$，得 $\varphi_{\text{L}} = 30°$。此时

$$Z_{\text{set.1(方向阻抗元件)}}^{\text{III}} = \dfrac{Z_{\text{set.1(全阻抗元件)}}^{\text{III}}}{\cos(\varphi_{\text{sen}} - \varphi_{\text{L}})} = \dfrac{96.2}{\cos(75° - 30°)}\Omega = 136\Omega$$

$$K_{\text{sen.1.R(方向阻抗元件)}} = \dfrac{Z_{\text{set.1(方向阻抗元件)}}^{\text{III}}}{Z_{\text{E-F}} + K_{\text{bra.max}} Z_{\text{T}}} = \dfrac{136}{12 + 1.73 \times 44.1} = 1.54 > 1.2 \quad \text{满足要求}$$

二、对距离保护的评价

根据对继电保护所提出的基本要求和实际运行经验，对距离保护可以做出如下的评价：

1) 距离保护可以在多电源复杂网络中保证动作的选择性。除可以应用于输电线路的保护外，还可以作为发电机、变压器等元件的后备保护。

2) 距离保护与电流、电压保护相比较具有更高的灵敏度、更稳定的保护范围，且受系统运行方式的影响较小。但是由于接线和算法较复杂，因而可靠性较低。

3) 距离保护由于只反应于线路一侧的电气量，与其他的阶段式保护如电流保护相似，不能从线路两侧瞬时切除内部故障。这在 220kV 及以上电压等级的网络中，有时不能满足系统稳定运行的要求，因而不能作为主保护应用。

第五节　影响距离保护正确工作的因素及对策

一、短路点过渡电阻对距离保护的影响

电力系统中的短路一般都不是金属性的，短路点通常存在过渡电阻。短路点的过渡电阻 R_{t} 是指当相间短路或接地短路时，短路电流从一相流到另一相或从相导线流入地的路径中

所通过物质的电阻。包括电弧电阻、中间物质的电阻、相导线与大地之间的接触电阻、金属杆塔的接地电阻等。在相间短路时，过渡电阻主要由电弧电阻构成。电弧电阻具有非线性的性质，其大小与电弧长度成正比，而与电弧电流成反比。在一般情况下，短路初瞬间，电弧电流最大，弧长最短，这时弧阻最小。几个周期后，电弧逐渐伸长，弧阻有急速增大之势。相间短路的电弧电阻一般在数欧至十几欧之间。

在导线对铁塔放电的接地短路时，铁塔及其接地电阻构成过渡电阻的主要部分。铁塔的接地电阻与大地导电率有关。对于跨越山区的高压线路，铁塔的接地电阻可达数十欧以上。此外，当导线通过树木或其他物体对地短路时，过渡电阻可能更高，难以准确计算。目前我国对 500kV 线路接地短路的最大过渡电阻按 300Ω 估计，对 220kV 线路则按 100Ω 估计。

过渡电阻的存在，将使距离保护的测量阻抗发生变化，从而可能造成保护的不正确动作。

1. 单侧电源线路上过渡电阻的影响

如图 4-23 所示，当线路 F-G 始端经 R_t 短路，则保护 2 的测量阻抗为 $Z_{m.2} = R_t$，保护 1 的测量阻抗为 $Z_{m.1} = Z_{E-F} + R_t$。显然测量阻抗 $Z_{m.1}$ 受 R_t 的影响较小。当 R_t 较大时，可能出现 $Z_{m.2}$ 已超出保护 2 第 I 段整定的特性圆范围；而 $Z_{m.1}$ 仍位于保护 1 第 II 段整定的特性圆范围以内的情况，如图 4-24 所示，此时两个保护均以第 II 段的时限动作，可能会导致无选择性的跳闸。

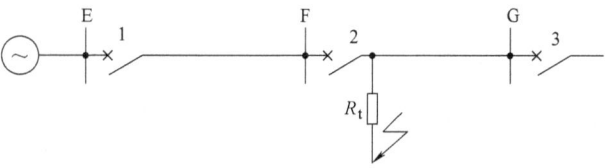

图 4-23 单侧电源线路经过渡电阻 R_t 短路的接线图

由以上分析可见，短路点的过渡电阻 R_t 总是使阻抗元件的测量阻抗增大，从而使保护范围缩短。保护装置距短路点越近，受过渡电阻的影响越大。同时，保护装置的整定值越小，受过渡电阻的影响也越大。因此对短线路的距离保护应特别注意过渡电阻的影响。

2. 双侧电源线路上过渡电阻的影响

如图 4-25 所示的双侧电源线路上，如在线路 F-G 的始端经过渡电阻 R_t 三相短路时，$\dot{I}'_k$ 和 $\dot{I}''_k$ 分别为两侧电源供给的短路电流，则流经 R_t 的电流为 $\dot{I}_k = \dot{I}'_k + \dot{I}''_k$，此时母线 E 和 F 上的残余电压为

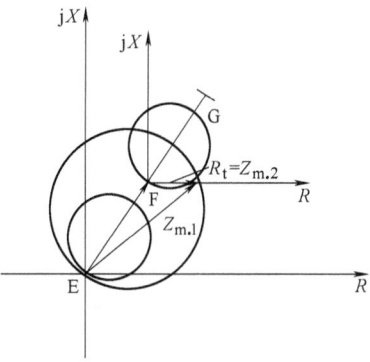

图 4-24 过渡电阻对不同安装地点距离保护影响的分析

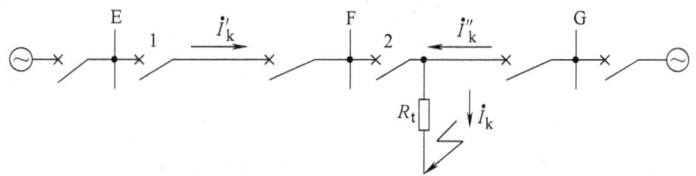

图 4-25 双侧电源线路经过渡电阻 R_t 短路的接线图

$$\dot{U}_F = \dot{I}_k R_t \quad (4\text{-}55)$$

$$\dot{U}_E = \dot{I}_k R_t + \dot{I}'_k Z_{E\text{-}F} \quad (4\text{-}56)$$

则保护 2 和 1 的测量阻抗为

$$Z_{m.2} = \frac{\dot{U}_F}{\dot{I}'_k} = \frac{\dot{I}_k}{\dot{I}'_k} R_t = \frac{I_k}{I'_k} R_t e^{j\alpha} \quad (4\text{-}57)$$

$$Z_{m.1} = \frac{\dot{U}_E}{\dot{I}'_k} = Z_{E\text{-}F} + \frac{I_k}{I'_k} R_t e^{j\alpha} \quad (4\text{-}58)$$

其中，α 表示 $\dot{I}_k$ 超前于 $\dot{I}'_k$ 的角度。当 α 为正时，测量阻抗的电抗部分增大，从而使保护范围缩短，有可能造成保护拒动；而当 α 为负时，测量阻抗的电抗部分减小，使得保护范围延长，有可能引起保护误动作，导致距离保护的稳态超越。

3. 克服过渡电阻影响的措施

在图 4-26a 所示的网络中，假定保护 1 的距离 I 段采用不同特性的阻抗元件，它们的整定值都选择为 $0.85Z_{E\text{-}F}$。假设在距离 I 段保护范围内阻抗为 Z_k 处经过渡电阻 R_t 短路，则保护 1 的测量阻抗为 $Z_{m.1} = Z_k + R_t$。由图 4-26b 可见，当过渡电阻分别达到 R_{t1}、R_{t2} 和 R_{t3} 时，具有透镜型特性的阻抗元件、方向阻抗元件和全阻抗元件依次开始拒动。一般来说，在整定值相同的情况下，阻抗元件的动作特性在 $+R$ 轴方向所占的面积越小，受过渡电阻的影响越大。

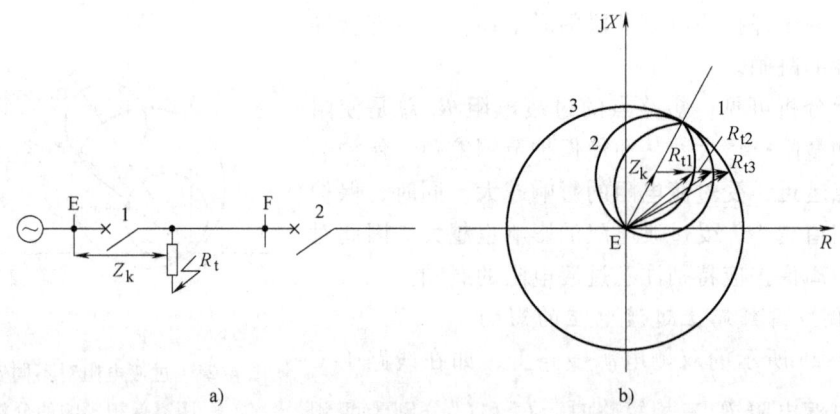

图 4-26 过渡电阻对不同动作特性阻抗元件影响的比较
a) 网络接线 b) 对不同动作特性阻抗元件的影响

因此，可以采用能容许较大的过渡电阻而不致拒动的阻抗特性元件，来克服过渡电阻的影响。如图 4-14 所示的四边形特性阻抗元件在 $+R$ 轴方向所占的面积足够大，且在保护区的始端和末端都有比较大的动作区，所以有较好的承受过渡电阻的能力。四边形的上边适当地向下倾斜一个角度，可以防止过渡电阻使测量电抗减少时阻抗元件的稳态超越。对于接地短路时可能出现的较大过渡电阻，也可以利用不同动作特性的复合，以获得较好的抗过渡电阻性能。

二、电力系统振荡对距离保护的影响及振荡闭锁回路

电力系统运行时,由于输电线路输送功率过大而超过静稳定极限、无功功率不足而引起系统电压降低、短路故障切除缓慢或非同期自动重合闸不成功等原因,都可能引起系统振荡。当电力系统振荡时,系统中各点的电压、线路电流和功率的大小、方向都将发生周期性地变化,因而阻抗元件的测量阻抗也将周期性地变化。当测量阻抗进入阻抗元件的动作区域时,距离保护将可能动作。

电力系统振荡虽然属于严重的不正常运行状态,但是大多数情况下能够通过自动装置的调节自行恢复同步,或者在预定的地点由专门的振荡解列装置动作解开已经失步的系统。如果在振荡过程中继电保护装置动作切除了重要的联络线,或断开电源和负荷,不仅不利于振荡的自动恢复,而且有可能使事故扩大,造成更为严重的后果。

因此对于距离保护需要考虑电力系统振荡对其工作的影响,而且必须有振荡闭锁措施,以防止系统振荡时保护装置的误动。

1. 电力系统振荡时电流、电压的变化规律

现以图 4-27 所示的双侧电源网络为例,分析系统振荡时各种电气量的变化规律。假设在系统全相运行时发生系统振荡,由于三相系统仍然对称,故可以按照单相系统来研究。

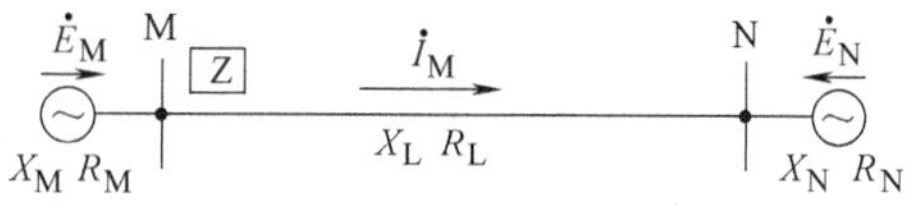

图 4-27 双侧电源系统接线

如以电动势 $\dot{E}_M$ 为参考相量,则 $\dot{E}_M = E_M$。在系统振荡时,可认为 N 侧系统等值电动势 $\dot{E}_N$ 围绕 $\dot{E}_M$ 旋转或摆动。因此 $\dot{E}_N$ 落后于 $\dot{E}_M$ 的角度 δ 在 $0° \sim 360°$ 之间变化

$$\dot{E}_N = E_N e^{-j\delta} \tag{4-59}$$

设 $h = \dfrac{E_N}{E_M}$ 表示两侧系统电动势幅值之比,则在任意 δ 角度时,两侧电源的电动势差可以表示为

$$\Delta \dot{E} = \dot{E}_M - \dot{E}_N = E_M \left(1 - \frac{E_N}{E_M} e^{-j\delta}\right) = E_M (1 - h e^{-j\delta}) \tag{4-60}$$

此时由 M 侧流向 N 侧的电流(又称为振荡电流)$\dot{I}_M$ 为

$$\dot{I}_M = \frac{\Delta \dot{E}}{Z_M + Z_L + Z_N} = \frac{E_M}{Z_\Sigma}(1 - h e^{-j\delta}) \tag{4-61}$$

此电流落后于电动势差 $\dot{E}_M - \dot{E}_N$ 的角度为系统总阻抗角 φ_Σ,有

$$\varphi_\Sigma = \arctan \frac{X_M + X_L + X_N}{R_M + R_L + R_N} = \arctan \frac{X_\Sigma}{R_\Sigma} \tag{4-62}$$

由此可见,振荡电流的幅值与相位都与振荡角度 δ 有关。只有当 δ 恒定不变时,振荡电流才是纯正弦函数。假设两侧系统电动势幅值相等,即 $h=1$,则振荡电流的幅值为 $I_M = \dfrac{2E_M}{Z_\Sigma} \sin \dfrac{\delta}{2}$,如图 4-28 所示。

振荡时系统中性点电位仍保持为零,故线路两侧母线的电压 $\dot{U}_M$ 和 $\dot{U}_N$ 为

$$\dot{U}_M = \dot{E}_M - \dot{I}_M Z_M \quad (4\text{-}63)$$

$$\dot{U}_N = \dot{E}_M - \dot{I}_M (Z_M + Z_L) = \dot{E}_N + \dot{I}_M Z_N \quad (4\text{-}64)$$

当全系统的阻抗角相等且 $h=1$ 时,按照上述关系式可画出相量图如图 4-29a 所

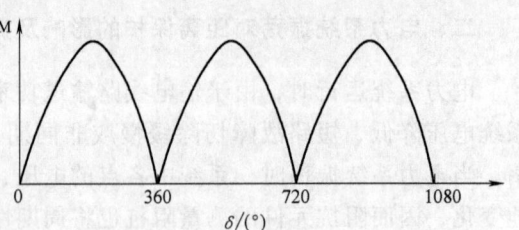

图 4-28 电力系统振荡时电流幅值的变化 ($h=1$)

示。如果输电线是均匀的,则输电线上各点电压矢量的端点沿着直线 ($\dot{U}_M - \dot{U}_N$) 移动。从原点与此直线上任一点连线所作成的矢量即代表输电线上该点的电压。从原点作直线 ($\dot{U}_M - \dot{U}_N$) 的垂线所得的矢量最短,垂足 z 所代表的输电线上那一点在振荡角度 δ 下的电压最低,该点称为系统在振荡角度为 δ 时的电气中心或称振荡中心。此时系统中 M、N 和 z 点的电压幅值随 δ 变化的曲线如图 4-29b 所示。U_z 相邻两个过零点所对应的时间即为振荡周期。

当全系统阻抗角均相等且两侧电势幅值相等时,电气中心不随 δ 的改变而移动,始终位于系统纵向总阻抗 ($Z_M + Z_L + Z_N$) 之中点,电气中心的名称即由此而来。当 $\delta = 180°$,振荡中心的电压降为零。从电压电流的幅值看,这和在该点发生三相短路类似。但是系统振荡属于不正常运行状态而非故障,继电保护装置不应动作切除振荡中心所在的线路。因此,继电保护装置必须具备区别三相短路和系统振荡的能力,才能保证在系统振荡状态下的正确工作。

应当指出,如果系统各部分阻抗角不相同,那么振荡中心的位置会随着 δ 变化而变化,有时可能移出线路,甚至进入变压器或发电机内部。

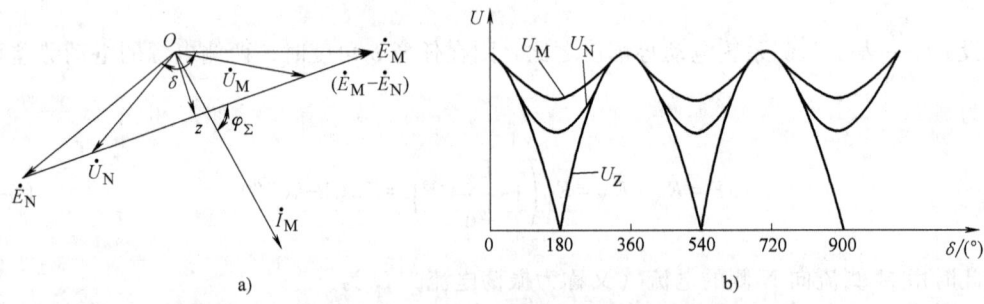

图 4-29 电力系统振荡时电压的变化(全系统阻抗角相等且 $h=1$)
a) 相量图 b) 各点电压幅值的变化

2. 电力系统振荡对距离保护的影响

设距离保护安装在图 4-27 所示的变电所 M 侧的线路上。根据前面的分析可知,M 侧阻抗元件的测量阻抗 Z_m 为

$$Z_m = \frac{\dot{U}_M}{\dot{I}_M} = \frac{\dot{E}_M - \dot{I}_M Z_M}{\dot{I}_M} = \frac{\dot{E}_M}{\dot{I}_M} - Z_M = \frac{\dot{E}_M}{\dot{E}_M - \dot{E}_N} Z_\Sigma - Z_M$$

$$= \frac{1}{1 - h e^{-j\delta}} Z_\Sigma - Z_M \quad (4\text{-}65)$$

在近似计算中,假定 $h=1$ 且系统和线路的阻抗角相同,则测量阻抗 Z_m 随 δ 的变化关系为

$$Z_m = \frac{1}{1-e^{-j\delta}} Z_\Sigma - Z_M = \frac{1}{2} Z_\Sigma \left(1 - j\cot\frac{1}{2}\delta\right) - Z_M$$

$$= \left(\frac{1}{2} Z_\Sigma - Z_M\right) - j\frac{1}{2} Z_\Sigma \cot\frac{1}{2}\delta \tag{4-66}$$

将此测量阻抗 Z_m 随 δ 变化的关系,画在以保护安装地点 M 为原点的复数阻抗平面上,如图 4-30 所示,当全系统所有阻抗角都相同时,测量阻抗 Z_m 将在 Z_Σ 的垂直平分线 $\overline{OO'}$ 上移动。当 $\delta = 0°$ 时,$Z_m = \left(\frac{1}{2} Z_\Sigma - Z_M\right) - j\infty$,对应 O 点;当 $\delta = 180°$ 时,$Z_m = \frac{1}{2} Z_\Sigma - Z_M$,即等于保护安装地点到振荡中心之间的阻抗;当 $\delta = 360°$ 时,$Z_m = \left(\frac{1}{2} Z_\Sigma - Z_M\right) + j\infty$,对应 O' 点。此分析结果表明,当 δ 改变时,不仅测量阻抗的数值在变化,而且阻抗角也在变化,其变化的范围在 $(\varphi_k - 90°)$ 到 $(\varphi_k + 90°)$ 之间。

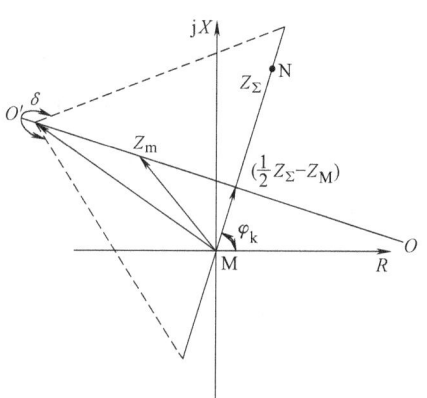

图 4-30 系统振荡时测量阻抗的变化
(全系统阻抗角相等且 $h=1$)

当两侧系统的电动势不相等,即 $h \neq 1$ 时,可以证明测量阻抗的变化轨迹应是位于直线 $\overline{OO'}$ 某一侧的一个圆,如图 4-31 所示,当 $h<1$ 时,为位于 $\overline{OO'}$ 上面的圆周 1,而当 $h>1$ 时,则为下面的圆周 2。在这种情况下,当 $\delta = 0°$ 时,由于两侧电动势不相等而产生一个环流,因此测量电抗不等于 ∞,而是一个位于圆周上的有限数值。

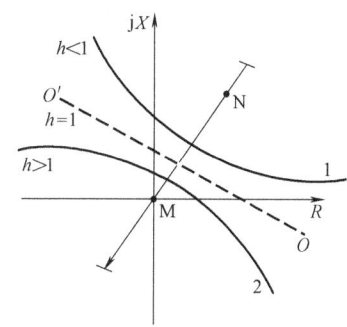

图 4-31 当 $h \neq 1$ 时,测量阻抗的变化轨迹

引用以上推导结果,可以分析系统振荡时距离保护所受到的影响。如仍以变电所 M 处的距离保护为例,其距离 I 段起动阻抗整定为 $0.85Z_L$,如图 4-32 所示,假定全系统阻抗角相同且 $h=1$,图中曲线 1 为方向阻抗元件特性,曲线 2 为全阻抗元件特性。当系统振荡时,找出各种动作特性与直线 $\overline{OO'}$ 的交点,其所对应的角度为 δ' 和 δ''。测量阻抗落在这两个交点之间的范围时,位于动作特性圆内,因此,阻抗元件就要起动,也就是说,在这段范围内,距离保护受振荡的影响可能误动作。由图 4-32 中可见,在同样整定值的条件下,全阻抗元件较方向阻抗元件受系统振荡的影响大。一般而言,阻抗元件的动作特性在阻抗平面上沿 $\overline{OO'}$ 方向所占的面积越大,受振荡的影响就越大。但是如果保护的动作带有较大的延时(如距离Ⅲ段),就可以利用延时躲开振荡的影响。

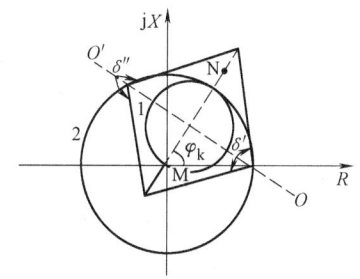

图 4-32 不同阻抗特性元件受系统振荡的影响

方向（第Ⅲ象限），因而结果仍是一样的。

从图中可见，保护1的整定圆1应通过保护1安装点。为了保证选择性，I点应位于圆1之外。保护3的整定圆3应通过保护3安装点I。因N点位于圆3之内，故在N点及其附近的相邻线路上短路时，保护3将误动。保护4的整定圆4应通过保护4安装点J向下画。N点应置于圆4之外，不会误动。保护2的整定圆2应通过保护2安装点N向下画。在反方向I点附近短路时，保护2将要误动。

由上述可知，当串补电容设置于变电所或开关站母线之间时，在远离串补电容的两端，距离保护Ⅰ段的保护范围将大大缩短。而在靠近电容端的两端，距离保护Ⅰ段的保护范围虽较长，和没有电容器时一样，但在反方向电容器背后及其附近的相邻线路上短路时，保护将要误动，必须采取措施加以防止。

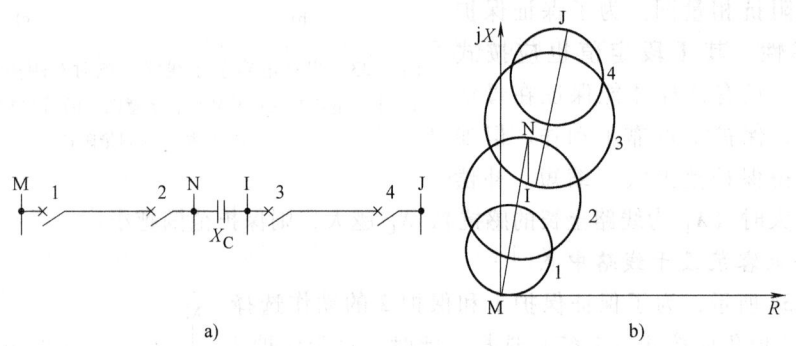

图4-35 串补电容装于变电站或开关站母线之间时对距离保护的影响
a) 串补电容和保护位置示意图　b) 各保护装置的测量阻抗

防止电容器后短路时保护误动作的措施有以下几种：

（1）用直线型阻抗元件或功率方向元件闭锁　图4-36a所示为当补偿度较小，误动作区域（如图4-35b中MN线在圆3内或JI线进入圆2内的部分）不大时，可用一倾斜角较小的直线特性阻抗元件切去直线以下的圆周。图4-36b所示为当补偿度较大时，用一倾斜角较大的直线特性切去误动作区域。用此方法可以可靠地消除反方向短路的误动区，但在正方向保护出口的一段线路上短路时，保护将要拒动。此拒动区域较小，可以用电流速断保护来补救。

（2）利用方向阻抗元件的"记忆"作用实现闭锁　利用方向阻抗元件的记忆作用可消

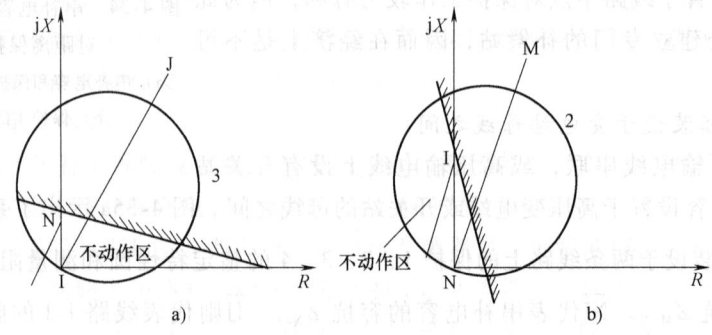

图4-36 用直线型阻抗元件防止电容器后短路时距离保护误动作
a) 补偿度较小时　b) 补偿度较大时

除上述距离保护 I 段的拒动区和误动区。对于图 4-37a 所示的系统，由以上分析可知，当 FH 段上 k 点短路且串补电容未被短接时，保护 3 将拒动，而保护 2 将误动。图 4-37b 所示的实线圆为保护 3 的静态特性圆。在 k 点短路时，保护 3 安装点到故障点的阻抗为 $-X_C$，而其动态特性则是以 $(Z_s+Z_{set.3}^I)$ 为直径所做的虚线圆，Z_s 代表从保护 3 安装点至 E_I 侧系统中性点的阻抗，$Z_{set.3}^I$ 则为保护 3 的 I 段整定值。故在 "记忆" 作用消失前，保护 3 安装点到故障点的阻抗在动作区内，可以动作。图 4-37c 示出保护 2 的动态特性（虚线圆）和静态特性（实线圆）。Z_s' 为从保护 2 安装点至 E_I 侧系统中性点的阻抗。由图可见，当 k 点短路时，在记忆作用消失前，保护 2 的测量阻抗在动态特性圆外，不会误动。在记忆消失后，因测量阻抗在静态特性圆内，保护 2 将要误动。如果加强其记忆作用，使其记忆的时间大于保护 3 的动作和切除故障的时间，或者当保护 3 动作时，通过其出口继电器接点将保护 2 闭锁，则可防止保护 2 误动作。这是一种消除距离保护装置不正确动作的有效而简便的方法，已在工程实践中得到了应用。

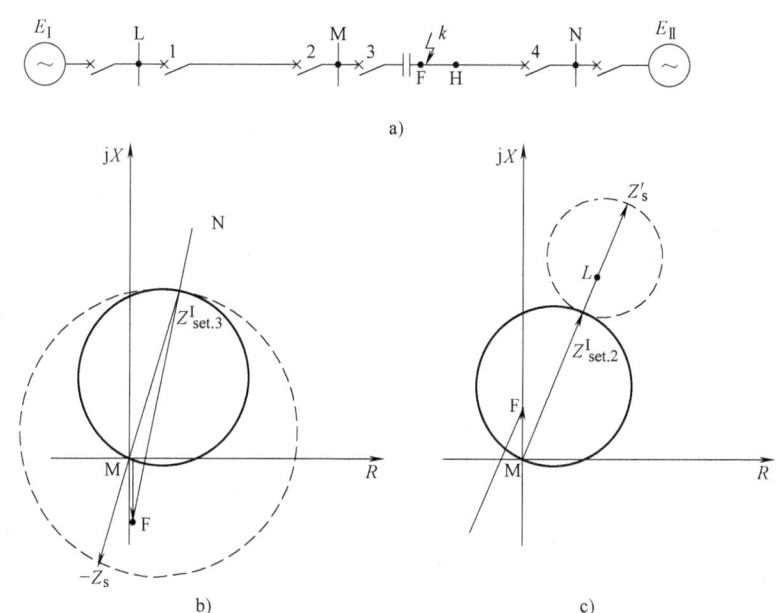

图 4-37　采用 "记忆" 作用消除串补电容后（k 点）短路时距离保护的误动和拒动
a) 串补电容和保护装置位置示意图　b) k 点短路时保护 3 的静态（实线圆）和动态（虚线圆）特性
c) k 点短路时保护 2 的静态（实线圆）和动态（虚线圆）特性

除了上述影响因素外，还有几种因素也能影响距离保护的正确工作，如短路电流中的暂态分量、电流互感器的过渡过程、电容式电压互感器的过渡过程、输电线路的非全相运行、电网频率的变化、平行双回线零序互阻抗等。这里不作详细介绍，可参阅相关文献。

习题与思考题

1. 什么叫距离保护？距离保护所反应的实质是什么？它与电流保护的主要区别是什么？
2. 什么叫测量阻抗、动作阻抗、整定阻抗、短路阻抗、负荷阻抗？它们之间有什么不同？
3. 具有圆特性的全阻抗、偏移特性阻抗和方向阻抗元件各有何特点？利用全阻抗、偏移特性阻抗或方向阻抗元件作为距离保护的测量元件时，试问：

(1) 反方向故障时，采取哪些措施才能保证距离保护不动作？

(2) 正方向出口短路时，接到阻抗元件上的电压降为零或趋于零时是否有死区？如有死区应该如何减小或消除？

4. 电压互感器和电流互感器的误差对距离保护有什么影响？如果线路发生短路时，由于电流互感器铁心饱和而使它出现负误差时，距离保护的保护范围有什么变化（伸长或缩短）？如果发生短路时，由于电压下降很严重，电压互感器铁心工作于其磁化曲线的起始部分（即磁导率下降）使误差增加，此时保护范围有什么变化（伸长或缩短）？

5. 有两种原理可以用来分析圆特性和直线特性阻抗元件的动作特性及其构成方法，试说明这两种原理是什么？两者之间有什么关系？

6. 在给方向阻抗元件的电流和电压线圈接入电流、电压时，一定要注意不要接错极性，如果接错会发生什么后果？对全阻抗元件和偏移阻抗元件，是否也应注意不要接错极性，为什么？

7. 何谓0°接线？相间短路用方向阻抗元件为什么常常采用0°接线？为什么不用相电压和本相电流的接线方式？

8. 何谓方向阻抗元件的最大灵敏角？为什么要调整其最大灵敏角等于被保护线路的阻抗角？

9. 方向阻抗元件为什么会有死区？如何消除？试问：

(1) 采用"记忆回路"可以消除阻抗元件在所有类型故障时的死区（包括暂态和稳态）？这种说法对吗？为什么？

(2) 引入第三相（非故障相）电压可以消除阻抗元件在所有类型故障时的死区（包括暂态和稳态）？这种说法对吗？为什么？

10. 采用接地距离保护有什么优点？接地距离保护采用何种接线方式？

11. 分支系数可以大于1、小于1，也可以等于1，这种说法对吗？为什么整定距离Ⅱ段定值时要考虑最小分支系数？

12. 三段式距离保护的整定原则和三段式电流保护有何异同？距离保护整定计算时，是否需要考虑电源的运行方式？考虑分支系数算不算考虑系统的运行方式？

13. 试全面分析过渡电阻对距离保护的影响。如何消除过渡电阻对距离保护的影响？

14. 电力系统振荡的特点是什么？对继电保护会带来什么影响？应采取哪些措施来防止？

15. 不同特性的阻抗元件（如全阻抗、方向阻抗和偏移特性阻抗元件）在承受过渡电阻的能力上，哪一种最强？在遭受振荡影响的程度上，哪一种最严重？在什么情况下选用何种特性的阻抗元件较好？具体应如何考虑？

16. 网络参数如图4-38所示，各线路首端均装设了三段式距离保护，线路正序阻抗为$0.4\Omega/km$，Ⅰ、Ⅱ段可靠系数均取为0.8。试求：

(1) 保护1和保护2的第Ⅰ、Ⅱ段的动作阻抗和Ⅱ段灵敏度系数。

(2) 当母线G短路时，对保护1配合的最大和最小分支系数。

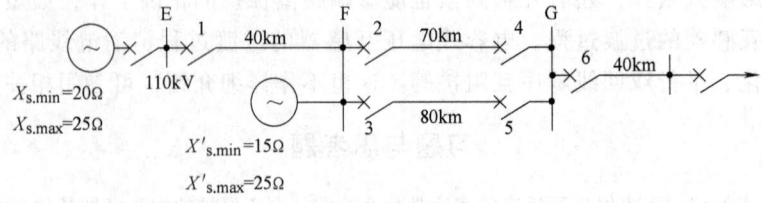

图4-38 题16图

第五章 输电线路的纵联保护

第一节 概　　述

对于被保护的输电线路，传统电流电压保护和距离保护由于无法从根本上克服测量误差等因素的影响，其无延时切除故障的 I 段保护范围无法覆盖线路全长，对于线路末端故障，只有牺牲动作速度来换取选择性。然而对于超高压电网，为了保证系统并列运行的稳定性，减小电气设备受损害的程度，无论被保护线路任何位置的故障，都要求线路保护无延时切除。为此，基于双端测量的纵联保护被引入到输电线路保护中。

为了实现被保护线路全线任意处故障无延时切除，纵联保护需要交换输电线路两侧所测量到的信息，通过比较各侧信息，以判断故障在被保护线路范围内还是在被保护线路外部，从而决定是否切除被保护线路。故采用这种原理的线路保护在理论上具有绝对的选择性。

由于通常输电线路两端相距遥远，要交换信息必须通过某种可靠的通信通道来完成。常见的通信方式主要有高频载波、导引线、微波以及光纤通信等。其中高频载波相对装设成本较低而可靠性较高，故在我国的超高压电网中得到了广泛的应用。由于光纤通信抗干扰能力强，可靠性高，且光缆及其相关通信设备的成本已经逐渐降低到可以接受的范围，故利用光纤通道来交换输电线路两侧信息已成为新建、改建输电线路的首选。

输电线路纵联保护根据其所采用的通信传输方式、传输内容、保护原理以及适用范围等方面的不同而存在很多不同类型，在我国广泛应用的输电线路纵联保护中，按照所交换的信息来分，可以分为交换逻辑信号的纵联方向/距离保护和交换工频电气量的纵联电流差动保护两大类。其中基于逻辑信号的纵联保护主要通过通信通道，将各侧保护根据就地判别如功率方向、阻抗元件等保护判据的结果以逻辑量（"0"或者"1"）的形式传递到对侧。同时根据接收到的对侧传递过来的逻辑信号，综合判断故障所发生的范围。而纵联电流差动保护则依靠交换线路各侧电流的幅值、相位或者瞬时值来鉴别是否是被保护线路发生故障。

第二节　交换逻辑信号的纵联保护

所谓交换逻辑信号的纵联保护，主要指那些装设于线路两侧，通过通信通道将各自对故障位置的判别结果以逻辑信号的形式相互交换，结合各自保护元件的动作情况综合判决动作与否的保护装置。

一、逻辑信号的基本类型

纵联保护通过高频载波、微波、光纤等通道交换的逻辑信号，根据其在纵联保护中所起的作用，可分为闭锁信号、允许信号和跳闸信号，其逻辑框图分别如图 5-1 所示。

闭锁信号用于阻止保护跳闸。只要有闭锁信号，则保护装置不能跳闸。只有当本保护判

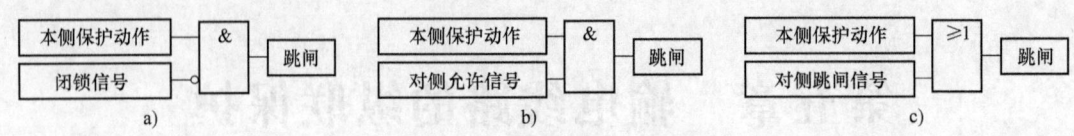

图 5-1 纵联保护信号逻辑框图
a) 闭锁信号 b) 允许信号 c) 跳闸信号

别元件动作,且通道中没有闭锁信号时,保护装置才能动作于跳闸。在闭锁式纵联保护中,如果被保护线路内发生故障,线路两侧的保护均不发出闭锁信号,两侧保护也就收不到闭锁信号,此时,线路两侧保护元件动作于跳闸。而被保护线路外部故障时,任何一侧检测出外部故障的保护立刻发出闭锁信号,此时,线路两侧保护均收到闭锁信号,无论其保护元件动作与否,都不能跳闸输出。

同理,允许信号是开放保护跳闸的信号。只有当本侧保护元件动作,且收到了允许信号,保护装置才动作于跳闸。在允许式纵联保护中,如果被保护线路内发生故障,线路两端互送允许信号,保护都收到对端的允许信号,且本侧保护元件动作后保护装置立即动作于跳闸。当被保护线路外部故障时,近故障端保护元件检测出是外部故障,保护元件不会动作,也不发出允许信号,故该侧保护装置不跳闸。而对侧保护元件即使动作,由于收不到允许信号,保护装置也不会动作于跳闸。为了防止采用允许信号时,被保护线路相间故障可能导致通信通道阻塞的情况,通常还另外增加一种解除闭锁信号,保护装置起动前,两侧保护装置互发不同频率的闭锁信号,若线路相间故障导致通信通道阻塞时,由于收不到允许信号和解除闭锁信号,则保护装置判别是内部故障,然后直接动作于跳闸。

跳闸信号是直接引起保护装置跳闸的信号。无论本侧保护元件动作与否,只要本侧保护启动元件(就地单元)动作并且接收到对侧传来的跳闸信号即动作于跳闸。这种逻辑信号利用本侧的电流、距离 I 段等快速保护动作于内部故障的同时,向线路对侧发出跳闸信号,以最快的速度切除故障线路。为了保证动作的选择性,发出跳闸信号一侧的保护元件的动作范围应小于线路全长,同时为了切除全线任一点故障,线路两侧的快速保护的保护范围必须重叠,否则必然存在动作死区。

二、方向纵联保护

1. 方向纵联保护的基本原理

方向纵联保护通过通信通道交换线路两侧保护元件对故障方向的判别结果,以最终确定是否是被保护线路内部发生故障。根据功率方向元件对正方向的规定,一般以母线指向被保护线路为正方向。以交换闭锁信号的纵联闭锁式方向保护为例,当被保护线路内部发生故障时,线路两侧方向元件所感受到的功率方向均由母线指向线路,即都判定为在本保护正方向上发生了故障,此时,两侧保护装置均不发出闭锁信号,按照图 5-1a 所示逻辑,两侧保护装置迅速动作于跳闸切除发生故障的被保护线路。若被保护线路外部发生故障,则近故障端的方向元件所感受到的功率方向由线路指向母线,即判为反方向故障,保护不会动作,且立即发出闭锁信号。而远故障端的方向元件虽然感受到的功率方向依然为从母线指向线路,没有发出闭锁信号,但由于收到了近故障端发来的闭锁信号,根据闭锁信号逻辑,远故障端保护也不会动作。

在如图 5-2 所示系统中，线路上均装设有纵联闭锁式方向保护。当 F-G 线路上 k 点发生故障时，保护 3 和保护 4 的方向元件感受到正方向故障，均不发出闭锁信号，按照闭锁信号逻辑，保护 3 和保护 4 动作于跳闸断开 F-G 线路。而对于保护 2 和保护 5，由于它们分别感受到反方向故障，故分别发送闭锁信号到保护 1 和保护 6，因此，保护 1、2、5、6 均不能跳闸。

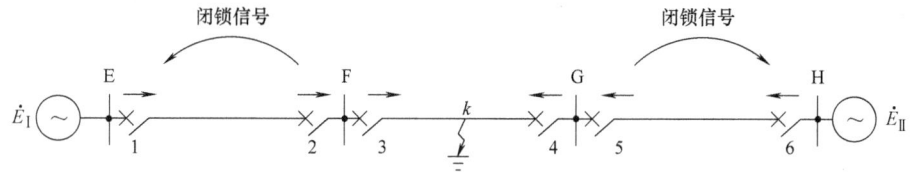

图 5-2　纵联闭锁式方向保护原理图

我国闭锁式纵联保护一般采用短时发信的工作方式，即系统正常运行时，不发出信号，只有系统发生扰动且满足起动发信条件后才可以发信。常见的起动方式有三种形式：

（1）电流起动　图 5-3 为电流起动纵联闭锁式方向保护的逻辑框图，图中 KA_1、KA_2 分别为灵敏度不同的两个电流元件。其中 KA_1 灵敏度较高，用以起动发信，而 KA_2 灵敏度较低，用以起动停信并准备跳闸。为了保证纵联保护的动作正确，图 5-3 中还增设了 T_1、T_2 两个时间元件，T_1 元件瞬时动作，延时 t_1 时间返回，主要是为了适当延长发送闭锁信号的时间，避免外部故障切除后，线路两侧正、反方向元件返回时间不一致导致保护误动。T_2 元件为延时 t_2 时间动作，瞬时返回，主要是为了避免线路两侧方向元件由于灵敏度不一致、信号传输延迟等导致两侧保护失配。

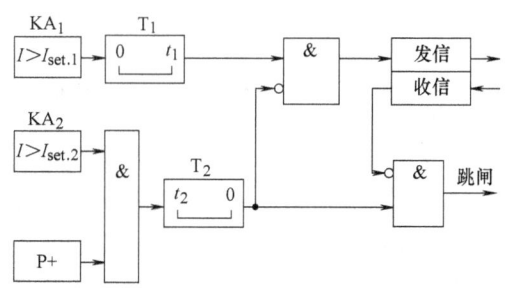

图 5-3　电流起动纵联闭锁式方向保护逻辑框图

对于图 5-2 中 k 点故障时，F-G 线路两侧的纵联闭锁式方向保护的 KA_1 元件首先动作，起动发信，当灵敏度超过 KA_2 整定值时，且线路两侧的方向元件 P+ 判断出正方向，经过 t_2 时刻延迟，闭锁发信回路，即保护停信。当线路两侧纵联保护都收不到闭锁信号后，保护跳闸切除故障线路。对于非故障线路，如线路 G-H，k 点发生故障后，G-H 线路两侧的纵联闭锁式方向保护的 KA_1 元件首先动作，起动发信，远故障侧保护 6 的 KA_2 元件和方向元件 P+ 判断出正方向经过 t_2 时刻延迟动作于停信。而近故障侧保护 5 的 KA_1 元件起动发信后，由于方向元件 P+ 判断出反方向故障，则不输出跳闸信号也不再闭锁发信回路，即持续发出闭锁信号。远故障侧保护 6 由于持续收到近故障侧保护 5 所发出的闭锁信号，使跳闸回路闭锁，保护不会动作。这种起动方式所存在的问题是若某种原因使近故障侧保护不能及时发出闭锁信号可能导致远故障侧保护误动。适当延长 t_2 时间，可以减少误动机会，但延慢跳闸速度。

（2）远方起动　远方起动纵联闭锁式方向保护的逻辑图如图 5-4 所示，与图 5-3 对比，这里只用了一个电流起动元件 KA，它动作后起动发信的同时也开放了方向元件 P+ 的动作输出，除此之外，还增加了一种起动方式，即当收到闭锁信号后，经过 T_3 元件也可以起动发信。这样当系统扰动时，线路两侧纵联保护任何一方起动，不仅可以起动本侧，而且也可以通过通信通道起动对侧保护，即所谓远方起动。

(3) 方向元件起动　如图 5-5 所示，方向元件起动纵联闭锁式方向保护仅依靠方向元件来实现起信和停信。当反方向元件动作时，经过 T_1 时间元件，立刻起动发信同时闭锁本侧跳闸回路。只有当反方向元件不动作、正方向元件动作且收不到对侧发送过来的闭锁信号时，才可以出口跳闸。采用这种起动方式，应该注意正、反方向元件的灵敏度配合。同时，方向元件的整定值也应该躲过正常运行的最大负荷功率，避免误起动。

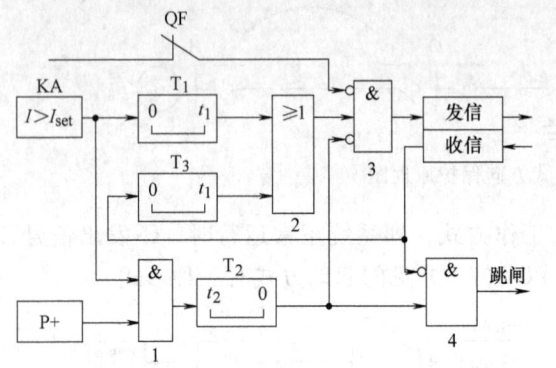

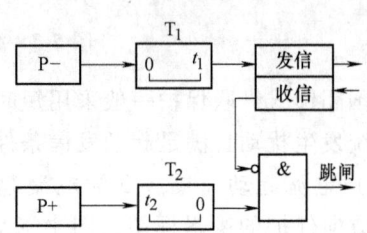

图 5-4　远方起动纵联闭锁式方向保护逻辑框图　　图 5-5　方向元件起动纵联闭锁式方向保护逻辑框图

2. 基于故障分量的方向判别元件的基本原理

顾名思义，所谓故障分量泛指所有电力系统发生扰动后所产生的，有别于正常稳定运行的对称系统的所有各种附加分量。目前基于故障分量的方向判别元件在纵联保护中得到了广泛应用，常见的几种故障分量如：负序分量、零序分量以及突变量。这里重点阐述基于突变量的方向判别原理。

在图 5-6a 所示系统中，对于安装于 M 侧的保护 1 而言，对应正方向 k_1 点和反方向 k_2 点故障，分别有如图 5-6b、d 所示的故障分量附加网络。

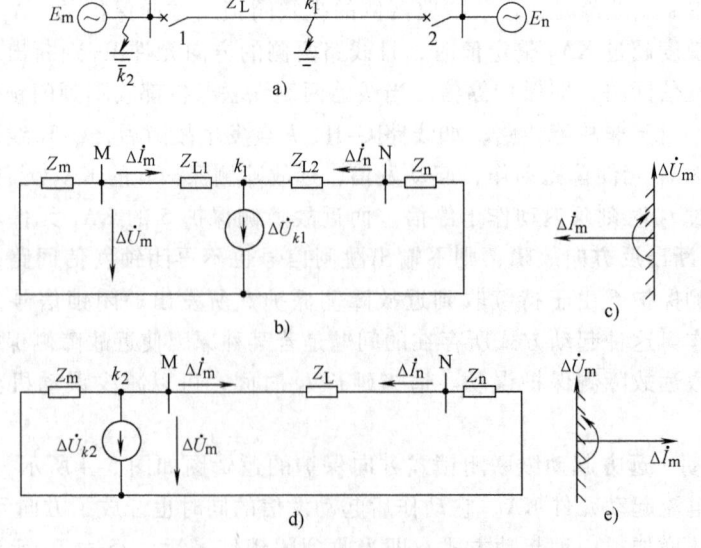

图 5-6　突变量故障分量网络示意图

a) 简单电力系统示意图　b) 保护 1 正方向故障时的故障分量附加网络　c) 正方向故障相量图
d) 保护 1 反方向故障时的故障分量附加网络　e) 反方向故障相量图

假设两侧系统阻抗以及线路阻抗均为纯感性阻抗，按照图 5-6 所示参考方向，当正方向 k_1 点发生故障时，保护 1 处所感受到的电流、电压突变量 $\Delta \dot{U}_\mathrm{m}$ 和 $\Delta \dot{I}_\mathrm{m}$ 满足式（5-1）。

$$\Delta \dot{U}_\mathrm{m} = -Z_\mathrm{m} \Delta \dot{I}_\mathrm{m} \tag{5-1}$$

式中，Z_m 为 M 母线上等效电源的阻抗。

如图 5-6c 所示，电流突变量 $\Delta \dot{I}_\mathrm{m}$ 超前电压突变量 $\Delta \dot{U}_\mathrm{m}$ 的角度为 $180°-\varphi_\mathrm{m}$，φ_m 为保护安装处背后系统阻抗的阻抗角，这里取为 90°。

若反方向 k_2 点发生故障时，保护 1 处所感受到的电流、电压突变量 $\Delta \dot{U}_\mathrm{m}$ 和 $\Delta \dot{I}_\mathrm{m}$ 如式（5-2）所示。

$$\Delta \dot{U}_\mathrm{m} = Z'_\mathrm{n} \Delta \dot{I}_\mathrm{m} \tag{5-2}$$

式中，Z'_n 为被保护线路的阻抗和对侧系统的等值阻抗之和，$Z'_\mathrm{n} = Z_\mathrm{L} + Z_\mathrm{n}$。

对于 k_2 点故障，如图 5-6d、e 所示，电流突变量 $\Delta \dot{I}_\mathrm{m}$ 滞后电压突变量 $\Delta \dot{U}_\mathrm{m}$ 的角度为 φ'_n，φ'_n 为被保护线路以及对侧系统等值阻抗之和的阻抗角。为分析简化起见，这里也取为 90°。

利用上述电流、电压之间的相位关系可以非常明确的判别正、反方向故障，其基本判据可表示为

$$\text{正方向判据}: 180° < \arg\left(\frac{\Delta \dot{U}_\mathrm{m}}{\Delta \dot{I}_\mathrm{m}}\right) < 360° \tag{5-3}$$

$$\text{反方向判据}: \quad 0° < \arg\left(\frac{\Delta \dot{U}_\mathrm{m}}{\Delta \dot{I}_\mathrm{m}}\right) < 180° \tag{5-4}$$

考虑到实现的方便性，通常式（5-3）、式（5-4）所示的方向判据通过比较电压相位的方式来实现，即比较 $\Delta \dot{U}_\mathrm{m}$ 和 $\Delta \dot{I}_\mathrm{m}$ 在模拟阻抗 Z_d 上的电压相位，简化起见，考虑模拟阻抗 Z_d 的阻抗角 φ_d 与系统阻抗角相等，即 $\varphi_\mathrm{d} = \varphi_\mathrm{m} = 90°$，则

$$\arg\left(\frac{\Delta \dot{U}_\mathrm{m}}{\Delta \dot{I}_\mathrm{m}}\right) = \arg\left(\frac{\Delta \dot{U}_\mathrm{m}}{\Delta \dot{I}_\mathrm{m} Z_\mathrm{d}}\right) + \varphi_\mathrm{d} = \arg\left(\frac{\Delta \dot{U}_\mathrm{m}}{\Delta \dot{I}_\mathrm{m} Z_\mathrm{d}}\right) + 90°$$

于是式（5-3）、式（5-4）改写成实用化方向比较判据为

$$\text{正方向判据}: 90° < \arg\left(\frac{\Delta \dot{U}_\mathrm{m}}{\Delta \dot{I}_\mathrm{m} Z_\mathrm{d}}\right) < 270° \tag{5-5}$$

$$\text{反方向判据}: -90° < \arg\left(\frac{\Delta \dot{U}_\mathrm{m}}{\Delta \dot{I}_\mathrm{m} Z_\mathrm{d}}\right) < 90° \tag{5-6}$$

与突变量方向判别原理类似，式（5-5）、式（5-6）所示判据可以应用于负序、零序故障分量附加网络，负序、零序方向判据可写为

$$\text{负序正方向判据}: 90° < \arg\left(\frac{\Delta \dot{U}_\mathrm{m2}}{\Delta \dot{I}_\mathrm{m2} Z_\mathrm{d2}}\right) < 270° \tag{5-7}$$

$$\text{负序反方向判据}: -90° < \arg\left(\frac{\Delta \dot{U}_{m2}}{\Delta \dot{I}_{m2} Z_{d2}}\right) < 90° \tag{5-8}$$

$$\text{零序正方向判据}: 90° < \arg\left(\frac{\Delta \dot{U}_{m0}}{\Delta \dot{I}_{m0} Z_{d0}}\right) < 270° \tag{5-9}$$

$$\text{零序反方向判据}: -90° < \arg\left(\frac{\Delta \dot{U}_{m0}}{\Delta \dot{I}_{m0} Z_{d0}}\right) < 90° \tag{5-10}$$

除了上述式（5-5）~式（5-10）所列举的各种基于相位比较原理的故障分量方向判据外，还可以利用幅值比较原理构成方向判据，限于篇幅原因，这里不再赘述。

由于基于故障分量的方向元件具有受负荷状态、故障点过渡电阻以及系统振荡的影响比较小，无电压死区等优点，受到广泛应用。但不同故障分量方向元件之间也存在一些差异，在实际应用时必须加以注意：

1）零、负序分量由对称分量法根据 A、B、C 三相故障量计算得到，可以在故障后长期获取，而突变量由故障后的量减故障前的量计算出来，由于有效数据窗的限制，无法长期获取，所以零、负序分量方向判别元件即可以应用于切除瞬时性突发故障，又可以在故障发展、故障转换时能正确反映故障方向。

2）在发生不对称故障时零、负序分量特征明显，而对称故障时理论上没有零、负序分量存在，因此基于零、负序分量的方向元件只能反映不对称故障。而突变量方向元件既可以反映不对称故障，又能够反映对称故障。

3）当非全相运行时，由于不对称源在被保护线路内，具有内部故障特征，保护将检测到零序、负序分量，故此时必须退出零、负序方向元件避免误判。而突变量方向元件与系统是否全相运行无关，故可以同时适应于非全相运行工况。

4）在系统振荡时，受系统频率发生改变的影响，故障分量的获取存在一定的误差。但通常方向判据裕度比较大，故其影响可以忽略。在极端情况下，当线路两侧电势角摆开到180°左右，在振荡中心发生故障时，所有故障分量方向判据均无法动作。但对于不对称故障，零序、负序方向判据在两端系统电势角重新摆小后仍可以动作。

根据上述特点，在实际应用中可以采用多种故障分量原理的方向元件共同构成方向保护，使其各自发挥所长，达到综合最优的效果。

3. 方向纵联保护应用中需要注意的问题

（1）大电源侧灵敏度不足的问题　当方向纵联保护应用于大电源长线路的情况下，由于电源阻抗很小，而线路末端故障时，可能会出现灵敏度不足的问题。在如图 5-7a 所示的系统中，M 侧电源为一大电源，线路 MN 较长，当线路末端 N 侧附近发生故障时，如图 5-7b 所示，M 侧保护所测量到的电压突变量 $\Delta \dot{U}_m$ 为

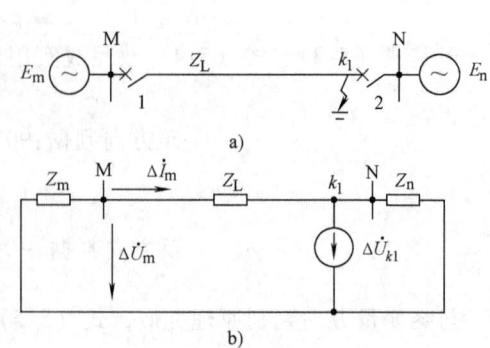

图 5-7　突变量故障分量网络示意图
a）双侧电力系统示意图
b）N 侧母线附近故障时的故障分量附加网络

$$\Delta \dot{U}_{\mathrm{m}} = \Delta \dot{U}_{\mathrm{k1}} \frac{Z_{\mathrm{m}}}{Z_{\mathrm{m}} + Z_{\mathrm{L}}} \tag{5-11}$$

当 M 侧为大电源时，Z_{m} 很小，考虑极端情况，$Z_{\mathrm{m}} \approx 0$，而 MN 为长线路，使 $Z_{\mathrm{L}} \gg Z_{\mathrm{m}}$。从式（5-11）不难得出 $\Delta \dot{U}_{\mathrm{m}} \approx 0$，显然，此时无法利用式（5-5）所示的正方向判据正确判别故障方向，即所谓大电源侧方向判据的灵敏度不足问题。

为了避免式（5-5）中用于比相的 $\Delta \dot{U}_{\mathrm{m}}$ 太小引起的比相失败，在 $\Delta \dot{U}_{\mathrm{m}}$ 小于一个定值时，可以引入补偿电压来间接参与比相。适当选取补偿阻抗 Z_{y}，使其阻抗角与系统阻抗相同，利用电流故障分量在补偿阻抗上产生的虚拟压降 $\Delta \dot{U}'_{\mathrm{m}}$，即补偿电压。

$$\Delta \dot{U}'_{\mathrm{m}} = \Delta \dot{U}_{\mathrm{m}} - Z_{\mathrm{y}} \Delta \dot{I}_{\mathrm{m}} \tag{5-12}$$

将式（5-1）代入式（5-12）可得

$$\Delta \dot{U}'_{\mathrm{m}} = -(Z_{\mathrm{m}} + Z_{\mathrm{y}}) \Delta \dot{I}_{\mathrm{m}} \tag{5-13}$$

显然，只要合理选择补偿阻抗 Z_{y}，$\Delta \dot{U}'_{\mathrm{m}}$ 将不受 $Z_{\mathrm{m}} \approx 0$ 的影响，远大于零。

利用 $\Delta \dot{U}'_{\mathrm{m}}$ 代替 $\Delta \dot{U}_{\mathrm{m}}$ 参与式（5-5）中的相位比较判别，方向判据可以改写为

$$\arg \frac{\Delta \dot{I}_{\mathrm{m}}(-Z_{\mathrm{m}} - Z_{\mathrm{y}})}{\Delta \dot{I}_{\mathrm{m}} Z_{\mathrm{d}}} \approx 180° \tag{5-14}$$

$$90° < \arg \left(\frac{\Delta \dot{U}'_{\mathrm{m}}}{\Delta \dot{I}_{\mathrm{m}} Z_{\mathrm{d}}} \right) < 270°$$

由于式（5-6）所示反方向判据不存在所谓灵敏度不足问题，所以参与比相电压 $\Delta \dot{U}_{\mathrm{m}}$ 无须替换。

（2）功率倒向问题　如图 5-8 所示环网系统中，如果线路 L_{II} 两侧分别装设有闭锁式方向纵联保护 3 和 4，当线路 L_{I} 中靠近 N 侧的 k_1 点发生故障。此时，线路 L_{II} 中短路功率的流向为从 M 指向 N，保护 3 感受到正方向的故障，而保护 4 感受到反方向的故障，故保护 4 发出闭锁信号使保护 3 不动作。若保护 2 先于保护 1 动作跳开相应断路器后，线路 L_{II} 中短路功率发生倒向，从 N 指向 M，此时保护 3 应感受到反方向故障，而保护 4 应感受到正方向故障。但如果保护 4 正方向元件动作，反方向元件返回并停止发出闭锁信号，而保护 3 的反方向元件还没有来得及动作，未能及时发出闭锁信号，从而造成保护 3、4 误动。为了解决这个问题，必须保证纵联保护中反方向元件的灵敏度高于正方向元件。即一旦发生功率倒

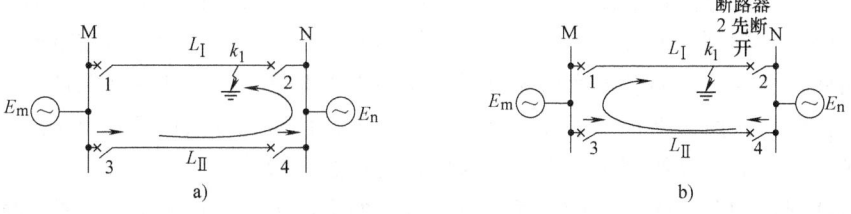

图 5-8　外部故障切除引起功率倒向示意图
a）功率倒向前　b）功率倒向后

向,保护3的反方向元件要立刻闭锁正方向元件并发出闭锁信号闭锁线路两侧保护。另外,考虑到中间不可避免存在通道状态切换的过程,为了保证该过程中保护装置能准确判断,通常在保护起动并判断出反方向故障后,若系统再发生扰动(如外部故障切除、故障转换等),保护将延时动作,以避免两侧保护正方向元件都动作的情况。

(3)功率分点问题 在图5-9a所示环网系统中,对于保护1、2而言,线路L_{I}、L_{III}上总可以找到某个对称点k_1,使k_1点发生故障时,母线 M 和 N 上的电压十分接近,k_1点即所谓功率分点。此时,如图5-9b所示对应故障分量附加网络中,流过线路L_{II}的穿越电流很小,$\Delta \dot{I}_{\mathrm{m}}$、$\Delta \dot{I}_{\mathrm{n}}$如式(5-15)、式(5-16)所示,主要为容性电流,由线路L_{II}的分布电容决定,显然,$\Delta \dot{I}_{\mathrm{m}}$超前$\Delta \dot{U}_{\mathrm{m}}$、$\Delta \dot{I}_{\mathrm{n}}$超前$\Delta \dot{U}_{\mathrm{n}}$90°。

$$\Delta \dot{I}_{\mathrm{m}} = j\frac{1}{2}\omega C_{\mathrm{II}} \Delta \dot{U}_{\mathrm{m}} \tag{5-15}$$

$$\Delta \dot{I}_{\mathrm{n}} = j\frac{1}{2}\omega C_{\mathrm{II}} \Delta \dot{U}_{\mathrm{n}} \tag{5-16}$$

式中,C_{II}为线路L_{II}的分布电容。

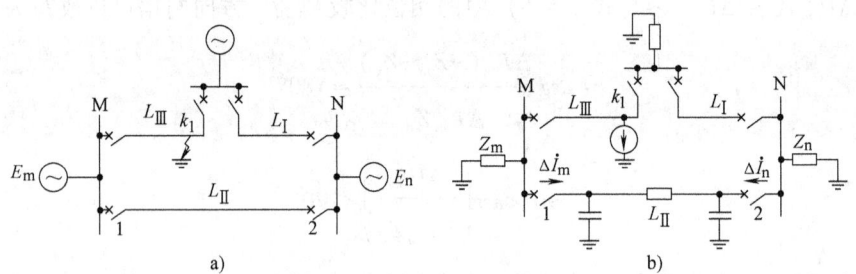

图5-9 环网系统故障分量附加网络功率分点问题示意图
a)环网系统 b)故障分量附加网络

根据式(5-5)所示方向判据,显然保护1、2将判出正方向发生故障而误动。

由于相对正常运行负荷电流而言,一般分布电容电流比较小,为了避免外部系统功率分点故障引起保护误动,可以提高方向判别元件电流门槛,牺牲一部分灵敏度来换取保护的选择性。当分布电容电流较大,使保护无法满足灵敏度要求时,也可以采取电容电流补偿措施来避免保护误动。

三、距离纵联保护的基本原理

方向纵联保护通过交换线路两侧方向元件的信息来实现故障位置的判别,而距离保护中的阻抗元件除可以判别故障方向外,还可以根据不同整定值判别故障点所在范围,并能够作为相邻线路的后备保护。而且当通信通道因故无法正常通信时,距离纵联保护可以方便地直接构成完整的阶段式距离保护。通过通信通道交换逻辑信号,可以构成闭锁式或允许式的距离纵联保护,下面简要介绍闭锁式距离纵联保护的构成原理。

距离纵联保护和距离保护一样,根据整定阻抗的大小来确定保护动作范围。传统距离保护为了保证选择性,通常整定为被保护线路全长的80%。闭锁式距离纵联保护若整定范围小于被保护线路全长,则为欠范围闭锁式距离纵联保护,若整定范围大于线路全长,则构成超范围闭锁式距离纵联保护。

图 5-10 为闭锁式距离纵联保护的信号逻辑示意图，与闭锁式方向纵联保护类似，系统发生扰动时，起信元件迅速起动并发出闭锁信号，通常可以用故障分量电流元件、负序零序电流元件或阻抗元件作为起信元件。起信元件的灵敏度应比阻抗元件 Z 的灵敏度高，但起信元件无须判别故障的范围以及故障方

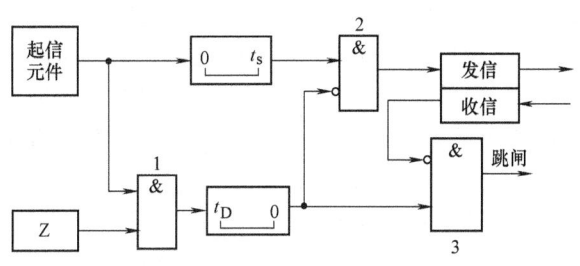

图 5-10 闭锁式距离纵联保护示意图

向，所以当采用阻抗元件作为起信元件时，通常利用全阻抗特性的距离Ⅲ段兼做起信元件。图 5-10 中当本侧起信元件起动发信后，如果阻抗元件 Z 也动作了，考虑到动作可靠性，稳定动作 t_D 时刻后，控制发信逻辑 2 停止发信，如果对侧距离纵联保护也判断出了保护区内部故障，也停止了发信，此时，两侧保护都收不到闭锁信号，经过跳闸逻辑 3 保护发出跳闸命令。如果对侧距离纵联保护判断出是其保护区外部发生故障，其阻抗元件 Z 不会动作，同时发信逻辑 2 将持续发出闭锁信号，本侧距离纵联保护由于收到了闭锁信号故不会发出跳闸信号。

四、高频信号的交换

1. 高频通道的基本构成

输电线路两端纵联保护交换信息主要通过高频通道来完成，传递的信息被调制成 50～400kHz 范围，分配给本保护的某一频率的高频信号以载波的方式耦合到输电线路上。高频信号在输电线路上的传输途径有单相导线和大地构成的"相—地制"和用两输电线构成的"相—相制"两种形式。通常采用"相—地制"构成专用高频通道，而"相—相制"常用于构成复用高频通道，由于前一种模式构成的高频通道在我国应用得较为广泛，所以这里主要讨论以该模式构成的高频通道。

"相—地制"高频通道的构成示意图如图 5-11 所示，其主要组成部分及作用包括：

（1）高频阻波器　高频阻波器的作用主要为阻止高频电流信号流入线路外部，既可减

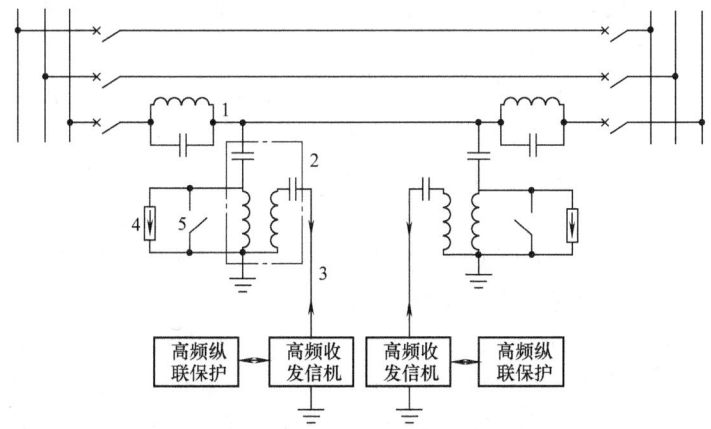

图 5-11 "相—地制"高频通道的构成示意图

1—阻波器　2—耦合电容和结合滤波器　3—高频电缆　4—避雷器　5—接地开关

少高频能量损耗，又可避免对别的电气设备产生干扰，同时又不影响普通工频信号的通过。故要求其对工频信号的阻抗很小，而对特定的高频信号的阻抗很大。现有的高频阻波器有多种类型，如单频阻波器、双频阻波器、带频阻波器以及宽带阻波器等，其中单频阻波器广泛应用于高频载波保护，其基本结构如图 5-12 所示。阻波器通过 L、R 和 C 的参数配合构成并联谐振回路，其中 L、R 分别为强流线圈的电感和电阻，C 为调谐电容，P 为防止调谐电容过电压的避雷器。

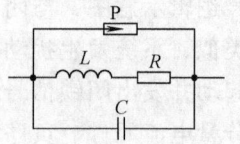

图 5-12 高频阻波器示意图

（2）耦合电容和结合滤波器　耦合电容和结合滤波器构成的带通滤波器用以连接输电线路和高频电缆，该带通滤波器对高频信号呈低阻抗，而对工频信号呈高阻抗，使高频信号可以在输电线路到高频电缆之间传递，并使高频收、发信机与输电线路的工频高压部分相隔离，提高了高频收、发信机及其他弱电设备的安全性。

（3）高频电缆　高频电缆是将位于户外的耦合电容和结合滤波器与位于主控室的高频收、发信机连接起来的一种同轴电缆（见图 5-13）。由于高频电缆暴露于强电磁干扰的环境，而高频保护的动作特性很大程度上依赖高频信号的正确传递，为此，可将高频电缆的外屏蔽层接地，这样既可以减小外来干扰信号的影响，又可以避免高频信号外泄成为高频干扰源。

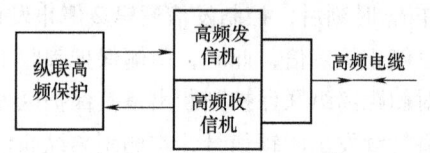

图 5-13 高频收、发信机构成框图

（4）纵联高频保护的收、发信机　纵联高频保护所发出的信号经过发信机中的振荡电路和控制电路的调制，进一步通过电压放大、功率放大以及滤波整形电路输出高频信号到高频电缆上。输电线路以及高频电缆上的高频信号，既有输电线路对侧发信机所发出的高频信号，又包含本侧发信机所发出的高频信号。收信机为了正常接收和处理高频信号，既要对输电线路对侧传递过来相对较弱的信号进行放大，又必须对本侧所发出的高频信号进行限幅，并通过收信滤波、检波等环节将高频信号提取出来并传送到高频保护中。

除了以上所述的主要部分外，高频通道还包括避雷器、接地刀闸等辅助部分。

2. 高频信号的交换

高频通道的工作方式是指高频通道内高频电流存在的状态，通常可以分为短时发信方式、长期发信方式以及移频方式。

（1）短时发信方式　短时发信方式又称为正常无高频电流方式，在电力系统正常运行时发信机不工作，沿高频通道不传送任何高频电流，发信机只在电力系统发生扰动期间才由保护的起信元件起动发信。为了确知高频通道是否完好，往往采用定期检查的方法，定期检查又可分为手动和自动两种。在手动检查的条件下，由值班人员手动起动发信，并按照规定通信逻辑检查整个高频通道是否正常。自动检查的方法是利用高频纵联保护中专门的时间继电器按预先整定的时间自动起动检查高频通道。

（2）长期发信方式　长期发信方式又称为正常有高频电流方式，在电力系统正常工作条件下发信机处于发信状态，沿高频通道传送高频电流。其优点是高频通道时刻处于监视的状态，可靠性较高；此外可以简化装置结构，省略起信元件。另一方面，由于时刻处于发信状态，这将增加了对其他通信设备的干扰，同时外界也很容易对高频信号产生干扰，因此要求自身有更高的抗干扰能力。另外，一般情况下，线路两侧高频纵联保护通常工作在相同频率下,任何一端的收信机既收到对侧保护发出的高频信号,同时也收到本侧发信机自己发出的高频信号,此时,无法从收信结果中直接判断高频通道中是否发生了故障,故仍需要采用其他的措施才能真正监视高频通道的完好与否。

(3) 移频方式 为了正常运行时能够较好的监测高频通道并且闭锁纵联保护,故障时能够可靠交互允许跳闸逻辑信号,可在电力系统正常运行时,发信机持续以某一频率 f_1 发送高频信号,这种高频信号一方面可以监控高频通道的完好,另一方面也可以起到闭锁线路两侧纵联保护的作用。在保护正方向或整定范围内发生故障时,纵联保护装置控制发信机停止发送频率为 f_1 的高频信号,转而发出频率为 f_2 的高频信号。当线路两侧纵联保护装置都收不到频率为 f_1 的高频信号而只收到频率为 f_2 的高频信号时,意味着被保护线路内部发生了故障,线路两侧保护跳闸切除,否则,将闭锁保护。这样,采取这种移频的高频信号交互方式,既可以监视高频通道的工作情况,又可以提高高频通道的可靠性,并且有较强的抗干扰能力,缺点是占用频带比较宽。这种类型的通信方式在国内、外得到了广泛应用。

第三节 基于电流差动原理的纵联保护

与交换逻辑信号的纵联保护不同,交换工频电气量的纵联差动保护主要指那些装设于线路各侧,通过通信通道相互交换线路各侧的工频电气相量或瞬时值,通过比较本侧及被保护线路其他侧的工频电气相量或瞬时值,综合判别故障范围的保护装置。

一、电流差动保护基本原理及特性分析

差动保护通过比较被保护设备各端口的电流相量、瞬时值等,依照基尔霍夫电流定律,即流向一个节点的电流之和等于零这一基本原则,来判断被保护设备内部是否发生了故障。这一原理已被广泛地应用于电力系统的发电机、变压器、母线等重要电气设备的保护。输电线路如果忽略分布电容等因素的影响,理论上可以等效为一个电气节点,以电流从母线流向线路为参考正方向,则在正常运行或被保护线路外部故障时,所有流入该线路的电流之和为零:

$$\sum_{j=1}^{n} \dot{I}_j = 0 \quad (5-17)$$

式中,$\dot{I}_j$ 为流入输电线路 j 侧的电流相量。

当发生被保护线路内部故障时,从故障支路流过的电流即故障电流 $\dot{I}_F$ 由于没有记入式(5-17)中,故根据基尔霍夫电流定律有

$$\sum_{j=1}^{n} \dot{I}_j = \dot{I}_F \quad (5-18)$$

按照上述原理,以图 5-14 中输电线路 MN 为例,流入差动保护的电流 $\dot{I}_d$ 可以表示为

$$\dot{I}_d = \frac{\dot{I}_m}{n_{TA_1}} + \frac{\dot{I}_n}{n_{TA_2}} = \dot{I}'_m + \dot{I}'_n \quad (5-19)$$

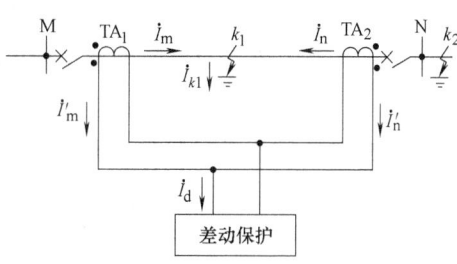

图 5-14 电流差动保护示意图

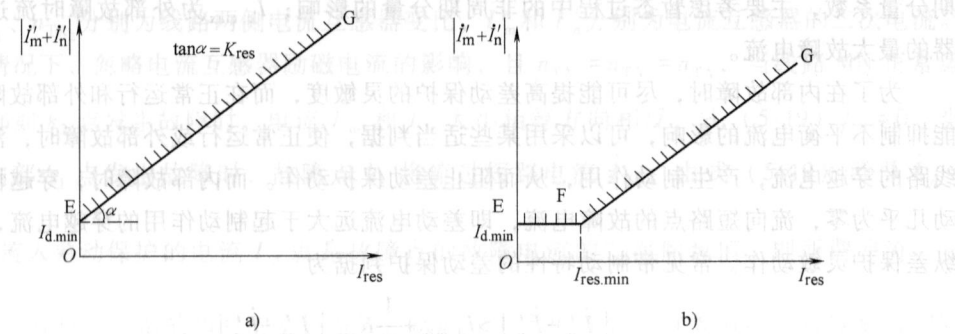

图 5-15 比率制动差动保护的动作特性

差动电流判据 $|\dot{I}'_m + \dot{I}'_n| > I_{d.min}, I_{res} < I_{res.min}$ (5-27)

比率制动判据 $|\dot{I}'_m + \dot{I}'_n| > I_{d.min} + K(I_{res} - I_{res.min}), I_{res} \geq I_{res.min}$ (5-28)

式中，$I_{res.min}$ 为拐点制动电流，当 $I_{res} < I_{res.min}$ 时，即图 5-15 中线段 E-F，此时保护无制动作用；当 $I_{res} \geq I_{res.min}$ 时，比率制动特性斜率 K 为

$$K = \frac{|\dot{I}'_m + \dot{I}'_n| - I_{d.min}}{I_{res} - I_{res.min}}$$ (5-29)

四、输电线路纵联差动保护的特殊问题

线路纵联差动保护的保护对象为电力系统输电线路，保护需要分别装设于相对较远的线路两端变电站中。为了保证差动保护的基本前提——基尔霍夫电流定律，一方面，它们必须依靠通信通道交换同一时刻的电流信息，即要求所谓采样必须同步；另一方面，还需要克服长距离输电线路分布电容所带来的影响。

1. 采样同步问题

对于常见的微机型输电线路纵差保护，要想利用差动保护判据判别保护区内、外部故障，则判据所用到的输电线路两端的电流量必须是同时刻测量到的，即保持严格同步。然而，输电线路两端的保护装置相距较远，而且通信过程中不可避免要出现通道延时，要想实现同步测量必须采取采样时刻调整、采样数据修正、时钟校正以及 GPS 同步等相应技术措施。其中，采样时刻调整法是目前运用较多的一种同步方法，故本书重点介绍此方法。

所谓采样时刻调整，即将线路两端的保护装置分为主、从站，以主站的采样时刻为基准，从站不断根据主站的采样时刻进行调整，从而最终保证所有保护判据采用同一时刻电流量的一种同步方法。

要实现采样时刻调整，在保护上电后的起始阶段和两端同步后对采样时间误差的微调阶段可以采取不同的措施。以图 5-14 所示双端系统为例，任意设定一端为主站，另一端为从站。一般情况下，可以认为两端保护保持相同的采样频率不变，采样间隔均为 T_s。为了实现两端保护的采样同步，首先应进行保护上电的初始化调整。如图 5-16a 所示，其中，T_{m1}、T_{m2}、$\cdots T_{mj}$、$T_{m(j+1)}$，T_{s1}、T_{s2}、$\cdots T_{si}$、$T_{s(i+1)}$ 分别为主、从站采样时刻时标。作为主站的保护装置首先向从站的保护装置发出主站当前时标 T_{m1} 以及通道延时 t_d 时间的计算命令，从站在 t_{r1} 时刻收到此命令后，将命令码及延迟时间 $T_m = T_{s2} - t_{r1}$ 送回给主站。一般情况下可以假设信息传送来、回通道延时 t_d 相同，主站 t_{r2} 时刻收到从站的应答后，根据从站的反馈信息利用式（5-30）可算出通道的通道延时：

$$t_d = \frac{t_{r2} - T_{m1} - T_m}{2} \tag{5-30}$$

然后，主站再将计算出的 t_d 送给从站。反复多次直至 t_d 的计算结果稳定不变，则可以开始采样时刻调整。

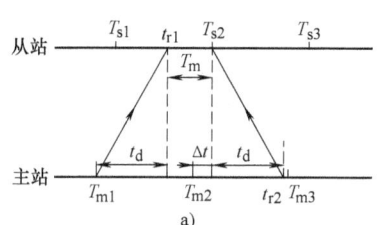
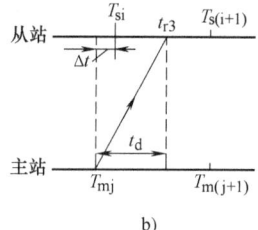

图 5-16 采样时刻调整示意图

采样时刻调整的过程中，如图 5-16b 所示，从站始终保持独立采样，而主站在原有采样周期的基础上，根据式（5-31）计算出两端采样时刻的误差 Δt，然后调整下一采样点的采样时刻。

$$\Delta t = T_{si} - T_{mj} = T_{si} - (t_{r3} - t_d) \tag{5-31}$$

故主站的下次采样的采样时刻 $T_{m(j+1)}$ 可调整为：$T_{m(j+1)} = T_{mj} + T_s + \Delta t$。若 $\Delta t > T_s$，则只调整 $\Delta t/T_s$ 的余数部分，整数部分通过调整采样标号实现。实际调整过程中，为了保证调整的稳定性，也可以采用逐步调整的做法。

采样时刻调整有如下优点：调整算法比较简单，受通道延时变化影响小，可以适应传送电流采样值或相量的不同方案。这种同步方法的不足之处是，必须满足收、发时延相等的前提条件，不适应于收发路由不同的通信系统。

2. 电容电流的影响

由于输电线路沿线分布电容的存在，使保护正常运行、外部短路时，线路两端电流之和为线路电容电流。如果输电线路较短，电容电流的影响可以忽略不计。但对于长距离的输电线路或电缆线路，由于无法忽略线路分布电容的影响，为此，不得不提高差动保护不平衡电流门槛而降低保护的灵敏度。为了克服电容电流的影响，通常采用电容电流补偿的措施，来提高纵差保护的灵敏度。

为简化起见，一般采用输电线路的 T 形或 Π 形集中参数等效电路来实现电容电流的补偿。以 Π 形集中参数电路为例，如图 5-17 所示，设母线 M、N 上的正、负、零序电压分别为 $\dot{U}_{m1}$、$\dot{U}_{m2}$、$\dot{U}_{m0}$ 和 $\dot{U}_{n1}$、$\dot{U}_{n2}$、$\dot{U}_{n0}$。一般情况下，线路全长的正、负序分布电容相等，令其为 C_1，零序分布电容为 C_0。对应线路全长的正、负序容抗为 $X_{C1} = \dfrac{1}{\omega C_1}$，零序容抗为 $X_{C0} = \dfrac{1}{\omega C_0}$。于是由图 5-17 可得到线路两端电容电流 $\dot{I}_{mC}$、$\dot{I}_{nC}$ 分别为

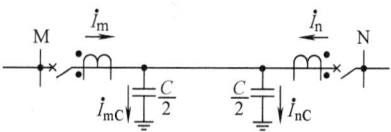

图 5-17 输电线路 Π 型等效电路

$$\dot{I}_{mC} = j\omega \frac{C_1}{2}(\dot{U}_{m1}+\dot{U}_{m2}) + j\omega \frac{C_0}{2}\dot{U}_{m0} = j\left(\frac{\dot{U}_{m\varphi}-\dot{U}_{m0}}{2X_{C1}}+\frac{\dot{U}_{m0}}{2X_{C0}}\right) \qquad (5\text{-}32)$$

$$\dot{I}_{nC} = j\omega \frac{C_1}{2}(\dot{U}_{n1}+\dot{U}_{n2}) + j\omega \frac{C_0}{2}\dot{U}_{n0} = j\left(\frac{\dot{U}_{n\varphi}-\dot{U}_{n0}}{2X_{C1}}+\frac{\dot{U}_{n0}}{2X_{C0}}\right) \qquad (5\text{-}33)$$

式中，$\dot{U}_{m\varphi}$、$\dot{U}_{n\varphi}$ 和 $\dot{U}_{m0}$、$\dot{U}_{n0}$ 分别为 M、N 母线上所测量到的相电压和零序电压。

经过补偿后，M、N 侧用于差动保护判据的电流分别为

$$\dot{I}'_m = \dot{I}_{m.m} - j\left(\frac{\dot{U}_{m\varphi}-\dot{U}_{m0}}{2X_{C1}}+\frac{\dot{U}_{m0}}{2X_{C0}}\right) \qquad (5\text{-}34)$$

$$\dot{I}'_n = \dot{I}_{n.m} - j\left(\frac{\dot{U}_{n\varphi}-\dot{U}_{n0}}{2X_{C1}}+\frac{\dot{U}_{n0}}{2X_{C0}}\right) \qquad (5\text{-}35)$$

式中，$\dot{I}_{m.m}$、$\dot{I}_{n.m}$ 分别为纵差保护装置在 M、N 处测量到的电流。

利用式 (5-34)、式 (5-35) 补偿后的电流，可以构成经过电容电流补偿的差动保护判据。

五、光纤通信原理及其在纵联保护中的应用

1. 光纤通信基本原理

输电线路纵差保护在电力系统高压、超高压输电网络中的推广应用，很大程度上得益于光纤通信技术的发展和普及。线路一端保护的电流采样值或由采样值计算出的相量通过光纤通道传送到对端，并接受对端保护的电流采样值、相量，两端保护根据本端和对端的电流信息实现差动保护判据，判别区内、区外故障。

所谓光纤通信是将电信号调制成光信号，通过光纤进行传输，并最终将光信号解调为电信号的一种通信手段。图 5-18 为简化单向点对点光纤通信系统示意图。光端机作为光纤通信终端设备，将经过一系列按照通信规约、数据编码等加工过的脉冲电信号，经过调制和光电变换发送至光纤通道，在接收端又将光信号检出并经过放大、解调后还原成脉冲电信号，交给后续数据解码、纠错等环节做进一步处理。

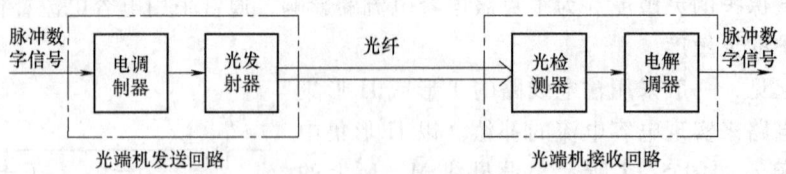

图 5-18 简化单向点对点光纤通信系统示意图

电信号被调制成光信号后，通过光纤将光信号传送到接收端。光纤是光导纤维的简称，其典型结构是多层同轴圆柱体，如图 5-19a 所示，自内向外为纤芯、包层和涂覆层。核心部分是纤芯和包层，其中纤芯由高度透明的材料制成，是光波的主要传输通道；包层的折射率略小于纤芯，使光的传输性能相对稳定。纤芯粗细、纤芯材料和包层材料的折射率，对光纤的特性起决定性影响。涂覆层包括一次涂覆、缓冲层和二次涂覆，保护光纤不受水汽的侵蚀

和机械的擦伤，同时又增加光纤的柔韧性，起着保护光纤的作用。

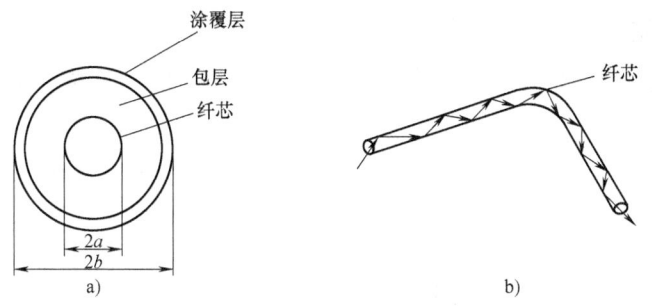

图 5-19 光纤结构及光波传导示意图

光线折射进入光纤的纤芯后，继续入射到纤芯与包层之间的交界面上。当射入纤芯和包层交界面的光线的角度合适时，就可以产生全反射。如图 5-19b 所示，光信号通过在纤芯中不断的全反射推动向前传播。

相对于传统电缆或微波等通信方式，光纤通信具有如下的特点：

1) 通信容量大、传输距离远。一根光纤的潜在带宽可达 20THz。光纤的损耗极低，在光波长为 $1.55\mu m$ 附近，石英光纤损耗可低于 0.2dB/km，这比目前任何传输媒质的损耗都低。因此，无中继传输距离可达几十、甚至上百千米。

2) 光纤不受电磁干扰的影响，信号之间串扰小，信号传输质量高，这一点对于继电保护来说尤为重要。

3) 光纤尺寸小、重量轻，更适于远距离敷设和运输。

4) 光纤由石英玻璃拉制成形，原材料来源丰富，并节约了大量有色金属。

当然，光纤通信也有美中不足的地方：

1) 光纤弯曲半径不宜过小。

2) 光纤的切断和连接操作技术复杂。

3) 分路、耦合烦琐。

2. 光纤通道连接方式

纵联保护通过光纤通道交换信息有两种不同形式：一种是通过交换逻辑信息，如传递"允许"、"闭锁"等，构成允许式或闭锁式纵联方向/距离保护；另一种是通过交换数字编码所表示的电气量信息来构成纵联差动保护。

继电保护通信所采用的光纤通道一种为保护专用的光纤通道，另一种利用现有的数字通信网络构成的复用通道。其中复用通道又可分为 64kbit/s PCM 复用和 2Mbit/s 口复用两种情况。前者随着光纤通信技术的发展，通信带宽的增长，已经逐渐退出应用领域。

采用专用通道时，对于纵联方向/距离保护，传统通过收发信继电器触点控制高频收发信机传递逻辑信号，采用光纤通信后，通常改由一个依旧靠收发信继电器触点控制的光电信号转换装置，将触点逻辑信号转换为光信号进行交互。其连接示意图如图 5-20 所示。对于纵联差动保护，为了高速、可靠传输数字编码后的电气量信号，通常将光电转换功能置于保护机箱内，机箱对外直接采用光纤连接，如图 5-21 所示。专用光纤通道具有设备简单、连接可靠性高、管理方便等优点，但由于需要专门铺设光缆，考虑建设成本等因素的影响，在 100km 内的输电线路往往可以架设继电保护专用光纤通道。

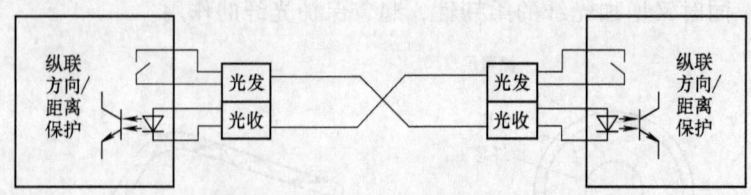

图 5-20　纵联方向/距离保护专用光纤通道连接示意图

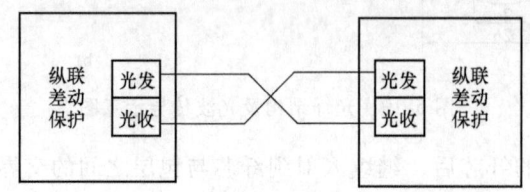

图 5-21　纵联差动保护专用光纤通道连接示意图

长距离输电线路光纤纵联保护通常采用复用通道进行连接，即在数字 PCM 复接技术基础上，直接利用现有数字通信网中的光纤通道空余带宽传输纵联保护信息，不再专门敷设光纤通道。

我国电力系统中数字通信网广泛采用 SDH 网作为骨干通信网。SDH（Synchronous Digital Hierarchy，同步数字体系）是一种将复接、线路传输及交换功能融为一体、并由统一网管系统操作的综合信息传送网络，是美国贝尔通信技术研究所提出来的同步光网络（SONET）。国际电话电报咨询委员会（CCITT）（现为 ITU-T）于 1988 年接受了 SONET 概念并重新命名为 SDH，使其成为不仅适用于光纤也适用于微波和卫星传输的通用技术体制。它可实现网络有效管理、实时业务监控、动态网络维护、不同厂商设备间的互通等多项功能，能大大提高网络资源利用率、降低管理及维护费用、实现灵活可靠和高效的网络运行与维护，因此是当今世界信息领域在传输技术方面的发展和应用的热点，受到人们的广泛重视。SDH 技术自从 20 世纪 90 年代引入以来，至今已经是一种成熟、标准的技术，在骨干网中被广泛采用，且价格越来越低，在接入网中应用可以将 SDH 技术在核心网中的巨大带宽优势和技术优势带入接入网领域，充分利用 SDH 同步复用、标准化的光接口、强大的网管能力、灵活网络拓扑能力和高可靠性带来的好处。

SDH 采用的信息结构等级称为同步传送模块 STM-N（Synchronous Transport，N=1，4，16，64），最基本的模块为 STM-1，4 个 STM-1 同步复用构成 STM-4，16 个 STM-1 或 4 个 STM-4 同步复用构成 STM-16；SDH 的帧按串型码流依次传输，每帧传输时间为 125μs，每秒传输 1/125×1000000 帧，对 STM-1 而言，每帧字节为 8bit×(9×270×1) = 19440bit，则 STM-1 的传输速率为 19440×8000bit/s = 155.520Mbit/s；为了实现纵联保护信息的交互，须将欲传输的信息编码后接入以 E1（2.048Mbit/s）为基群的复接设备中，经过一系列复用映射，最终接入 SDH。复用通道的使用不但节省了光缆和施工费用，而且可以利用 SDH 自愈环提高保护通道的冗余和可靠性。

安装于保护控制室中的纵联保护装置或光电转换装置，通过光纤将信号传送到通信控制室，经过 2Mbit/s 复接设备将编码后的信号接入大光缆，最终实现通信的全过程。基于复用通道的纵联方向、距离保护及差动保护的通道构成如图 5-22、图 5-23 所示。

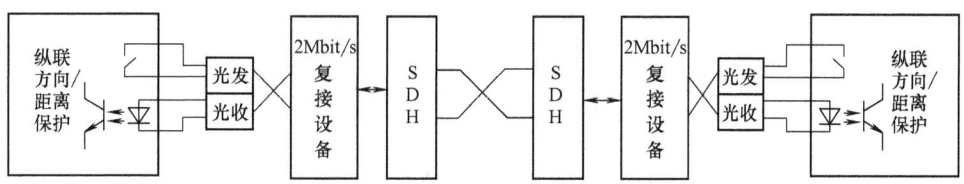

图 5-22 纵联方向/距离保护复用光纤通道连接示意图

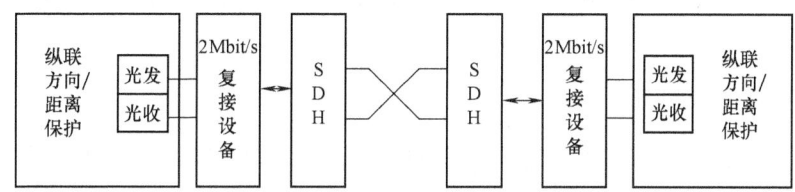

图 5-23 纵联差动保护复用光纤通道连接示意图

习题与思考题

1. 试简述纵联保护通过高频载波、微波、光纤等通道交换的逻辑信号有哪些类型，它们各自有什么作用？
2. 以交换闭锁信号的纵联闭锁式方向保护为例，试说明方向纵联保护的基本原理。
3. 试简要叙述闭锁式纵联保护电流起动发信方式的基本原理。
4. 试简要叙述闭锁式纵联保护远方起动发信方式的基本原理。
5. 试简要叙述闭锁式纵联保护方向元件起动发信方式的基本原理。
6. 常见基于故障分量的方向判别原理有哪些？试简述其基本原理。
7. 为何方向纵联保护会出现大电源侧灵敏度不足的问题？采取何措施可以解决该问题？
8. 什么是功率倒向？其对方向纵联保护有何影响？
9. 何为功率分点？功率分点发生故障对方向纵联保护有何影响？
10. 什么是距离纵联保护？其与方向纵联保护有何异同？
11. 试简述相-地制高频通道的基本构成。
12. 常见高频通道的工作方式有哪些？试简述其基本原理。
13. 试简述电流差动保护的基本原理。
14. 试简要解释纵联差动保护为什么要采用制动特性？常见制动特性有哪些？
15. 试简要分析比率制动差动保护的动作特性？
16. 为什么说输电线路纵联差动保护存在采样同步问题？试举例说明为使线路两侧纵联差动保护同步采样，如何进行采样时刻调整？
17. 试分析电容电流对输电线路纵联差动保护的影响，并简述克服电容电流影响的方法。

第六章 自动重合闸

第一节 自动重合闸的作用及对它的基本要求

一、自动重合闸的作用

电力系统中的故障，大多数是送电线路的故障，其中架空线路的故障率最高。架空线路故障大多是"瞬时性"的，例如由雷电引起的绝缘子表面闪络，大风引起的碰线，通过鸟类以及树枝等掉落在导线上引起的短路等。当线路被继电保护迅速断开后，电弧自行熄灭，故障点的绝缘强度重新恢复，外界物体被移开或烧掉而消失。此时，如果把断开的线路断路器再合上，就能恢复正常的供电，因此称这类故障是"瞬时性故障"。对于由于线路倒杆、断线、绝缘子击穿或损坏等引起的故障，称为"永久性故障"。因为在线路被断开后，它们仍然存在，此时即使再合上电源，线路会被继电保护再次断开，也不能恢复正常的供电。

由于架空线路发生瞬时性故障的概率很高，因此，在线路被断开后再进行一次合闸，就有可能大大提高供电的可靠性。为此在电力系统中广泛采用了自动重合闸装置（缩写为AR），即当断路器跳闸之后，能够自动地将断路器重新合闸的装置。

在线路上装设重合闸装置以后，由于它不能够判断是瞬时性故障还是永久性故障，因此，在重合以后可能成功恢复供电，也可能不成功。用重合成功的次数与总动作次数之比来表示重合闸的成功率，根据运行资料的统计，成功率一般在60%~90%之间。

在电力系统中采用重合闸技术有显著的技术经济效果，可以大大提高供电的可靠性，减少线路停电的次数，这对单侧电源的单回线路尤为显著；在高压输电线路上采用重合闸，还可以提高电力系统并列运行的稳定性，从而提高输电线路的输送容量。而且重合闸的投资很低，工作可靠，因此，在架空线路上获得了广泛的应用。

但是，如果重合于永久性故障，将使电力系统再一次受到故障的冲击，并可能降低系统并列运行的稳定性；而且要求断路器在很短的时间内连续两次切断短路电流，会使其工作条件变得更加严重。因而，在短路容量较大的电力系统中，这些不利的条件往往限制了重合闸的使用。

二、对自动重合闸的基本要求

一般情况下，当值班人员手动操作或遥控操作断路器跳闸时，或手动合闸于故障线路而跳闸时，自动重合闸装置均不应该进行合闸动作。除此以外，任何原因使断路器跳闸时，自动重合闸装置均应使其重新合闸。重合闸动作应满足以下基本要求：

1) 不同电压等级的线路应根据电力网络结构和线路的特点确定具体的重合闸方式。一般情况下，110kV及以下线路均采用三相重合闸装置；对220kV线路，满足采用三相重合闸的要求时，可装设三相重合闸装置，否则装设单相重合闸或综合重合闸装置；330~500kV

线路可装设单相重合闸或综合重合闸装置。

2) 在满足故障点去游离（即介质恢复绝缘能力）和断路器消弧室以及传动机构准备好再次动作所需时间的前提下，自动重合闸装置的动作时间应该尽量短，以使用户的停电时间相应缩短。一般自动重合闸动作时限为 0.5~1.5s。

3) 自动重合闸装置应具备与继电保护装置密切配合的条件，以提高和改善保护技术性能，自动重合闸装置应有可能在重合以前或以后加速继电保护的动作，以便加速故障的切除。

4) 在双侧电源线路上实现自动重合闸时，应考虑合闸时两侧电源的同步问题。

5) 自动重合闸装置的动作次数应符合预先的规定。一般自动重合一次，当重合于永久性故障而再次跳闸以后，不应该再动作。

6) 自动重合闸装置动作后应该能够自动复归，准备好下一次再动作，对于雷击机会较多的线路，为了发挥自动重合闸的效果，这一要求更是必要的。

7) 当断路器处于不正常状态（如操作机构中使用的气压、液压降低等）时应闭锁自动重合闸装置。

第二节　三相自动重合闸

一、单侧电源线路的三相重合闸

三相一次重合闸的跳、合闸方式为无论本线路发生任何类型的故障，继电保护装置均将三相断路器跳开，然后重合闸起动，经过整定的时间后，发出合闸命令，将三相断路器一起合上。若是瞬时性故障，因故障已经消失，合闸成功，线路继续运行；若是永久性故障，继电保护再次动作跳开三相，不再重合。

为了能尽量利用重合闸所提供的条件加速切除故障，通常采用以下两种与继电保护配合的方式：

1. 重合闸前加速保护

即在重合闸动作之前加速保护的动作，简称"前加速"方式。如图6-1所示的网络接线，假定在每条线路上均装设过电流保护，其动作时限按阶梯形原则来配合。因而，在靠近电源端保护 1 处的时限就很长。为了加速故障的切除，可在保护 1 处采用前加速的方式，即当任何一条线路上发生故障时，第一次都由保护 1 瞬时动作予以切除。如果故障是在线路 E-F 以外（如 k_1 点），则保护 1 的动作是无选择性的。但是断路器 1 跳闸后，立即起动重合闸，如果故障是瞬时性的，

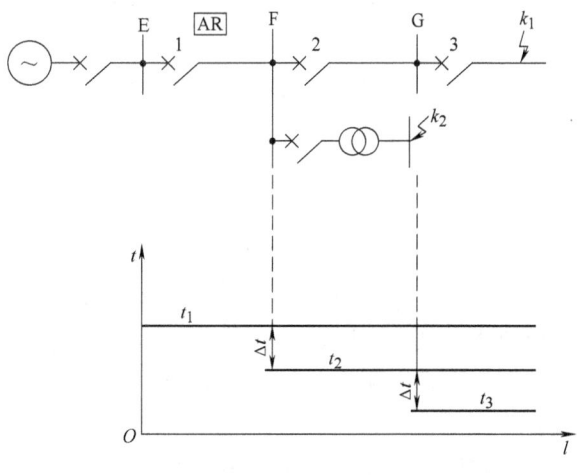

图 6-1　重合闸前加速保护

则重合之后就恢复了供电，从而纠正了上述无选择性的动作。如果故障是永久性的，则故障由相应线路的保护（k_1点短路时的保护3）再次切除。为了使无选择性的动作范围不至于扩展得太长，一般规定当变压器低压侧短路时，保护1不应动作。因此，保护1的起动电流还应按照躲开相邻变压器低压侧的短路（k_2点）来整定。

前加速方式能快速切除瞬时性故障，而且只需要在电源侧的断路器上装设一套自动重合闸装置，简单经济，但是该断路器动作次数较多，工作条件比其他断路器恶劣，最大的缺点是若该断路器或自动重合闸装置拒动，则扩大了停电范围。前加速方式主要用于35kV以下由发电厂或重要变电所引出的直配线路上，以便快速切除故障，保证母线电压。

2. 重合闸后加速保护

这种方式在重合闸动作之后加速保护动作，简称"后加速"。即当线路发生故障时保护有选择性地动作切除故障，然后自动重合，若重合于永久性故障上，则在断路器合闸后，再加速保护动作，瞬时切除故障，与第一次动作是否带有时限无关。

采用重合闸后加速时，必须在线路的每个断路器上均装设一套自动重合闸装置。由于保护第一次跳闸是有选择性的切除故障，所以即使重合闸拒绝动作，也不会扩大停电范围。

后加速方式广泛应用于35kV以上的电网和对重要负荷供电的送电线路上。因为在这些线路上一般都装有性能比较完善的保护装置，例如，三段式电流保护、距离保护等，因此，第一次有选择性地切除故障的时间（瞬时动作或具有0.3~0.5s的延时）均为系统运行所允许，而在重合闸以后加速保护的动作（一般是加速第Ⅱ段的动作，有时也可以加速第Ⅲ段的动作），就可以更快地切除永久性故障。

二、双侧电源线路的三相重合闸

1. 双侧电源送电线路重合闸的特点

在双侧电源的送电线路上实现重合闸时，除了应该满足前面提出的各项要求以外，还必须考虑如下的特点：

1）当线路上发生故障时，两侧的保护装置可能以不同的时限动作于跳闸，例如在一侧为第Ⅰ段动作，另一侧为第Ⅱ段动作，此时为了保证故障点电弧的熄灭和绝缘强度的恢复，以使重合闸有可能成功，线路两侧的重合闸必须保证在两侧的断路器都跳闸以后，再进行重合。

2）当线路上发生故障跳闸以后，常常存在着重合闸时两侧电源是否同期，以及是否允许非同期合闸的问题。

因此，双侧电源线路上的重合闸，应根据电网的接线方式和运行情况，选择合适的重合闸方式。

2. 双侧电源送电线路重合闸的主要方式

（1）非同期重合闸 当线路两侧断路器跳闸后，不管两侧电源是否同步，直接重合，合闸后期待系统自动拉入同步，此时系统中各电力元件都将受到冲击电流的影响。当冲击电流不超过电力系统规程规定的允许值时，可以采用非同期重合闸方式，否则不允许采用这种方式。

（2）检同期重合闸 当两侧电源必须满足同期条件才能合闸时，需要使用检查同期的重合闸方式。检查同期的重合闸方式实现较为复杂，可以根据具体的网络结构采取以下形式：

1)可以不检查同期的重合闸方式。并列运行的发电厂或电力系统之间,在电气上有紧密联系时(例如具有三个以上联系的线路或三个紧密联系的线路,如图6-2中电源E和G之间的关系),由于同时断开所有联系的可能性几乎是不存在的,因此,当任一条线路断开以后又进行重合闸时,都不会出现非同期合闸的问题。在这种情况下,可以不检查同期而直接重合。并列运行的发电厂或电力系统之间,在电气上联系较弱时,例如只有两个联系的线路或三个弱联系的线路,当其他的重合闸方式实现困难时,可

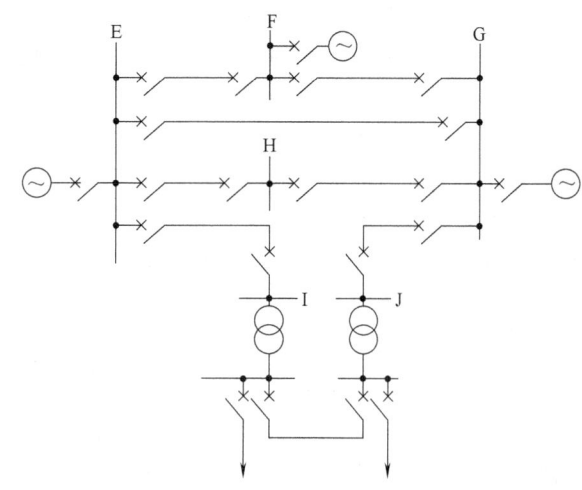

图6-2 可以不检查同期进行重合的网络接线

在正常运行方式下采用不检查同期的重合闸,而当出现其他联络线均断开,只有一回线路运行时,将重合闸停用,以避免发生非同期重合的情况。

2)双回线路上检查电流的重合闸方式。在没有其他旁路联系的双回线路上,如图6-3所示,当不能采用非同期重合闸时,可采用检定另一回线路上有电流的重合闸方式。因为当另一回线路上有电流时,即表示两侧电源仍保持联系,一般是同步的,因此

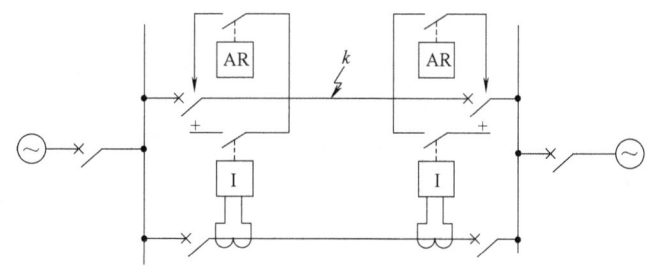

图6-3 双回线路上采用检查另一回线路有电流的重合闸示意图

可以重合。采用这种重合闸方式的优点是因为电流检定比同期检定简单。

3)具有同期检定和无电压检定的重合闸方式。当在两侧电源的线路上不可以采用非同期重合闸时,应该采用检查同期的重合闸。这种重合闸方式的好处是不会产生很大的冲击电流,合闸后也能很快就拉入同步。

采用同期检定和无电压检定的重合闸的示意图如图6-4所示,除了在线路两侧均装设重

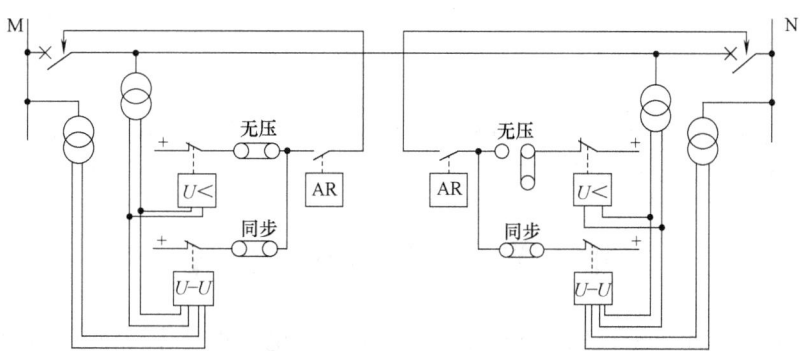

图6-4 采用同期检定和无电压检定的重合闸的示意图

合闸装置之外，在线路的一侧加装了无电压检定元件，其作用是检查线路有没有电压存在，而在线路的另一侧装设同期检定元件用以检测两侧电压的相位差。

当线路发生故障，两侧断路器跳闸以后，检定线路无电压一侧的重合闸首先动作，使断路器投入。如果重合不成功，则该侧断路器再次跳闸。此时，由于线路另一侧没有电压，同期检定元件不动作，因此，该侧重合闸根本不起动。如果重合成功，则另一侧在检定同期之后，再投入断路器，线路即恢复正常工作。由此可见，在检定线路无电压一侧的断路器，如果重合不成功，就要连续两次切断短路电流，因此，该断路器的工作条件就要比同期检定一侧断路器的工作条件恶劣。为了解决这个问题，通常在每一侧都装设同期检定元件和无电压检定元件，利用连接片进行切换，使两侧断路器轮换使用每种检定方式的重合闸，因而使两侧断路器工作的条件接近相同。

在使用检查线路无电压方式的一侧，当其断路器在正常运行情况下由于某种原因（如误碰跳闸机构，保护误动作等）而跳闸时，由于对侧并未动作，因此，线路上有电压，因而就不能实现重合，这是一个很大的缺陷。为了解决这个问题，通常都是在检定无电压的一侧同时投入同期检定元件，两者的触点并联工作。此时如遇有上述情况，则同期检定元件就能够起作用，当符合同期条件时，即可将误跳闸的断路器重新投入。但是，在使用同期检定的另一侧，其无电压检定元件是绝对不允许同时投入的。

(3) 解列重合闸　　如图 6-5 所示，正常时由系统向小电源侧输送功率，当线路（如 k 点）发生故障后，系统侧的保护动作使线路断路器跳闸，小电源的保护动作则使解列点跳闸，而不跳故障线路的断路器，小电源与系统解列后，其容量应基本上与所带的重要负荷相平衡，这样就可以保证地区重要负荷的连续供电并保证电能的质量。在两侧断路器跳闸后，系统侧的重合闸检查线路无电压，在确认对侧已跳闸后进行重合，如重合成功，则由系统恢复对地区非重要负荷的供电，然后，再在解列点处实施同期并列，即可恢复正常运行。如果重合不成功，则系统侧的保护再次动作跳闸，地区的非重要负荷将被迫中断供电。

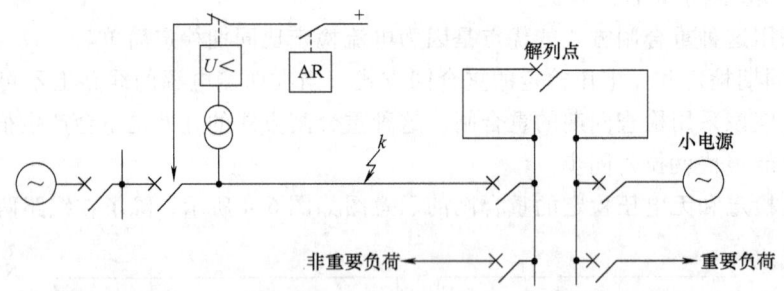

图 6-5　单回线络上采用解列重合闸的示意图

解列点的选择原则应是，尽量使发电厂的容量与其所带的负荷接近平衡，这是这种重合闸方式所必须考虑并加以解决的问题。

第三节　单相自动重合闸

当送电线路上发生单相接地短路或是相间短路，继电保护动作后由断路器将三相断开，然后重合闸再将三相投入，这就是三相自动重合闸。但是，在 220～500kV 的架空线路上，由于线间的距离大,运行经验表明,其中绝大部分故障都是单相接地短路,在这种情况下,如果只将发生故障的一相断开,然后再进行单相重合,而未发生故障的两相仍然继续运行,就能够大大提高供电的可靠性和系统并列运行的稳定性,这种方式的重合闸就是单相重合闸。采用单相重合闸方式,当线路上发生单相接地短路时,如果是瞬时性故障,则单相重合成功,恢复三相的正常运行,如果是永久性故障,单相重合不成功,若系统不允许长期非全相运行,就应该切除三相并不再进行重合。若线路上发生相间短路,则跳开三相而不重合。

一、单相自动重合闸的选相元件

为实现单相重合闸,首先必须有故障相的选择元件(简称选相元件)。对选相元件的基本要求如下:

1)应保证选择性,即选相元件与继电保护相配合只跳开发生故障的一相,而接于另外两相上的选相元件不应动作。

2)在故障相末端发生单相接地短路时,接于该相上的选相元件应保证有足够的灵敏性。

故障选相可以由电流选相元件、电压选相元件或阻抗选相元件来实现。相电流选相元件仅适用于电源侧,且灵敏度较低,容易受系统运行方式和负荷电流的影响,一般只作辅助选相之用。相电压选相元件仅适用于短路容量特别小的线路一侧以及单电源线路的受电侧,应用场合受到限制。阻抗选相元件容易受负荷电流和接地故障时过渡电阻的影响,近年来很少作独立选相元件使用。

以下介绍微机保护装置中常用的相电流差突变量选相元件。根据故障时电气量发生突变的原理构成,利用每两相的相电流之差构成的三个选相元件分别为

$$d\dot{I}_{AB} = d(\dot{I}_A - \dot{I}_B)$$
$$d\dot{I}_{BC} = d(\dot{I}_B - \dot{I}_C)$$
$$d\dot{I}_{CA} = d(\dot{I}_C - \dot{I}_A)$$

在微机保护和重合闸装置中可以用故障后的采样值减去故障前一个周波的采样值得到突变量的采样值。各种故障类型时相电流差突变量选相元件的动作情况如表6-1所示。由表可见,在单相接地故障时,反映非故障相电流差突变量的元件不动作,而在其他故障情况下,三个元件都动作。为此,采用如图6-6所示的逻辑框图,即可构成单相接地故障的选相元件。

表6-1 各类故障类型时相电流差突变量选相元件的动作情况

故障类型	故障相别	选相元件		
		$d(I_A-I_B)$	$d(I_B-I_C)$	$d(I_C-I_A)$
单相接地	A	+	−	+
	B	+	+	−
	C	−	+	+
两相短路或两相短路接地	AB	+	+	+
	BC	+	+	+
	CA	+	+	+
三相短路	ABC	+	+	+

注:"+"表示动作;"−"表示不动作。

近来还出现了一些新原理的选相元件，如反映于故障相和非故障相电压比值的选相元件，反映各对称分量（$\dot{I}_1$、$\dot{I}_2$、$\dot{I}_0$）电流间相位关系的选相元件等。

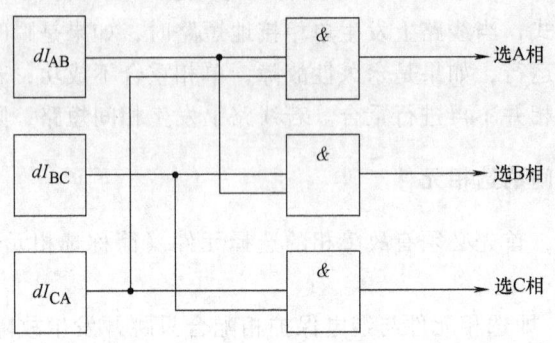

图 6-6 采用相电流差突变量构成选相元件的逻辑框图

二、单相自动重合闸的特点

采用单相重合闸能在绝大多数的故障情况下保证对用户的连续供电，从而提高供电的可靠性。当由单侧电源单回线路向重要负荷供电时，对保证不间断地供电更有显著的优越性。在双侧电源的联络线上采用单相重合闸，可以在故障时大大加强两个系统之间的联系，从而提高系统并列运行的稳定性。对于联系比较薄弱的系统，当三相切除并继之以三相重合闸而很难再恢复同步时，采用单相重合闸就能避免两系统的解列。

但是，实现单相重合闸需要有分相操作的断路器以及能与继电保护配合工作的故障选相单元。而且在单相重合闸过程中，由于出现纵向不对称，因此将产生负序和零序分量，这就可能引起本线路保护以及系统中其他保护的误动作。对于可能误动作的保护，应在单相重合闸动作时予以闭锁，或者整定保护的动作时限大于单相重合闸的时限。

为了实现对误动作保护的闭锁，在单相重合闸与继电保护相连接的输入端都设有两个端子：一个端子接入非全相运行中仍然继续工作的保护，习惯上称为 N 端子；另一个接入在非全相运行中可能误动作的保护，称为 M 端子。在重合闸起动以后，利用"否"回路将接于 M 端的保护闭锁。当断路器被重合而恢复全相运行时，这些保护也立即恢复工作。

由于单相重合闸具有以上特点，并且在实践中证明了它的优越性。因此，已在 220～500kV 的线路上获得了广泛的应用。对于 110kV 的电力网，其断路器一般采用三相联动操作，所以一般不用这种重合闸方式，只在由单侧电源向重要负荷供电并有分相操作断路器的某些线路，以及根据系统运行需要装设单相重合闸的某些重要线路上，才考虑使用。

三、自适应单相重合闸的概念

据近年对我国电网线路保护的重合闸动作成功率统计，220kV 输电线路的成功率为 83%左右，500kV 输电线路为 84%左右，说明有 16%～17%的故障是永久性故障。目前电力系统中实用的自动重合闸装置是不能预先判定故障是瞬时性的还是永久性的。如果故障是瞬时性的，则重合成功，但是如果重合于永久性故障，将使电力设备在短时间内受两次故障电流的冲击，加速了设备的损坏，而且可能造成稳定性的破坏。如果单相故障被单相切除后，能够判别故障是永久性还是瞬时性，并且在永久性故障时闭锁重合闸，就可以避免重合于永久性故障时的不利影响。这种能自动识别故障的性质，在永久性故障时不重合的重合闸称为自适应重合闸。

显然，自适应重合闸的任务之一就是对故障的性质做出判别，以确定是否应该合闸。当故障为瞬时性时表明可以合闸，否则不予合闸即必须闭锁重合闸，避免了传统重合闸装置的盲目性，从而可以减小对系统的冲击。

自适应重合闸要解决的关键问题就是瞬时性故障与永久性故障的判别和区分，可以利用以下特点进行判别。在单相故障被单相切除后，断开相由于运行的两相电容耦合和电磁感应的作用，仍然有一定的电压，其电压的大小与电容大小、感应强弱等有关，还与断开相是否继续存在接地点直接相关。永久性故障时接地点长期存在，断开相两端电压持续较低；瞬时性故障当电弧熄灭后，接地点消失，断开相两端电压持续较高；据此可以构成电压判据的永久与瞬时故障的识别元件。根据永久与瞬时故障的其他差别，还可以构成电压补偿、组合补偿等识别元件。

第四节 综合重合闸简介

以上讨论了三相重合闸和单相重合闸的基本原理以及实现中需要考虑的一些问题。在具有单相重合闸功能的同时，如果发生各种相间故障时仍然需要切除三相，再进行三相重合，如果重合不成功则再次断开三相而不再进行重合。此种功能称之为"综合重合闸"。为了使自动重合闸装置具有多种性能，并且使用灵活方便，系统中通过切换方式能实现综合重合闸、单相重合闸、三相重合闸和停用4种运行方式。停用方式是当线路发生任何类型故障时，由保护直接跳三相断路器，不起动重合闸。

实现综合重合闸的逻辑时，应考虑一些基本原则：

1) 单相接地短路时跳开单相，然后进行单相重合，如果重合不成功则跳开三相而不再进行重合。

2) 各种相间短路时跳开三相，然后进行三相重合。如重合不成功，仍跳开三相，而不再进行重合。

3) 当选相元件拒绝动作时，应能跳开三相并进行三相重合。

4) 对于非全相运行中可能误动作的保护，应进行可靠的闭锁，对于在单相接地时可能误动作的相间保护，应有防止单相接地误跳三相的措施。

5) 当一相跳开后重合闸拒绝动作时，为了防止线路长期出现非全相运行，应将其他两相自动断开。

6) 任意两相的分相跳闸继电器动作后，应联跳第三相，使三相断路器均跳闸。

7) 无论单相或三相重合闸，在重合不成功之后，均应考虑能加速切除三相，即实现重合闸后加速。

8) 在非全相运行过程中，如又发生另一相或两相的故障，保护应能有选择性地予以切除。

9) 对空气断路器或液压传动的断路器，当气压或者液压低至不允许实行重合闸时，应将重合闸回路自动闭锁；但如果在重合闸过程中下降到低于允许值时，则应保证重合闸动作的完成。

第五节 重合闸动作时限的整定原则

1. 单侧电源线路三相重合闸的动作时限

为了尽可能减少电源中断的时间，重合闸动作时限原则上应越短越好。因为当电源中断后，电动机由于被负荷所制动，电动机的转速会急速下降，当重合闸成功恢复供电后，很多电动机要自起动，而自起动电流很大，这样往往会引起电网内电压的降低，因而又造成自起动的困难或者拖延其恢复正常工作的时间。电源中断的时间越长则影响就越严重。

既然如此，重合闸为何又要带有时限？其原因如下：

1) 断路器跳闸后，要使故障点的电弧熄灭并使周围介质恢复绝缘强度是需要一定时间的，必须在这个时间以后进行合闸才有可能成功。在考虑上述时间时，在单端电源只跳开电源侧开关的情况下，还必须计及负荷电动机向故障点反馈电流所产生的影响，因为它是使绝缘强度恢复变慢的因素。

2) 在断路器动作跳闸以后，其触头周围绝缘强度的恢复以及灭弧室的灭弧介质性能恢复需要一定的时间，同时其操作机构恢复原状准备好再次动作也需要一定的时间。重合闸必须在这个时间以后才能向断路器发出合闸脉冲，否则，如果重合在永久性故障上，就可能发生断路器爆炸的严重事故。

因此，重合闸的动作时限应该在满足以上 2 个要求的前提下，力求缩短。如果重合闸是利用继电保护来起动，则动作时限还应该加上断路器的跳闸时间。

2. 双侧电源线路三相重合闸的动作时限

双侧电源线路三相重合闸的动作时限除满足以上要求外，还应该考虑线路两侧继电保护以不同时限切除故障的可能性。

从最不利的情况出发，每一侧的重合闸都应该以本侧先跳闸而对侧后跳闸来作为考虑整定时间的依据。如图 6-7 所示，假设本侧保护（保护 1）的动作时间为 $t_{PD.1}$，断路器跳闸时间为 $t_{QF.1}$，对侧保护（保护 2）的动作时间为 $t_{PD.2}$，断路器的动作时间为 $t_{QF.2}$，则在本侧跳闸以后，对侧还需要经过（$t_{PD.2}+t_{QF.2}-t_{PD.1}-t_{QF.1}$）的时间才能跳闸。再考虑故障点灭弧和周围介质去游离的时间 t_u，则先跳闸一侧重合闸的动作时限应该整定为

$$t_{AR} = t_{PD.2}+t_{QF.2}-t_{PD.1}-t_{QF.1}+t_u$$

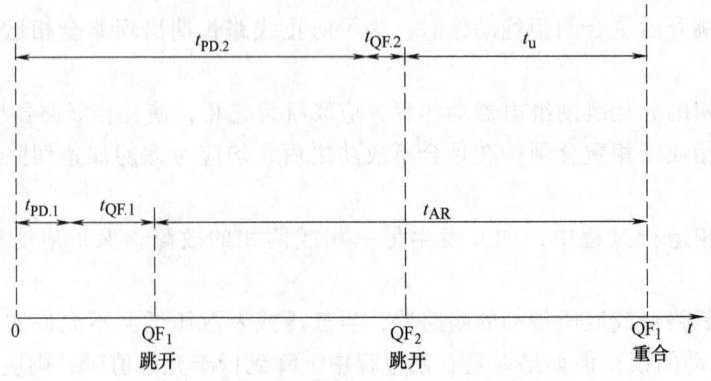

图 6-7 双侧电源线路重合闸动作时限配合的示意图

当线路上装设三段式电流或距离保护时，$t_{PD.1}$应该采用本侧Ⅰ段保护的动作时间，而$t_{PD.2}$一般采用对侧Ⅱ段（或Ⅲ段）保护的动作时间。

3. 单相重合闸的动作时限

当采用单相重合闸时，其动作时限的选择应满足三相重合闸时所提出的要求（即大于故障点灭弧时间及周围介质去游离的时间，大于断路器及其操作机构复归原状准备好再次动作的时间）以及不论是单侧电源还是双侧电源，均应考虑两侧选相元件与继电保护以不同时限切除故障的可能性。除此以外，还应考虑潜供电流对灭弧所产生的影响。当故障相线路自两侧切除后，如图6-8所示，由于非故障相与断开相之间存在有静电（通过电容）和电磁（通过互感）的联系，虽然短路电流已被切断，但在故障点的弧光通道中，仍然有电流，在C相故障并两侧跳开C相断路器后：

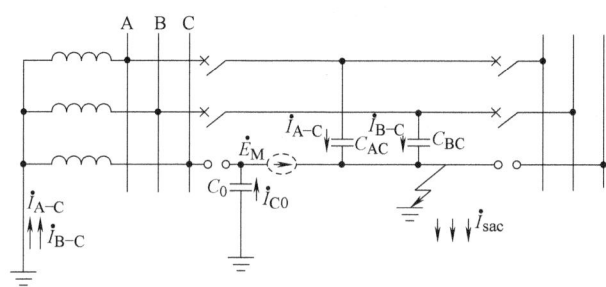

图6-8 C相单相接地时，潜供电流的示意图

1）非故障相A通过A-C相间的电容C_{AC}供给电流$\dot{I}_{A-C}$。

2）非故障相B通过B-C相间的电容C_{BC}供给电流$\dot{I}_{B-C}$。

3）继续运行的两相中，流过的负荷电流在C相中产生互感电动势$\dot{E}_M$，此电动势通过故障点和该相对地电容C_0而产生的电流$\dot{I}_{C0}$。

这些电流的总和称为潜供电流$\dot{I}_{sac}$。由于潜供电流的影响，将使短路时弧光通道的去游离严重受到阻碍，而自动重合闸只有在故障点电弧熄灭且绝缘强度恢复以后才有可能成功，因此，单相重合闸的时限必须考虑潜供电流的影响。一般线路的电压越高，线路越长，则潜供电流就越大。潜供电流的持续时间不仅与其大小有关，而且也与故障电流的大小、故障切除的时间、弧光的长度以及故障点的风速等因素有关。因此，为了正确地整定单相重合闸的时限，国内外许多电力系统都是由实测来确定熄弧时间。如我国某电力系统中，在220kV的线路上，根据实测确定保证单相重合闸期间的熄弧时间应在0.6s以上。

习题与思考题

1. 什么是自动重合闸？电力系统中为什么要采用自动重合闸？对自动重合闸装置有哪些基本要求？
2. 何谓"瞬时性"故障和"永久性"故障？重合闸重合于永久性故障时对电力系统有什么不利影响？
3. 自动重合闸如何分类？有哪些类型？
4. 什么是三相自动重合闸、单相自动重合闸和综合自动重合闸？各有何特点？
5. 选用重合闸方式的一般原则是什么？
6. 对双侧电源送电线路的重合闸有什么特殊要求？

7. 在检定同期和检定无压重合闸装置中为什么两侧都要装检定同期和检定无压继电器？
8. 什么叫重合闸前加速和后加速？试比较两者的优缺点和应用范围。
9. 综合重合闸对零序电流保护有什么影响？为什么？如何解决这一矛盾？
10. 超高压远距离输电线两侧单相跳闸后为什么出现潜供电流？对重合闸有什么影响？
11. 线路高频保护停用对重合闸的使用有什么影响？
12. 双侧电源自动重合闸的动作时间选择与单侧电源的有何不同？单相自动重合闸动作时间应如何选择？
13. 图 6-4 所示的双侧电源线路 M-N，在 M 侧采用检定无压的重合闸方式，N 侧采用检定同期的重合闸方式，线路两侧采用距离保护作主保护，其 I 段动作时间为 0.05s，II 段动作时间为 0.5s，I 段的可靠系数 0.8；M 侧断路器的合闸时间为 0.3s，跳闸时间为 0.08s，重合闸动作时间为 0.8s；N 侧断路器的合闸时间为 0.8s，跳闸时间为 0.1s，重合闸动作时间为 0.8s，裕度时间取 0.3s（包括检查同步继电器的动作时间在内）。试问：下述瞬时性故障情况下，在故障发生后多长时间，线路才恢复正常供电？
(1) 在线路中点短路。
(2) 在线路 M 侧断路器出口处短路。
(3) 在线路 N 侧断路器出口处短路。

第七章 电力变压器的保护

第一节 电力变压器的故障类型、不正常运行状态及相应的保护方式

电力变压器是电力系统中十分重要的供电设备,它的故障将对供电可靠性和系统的正常运行带来严重的影响。大容量的电力变压器也是十分贵重的设备,因此,必须根据变压器的容量和重要程度装设性能完善、工作可靠的继电保护装置。

变压器故障可以分为油箱内和油箱外故障两种。油箱内的故障包括绕组的相间短路、接地短路、匝间短路以及铁心的烧毁等。这些故障都是十分危险的,因为油箱内故障时产生的电弧,将引起绝缘物质的剧烈汽化,从而可能引起爆炸。因此,这些故障应该尽快加以切除。油箱外的故障,主要是套管和引出线上发生相间短路和接地短路。实践表明,变压器套管及引出线上的相间短路和接地短路,以及绕组的匝间短路是比较常见的故障形式,而变压器油箱内发生相间短路的情况比较少。

变压器的不正常运行状态主要有:变压器外部相间短路和外部接地短路引起的过电流以及中性点过电压;负荷超过额定容量引起的过负荷;漏油引起的油面降低或冷却系统故障引起的温度升高;大容量变压器由于其额定工作时的磁通密度相当接近于铁心的饱和磁通密度,因此在过电压或低频率等异常运行方式下会发生变压器的过励磁故障,引起铁心和其他金属构件过热。

根据上述故障类型和不正常运行状态,对变压器应装设下列保护:

1) 对于变压器油箱内的各种故障以及油面的降低,应装设反应于油箱内部产生的气体或油流而动作的气体(瓦斯)保护。

2) 对变压器绕组、套管及引出线的各种短路故障,应装设纵差动保护。如果变压器的容量低于 10000kV·A,可以只装设电流速断保护。

3) 对于外部相间短路引起的变压器过电流,根据变压器容量和系统短路电流水平的不同,应有选择地装设过电流保护、低电压启动的过电流保护、复合电压启动的过电流保护、负序过电流保护、阻抗保护等作为后备保护。

4) 在中性点直接接地系统中,一般采用部分变压器中性点接地运行。由于外部接地短路引起变压器过电流时,对于中性点接地运行的变压器,应装设零序电流保护。如果是自耦变压器或高、中压侧中性点都直接接地的三绕组变压器,当有选择性要求时,应增设零序方向元件。对于中性点不接地运行的变压器,为防止系统发生接地故障时中性点接地的变压器跳开之后,仍带接地故障继续运行,从而使中性点过电压,应根据具体情况装设相应的保护装置,如零序过电压保护、中性点设放电间隙加零序电流保护等。

5) 对 400kV·A 以上的变压器,当数台并列运行,或单独运行并作为其他负荷的备用电源时,应根据可能过负荷的情况,装设过负荷保护。

6) 高压侧电压为 500kV 及以上的变压器,由于频率降低和电压升高而引起的变压器励

磁电流升高,应装设过励磁保护。

7) 对于自耦变压器,或者在变压器高、中压侧发生单相接地故障时纵差动保护灵敏度不够,应装设零序差动保护。

8) 其他保护。对变压器温度升高、油箱内压力升高以及冷却系统故障,装设非电量保护。

第二节 变压器的纵差动保护

纵差动保护是变压器故障的主要保护形式。纵差动保护可以无延时地切除变压器内部绕组和引出线的相间和接地故障,甚至匝间短路,具有独特的优点。

一、变压器纵差动保护的基本原理

纵差动保护是反应被保护变压器各端流入和流出电流的相量差。变压器纵差动保护的原理接线图如图7-1所示。规定各侧电流的正方向均以流入变压器为正。

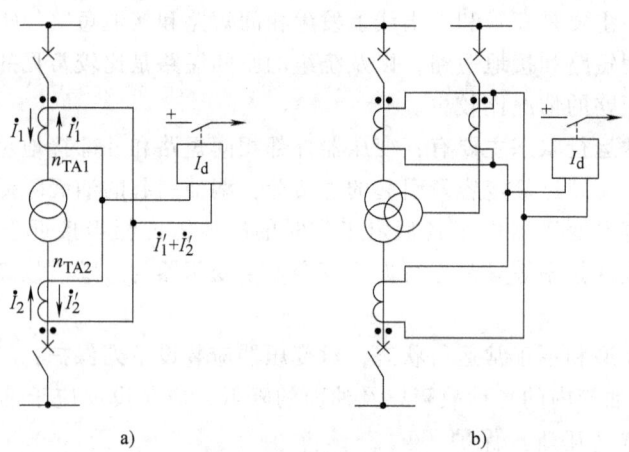

图 7-1 变压器纵差动保护的原理接线图
a) 双绕组变压器 b) 三绕组变压器

由于变压器高压侧和低压侧的额定电流不同,为了保证纵差动保护的正确工作,传统的纵差动保护必须适当选择两侧电流互感器的电流比,使得正常运行和外部故障时,两侧二次电流大小相等、方向相反,流入保护的差动电流为零。如图7-1a所示,应使

$$I'_1 = I'_2 = \frac{I_1}{n_{TA1}} = \frac{I_2}{n_{TA2}}$$

或

$$\frac{n_{TA2}}{n_{TA1}} = \frac{I_2}{I_1} = n_T \tag{7-1}$$

式中,n_{TA1}为高压侧电流互感器的电流比;n_{TA2}为低压侧电流互感器的电流比;n_T为变压器的电压比(即高、低压侧额定电压之比)。

由此可知,要实现变压器的纵差动保护,需要适当选择两侧电流互感器的电流比,使两个电流比的比值尽可能等于变压器的电压比n_T。

二、变压器纵差动保护的接线方式

电力系统的变压器通常采用 Yd11 的联结方式,如图 7-2a 所示。其中 $\dot{I}_{AH1}$、$\dot{I}_{BH1}$ 和 $\dot{I}_{CH1}$ 为变压器星形侧的一次电流,$\dot{I}_{AL1}$、$\dot{I}_{BL1}$ 和 $\dot{I}_{CL1}$ 为三角形侧的一次电流,在对称运行状态下,后者超前 30°,如图 7-2b 所示。

在实现变压器纵差动保护时,如果两侧的电流互感器均采用星形联结,则会有差电流流入保护回路。传统的变压器纵差动保护为了消除这种差电流的影响,通常都是将变压器星形侧的三个电流互感器接成三角形,而将变压器三角形侧的三个电流互感器联结成星形,采用这种接线方式即可把二次电流的关系校正过来。即变压器星形侧的二次输出电流为 $\dot{I}_{AH2}-\dot{I}_{BH2}$、$\dot{I}_{BH2}-\dot{I}_{CH2}$ 和 $\dot{I}_{CH2}-\dot{I}_{AH2}$,刚好与变压器三角形侧的二次电流 $\dot{I}_{AL2}$、$\dot{I}_{BL2}$ 和 $\dot{I}_{CL2}$ 同相位,如图 7-2c 所示。这样差动回路两侧的电流相位相同。

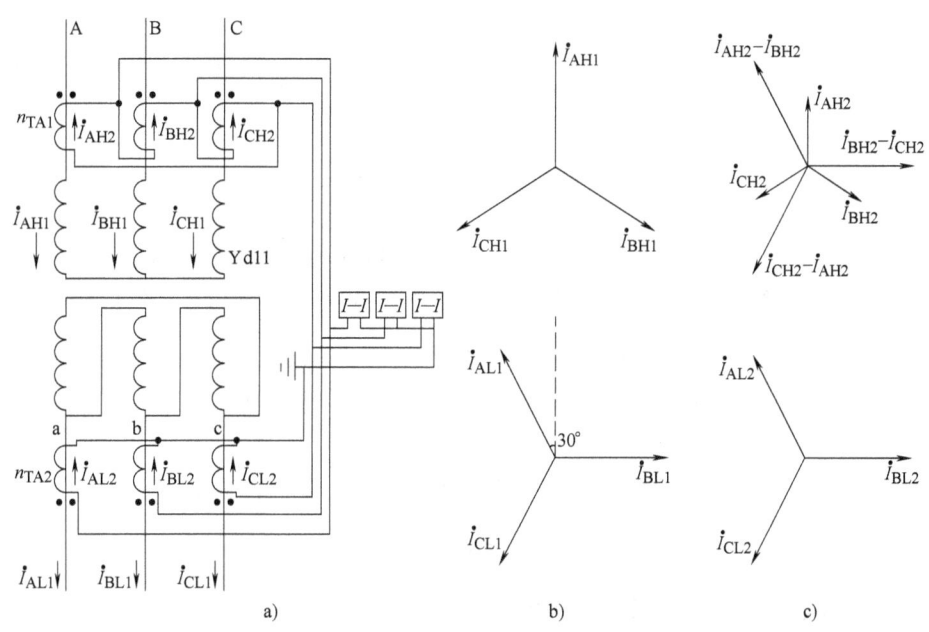

图 7-2 Yd11 联结变压器的纵差动保护接线和正常运行时的相量图
(图中电流方向对应于正常工作情况)
a) 变压器及其纵差动保护的接线 b) 电流互感器一次电流相量图 c) 纵差动保护回路的电流相量图

当电流互感器采用上述接线方式以后,在互感器接成三角形侧的差动臂中,在三相对称情况下,电流增大 $\sqrt{3}$ 倍。此时为保证在正常运行及外部故障情况下差动回路中没有电流,必须将该侧电流互感器的电流比增大 $\sqrt{3}$ 倍,使之与另一侧的电流相等,故选择电流比的条件是:

$$\frac{n_{TA2}}{n_{TA1}/\sqrt{3}} = n_T \tag{7-2}$$

在微机变压器纵差动保护中,两侧的电流互感器均接成星形,称为二次全星形联结,如图 7-3 所示。变压器三角形侧的电流经过接成星形的三个电流互感器输入微机保护装置,装置采集后得到三角形侧的三个线电流；而变压器星形侧的电流经过接成星形的三个电流互感器输入微机保护装置后，由软件对星形侧的电流进行校正，装置把采集到的三个相电流两两相减，再同三角形侧的线电流相平衡，如图 7-3b、c 所示。这种方式使得二次接线简单，便于判断故障相和 TA 断线。

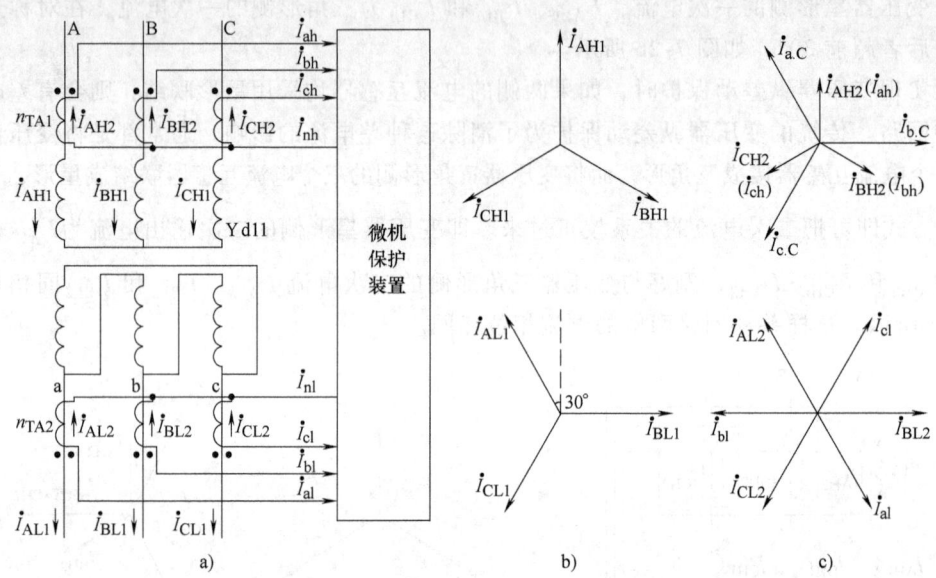

图 7-3 二次全星形联结的纵差动保护接线及其对称运行时的相量图
a）变压器及其纵差动保护的接线 b）电流互感器一次电流相量图 c）纵差动保护回路的电流相量图

对于 Yd11 联结的变压器，保护用以同三角形侧相平衡的电流实际上是星形侧电流互感器的两相电流之差，用软件实现补偿的变压器 Y 形侧计算电流为

$$\dot{I}_{\text{a.C}} = \dot{I}_{\text{ah}} - \dot{I}_{\text{bh}} \quad \dot{I}_{\text{b.C}} = \dot{I}_{\text{bh}} - \dot{I}_{\text{ch}} \quad \dot{I}_{\text{c.C}} = \dot{I}_{\text{ch}} - \dot{I}_{\text{ah}} \tag{7-3}$$

对于 Yd1 联结的变压器，用软件实现补偿的变压器 Y 形侧计算电流为

$$\dot{I}_{\text{a.C}} = \dot{I}_{\text{ah}} - \dot{I}_{\text{ch}} \quad \dot{I}_{\text{b.C}} = \dot{I}_{\text{bh}} - \dot{I}_{\text{ah}} \quad \dot{I}_{\text{c.C}} = \dot{I}_{\text{ch}} - \dot{I}_{\text{bh}} \tag{7-4}$$

三、不平衡电流产生的原因及消除措施

在正常运行及保护范围外部短路故障时流入纵差动保护差动回路的电流叫不平衡电流 I_{ub}。变压器的纵差动保护需要躲过差动回路中的不平衡电流。现对不平衡电流产生的原因和消除方法分别讨论如下：

1. 由变压器励磁电流而产生的不平衡电流

变压器的励磁电流 i_E 是在差动范围内未接入差动保护回路的一个特殊支路，因此通过电流互感器反映到差动回路中未参与平衡。在正常运行情况下，此电流很小，一般不超过额定电流的 2%~10%。在外部故障时，由于电压降低，励磁电流减小，它的影响就更小了。

但是，在变压器空载合闸，或者变压器外部故障切除后变压器端电压突然恢复时，则可能会产生很大的暂态励磁电流，这种电流称为励磁涌流。因为在稳态工作情况下，铁心中的磁通应滞后于外加电压 90°，如图 7-4a 所示。如果空载合闸时，正好在电压瞬时值 $u=0$ 时投入，则铁心中应该具有磁通 $-\Phi_m$。但是由于铁心中的磁通不能突变，因此，将出现一个非周期分量的磁通，其幅值为 $+\Phi_m$。这样在经过半个周期以后，如果不计非周期分量磁通衰减，铁心中两个磁通极性相同，铁心中的磁通就达到 $2\Phi_m$。如果铁心中还有剩余磁通 Φ_r，则总磁通将为 $2\Phi_m+\Phi_r$，如图 7-4b 所示。此时变压器的铁心严重饱和，励磁电流 i_E 将剧烈增大，此电流就称为变压器的励磁涌流，其数值最大可达额定电流的 6~8 倍，同时还包含有大量的非周期分量和高次谐波分量，如图 7-4c、d 所示。励磁涌流的大小和衰减时间，与外加电压的相位、铁心中剩磁的大小和方向、电源容量的大小、回路的阻抗以及铁心性质等都有关系。例如，正好在电压瞬时值为最大时合闸，就不会出现励磁涌流，而只有正常时的励磁电流。但是对三相变压器而言，无论在任何瞬间合闸，至少有两相要出现程度不同的励磁涌流。

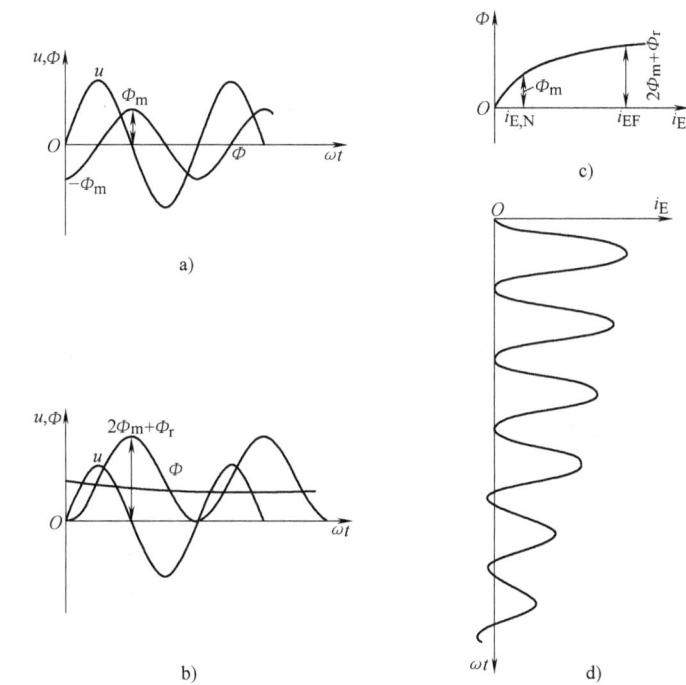

图 7-4 变压器励磁涌流的产生及变化曲线
a) 稳态情况下，磁通与电压的关系 b) 在 $u=0$ 瞬间空载合闸时，磁通与电压的关系
c) 变压器铁心的磁化曲线 d) 励磁涌流的波形

通过对励磁涌流的试验数据进行分析，励磁涌流具有以下特点：

1) 包含有很大成分的非周期分量，使涌流偏于时间轴的一侧。

2) 包含有大量的高次谐波，以二次谐波为主。

3) 波形中间出现间断，如图 7-5 所示，在一个周期中间断角为 α。

根据以上特点，在变压器纵差动保护中防止励磁涌流影响的方法有：

1) 采用具有速饱和铁心的差动继电器。

2) 鉴别短路电流和励磁涌流波形的差别。

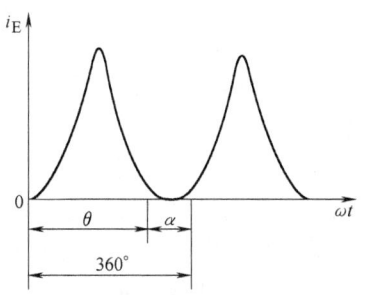

图 7-5 励磁涌流的波形

3）利用二次谐波制动等。

4）利用有较大间断角的特点。

2. 由电流互感器实际电流比与计算变比不同而产生的不平衡电流

在传统的变压器纵差动保护中，由于变压器两侧的电流互感器都是根据产品目录选取的标准电流比，而变压器的电压比也是按标准选取的，因此，三者的关系很难满足 $\dfrac{n_{TA2}}{n_{TA1}} = n_T$（或对 Yd11 联结的 $\dfrac{n_{TA2}}{n_{TA1}/\sqrt{3}} = n_T$）的要求，此时差动回路中将有电流流过。当采用具有速饱和铁心的差动继电器时，通常都是利用它的平衡线圈来消除此差电流的影响。

在微机变压器纵差动保护中，两侧电流互感器的电流比和变压器的电压比不需要严格满足上述要求。采用二次全星形联结的微机纵差动保护对两侧（或三侧）电流互感器的电流比没有特别要求，可以采用具有标准化电流比的电流互感器，它将电流互感器二次侧电流差改为数字差（由软件实现），即由此带来的二次侧不平衡电流用数值计算进行补偿。这种补偿方法较之传统纵差动保护采用的补偿方法更准确，不平衡电流更小。

当然，微机保护装置在采样和数据处理时会带来一定的误差。对于采样带来的误差，可通过提高采样的精度来改善，如采用位数更高的 A-D 转换器件。对于数据处理（如数据截断）所带来的误差，可通过加宽数据窗长度的方法来提高精度。但数据窗越长，所需的处理时间也会越长，从而对保护的快速性产生影响。此外，研究新的保护算法也可改善误差。一般而言，采样和数据处理所产生的不平衡电流很小。

3. 由变压器带负荷调整分接头而产生的不平衡电流

电力系统中经常采用带负荷调压的变压器，利用改变变压器分接头的位置来保持系统的运行电压。改变分接头的位置，实际上是改变变压器的电压比 n_T。如果纵差动保护已经按某一电压比设置好参数，则当分接头改变时，保护中各侧的计算电流的平衡关系就被破坏，产生一个新的不平衡电流，但差动保护的整定值不可能根据分接头的位置变化随时进行调整。为克服由此产生的不平衡电流，应在纵差动保护的整定中予以考虑。

4. 由两侧电流互感器的型号不同而产生的不平衡电流

对于装设在变压器两侧的电流互感器，由于变压器两侧的额定电压不同，所以很难选择型号相同的电流互感器。不同型号的电流互感器，它们的饱和特性及归算到同一侧的励磁电流也就不同，因此，在差动保护中将引起不平衡电流。为保证纵差动保护的正确工作，通常是根据电流互感器的 10% 误差曲线来选择电流互感器的型号。

5. 由于变压器外部短路而产生的不平衡电流

在变压器的差动保护范围外部发生故障的暂态过程中，由于变压器两侧电流互感器的铁心特性及饱和程度不同，互感器饱和后，传变误差增大而引起的不平衡电流，对差动保护产生较大的影响。

保护范围外部短路时，短路电流中含有很大的非周期分量。在短路后 $t=0$ 时，突增的非周期分量电流使电流互感器的铁心中产生一个突增的磁通，它使二次回路中产生一个突增的非周期分量电流，此电流是去磁的。电流互感器一、二次回路的衰减时间常数不同，一次回路衰减时间常数较短（例如 0.05s），二次回路的电阻小，电感大，衰减时间常数较大，甚至可达 1s。在一次侧非周期分量减少以后，二次侧衰减很慢的非周期分量电流成为励磁电流的一部分，使电流互感器铁心饱和。铁心饱和后，励磁阻抗大大降低，周期分量的励磁电流加大，最大值出现在几个周波之后，其值为稳态励磁电流的许多倍，波形如图7-6所示。曲线3为铁心饱和以后励磁电流的周期分量；曲线4为短路电流中衰减的非周期分量（归算到互感器的二次侧）；曲线1为互感器的二次侧感应的非周期分量电流；曲线2为总的励磁电流（误差电流），其中包括铁心饱和后加大了的励磁电流和互感器二次衰减慢的直流分量。总误差电流偏到时间轴的一侧。

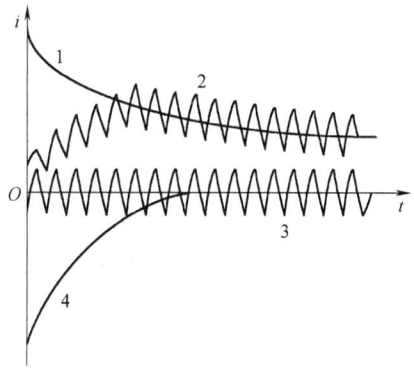

图7-6 过渡过程中电流互感器励磁电流的波形图

外部短路暂态过程中变压器两侧电流互感器励磁电流大大增加，由于两侧电流互感器铁心饱和程度不同，两侧总励磁电流的差即暂态过程中不平衡电流加大。从分析及实验记录的不平衡电流波形可知，外部短路暂态不平衡电流比稳态不平衡电流大，并含有较大直流分量。

为了减小保护范围外部短路暂态过程中不平衡电流的影响，在电磁式继电保护中曾采用在差动回路中接入具有快速饱和特性的中间变流器。速饱和变流器是一个铁心截面积较小，易于饱和的中间变流器。从上面分析可知，暂态不平衡电流中有较大的直流分量。直流分量使速饱和变流器饱和。这时，交流分量电流难于传送到速饱和变流器的二次侧，差动继电器不会动作。但加入速饱和继电器以后，在内部故障时，由于在暂态过程中短路电流也包含着非周期分量电流，速饱和变流器会饱和，因此，继电器不能立即动作，须待非周期分量衰减后，差动保护才能动作将故障切除。被保护的设备容量越大，其一次回路的时间常数越大，因而保护动作的时间就越长，这对尽快切除设备内部的故障是十分不利的。

在微机纵差动保护中，为了克服在内部故障时上述保护延时动作的弊端，微机保护不装设具有速饱和特性的中间变流器，从而提高了内部故障时保护动作的速度，同时，对外部故障时引起的不平衡电流的影响进行有效地克服。其主要的措施有：

1）用数字滤波的方法对非周期分量带来的影响进行有效的滤除。对各侧电流互感器传送来的电流进行采样后，采用数字滤波的方法滤除非周期分量和其他不需要的谐波分量。然后计算出变压器的差动电流。这样外部故障时，不平衡电流将会得到了较大的减少；内部故障时，对差动电流没有影响，从而能够快速可靠地切除故障。

2）采用具有制动特性的比率差动保护原理。利用故障时的短路电流来实现制动，使差动保护的动作电流随制动电流的增加而增加。当外部故障时，虽然会产生不平衡电流，但外部故障的短路电流越大，则制动电流就越大，差动保护动作所需的差动电流也就越大，从而保证差动保护不会误动作。内部故障时，虽然制动电流也增大，但内部故障将产生很大的差动电流，足够使差动保护动作。

总的看来，上述第2项不平衡电流可以通过选择电流互感器的接线和电流比，以及平衡线圈，或者适当的软件处理，使其降到最小。但第1、3、4、5各项不平衡电流，实际上是不可能完全消除的。因此，变压器的纵差动保护必须躲过这些不平衡电流的影响。相对于第1和5项的不平衡电流，第3、4项的不平衡电流要小得多，只需在整定时予以考虑就可消除它们的影响。对于第1、5项的不平衡电流，必须有专门的识别励磁涌流的方法和消除外部故障引起的不平衡电流的方法，从而消除它们的影响。

根据以上分析，变压器纵差动保护所采用的最大不平衡电流 $I_{ub.max}$ 可由下式确定：

$$I_{ub.max} = (10\% K_{st} K_{aper} + \Delta U + \Delta m) I_{k.max}/n_{TA} \tag{7-5}$$

式中，10%为根据10%误差曲线选择的电流互感器所容许的最大相对误差；K_{st} 为电流互感器的同型系数，由于变压器两侧电流互感器型号不同，会产生较大的不平衡电流，所以取为1；K_{aper} 为电流互感器的非周期分量系数，只考虑稳态不平衡电流时取为1.0，考虑暂态不平衡电流时取1.5~2.0，当采用速饱和变流器时，由于非周期分量能引起饱和，抑制不平衡输出，可取1.0；ΔU 为有载调压变压器调压所引起的相对误差，如果电流互感器二次电流在变压器额定抽头时处于平衡，则 ΔU 取电压调整范围的一半；Δm 为由于电流互感器的电流比在采取补偿方法以后仍未完全匹配而产生的误差以及微机保护装置本身所固有的误差，一般取0.05；$I_{k.max}/n_{TA}$ 为变压器区外故障时的最大短路电流归算到二次侧的数值。

此外，运行中差动保护的电流互感器可能发生二次回路断线，当电流互感器二次回路断线时，势必将出现较大的不平衡电流，可能会造成差动保护的误动。如果采用提高差动保护的动作电流来弥补上述缺陷，则牺牲了差动保护的灵敏度。而提高差动保护的灵敏度是非常重要的，况且电流互感器二次回路断线的概率毕竟还是小的。对于灵敏度要求高的大容量、重要变压器的差动保护，为了解决这个问题，理想中应装设电流回路断线闭锁装置。此装置应满足当发生电流互感器二次回路断线时，应先于差动保护动作，将保护闭锁；而在差动保护范围内发生故障，闭锁功能退出。目前，对于大容量、重要变压器，可以采用分别装设独立的接于不同电流互感器的两组差动保护，两组差动保护的触点串联以实现互为闭锁的方式，这种接线方式可以有效地防止由于电流互感器二次回路断线而造成的差动保护误动作。为了能及时地发现电流互感器二次回路断线，可在差动回路装设断线监视装置，一旦发现断线能及时进行处理。

四、比率制动的纵差动保护和差动速断保护

变压器纵差动保护应满足以下要求：①当变压器内部发生短路性质的故障时应快速动作于跳闸；故障变压器空载投入时，可能伴随较大的励磁涌流，亦应尽快动作；②当出现外部故障伴随很大的穿越电流时，应可靠不动作；③正常时无论变压器发生何种形式的励磁涌流和过励磁应可靠不动作。

比率制动特性的纵差动保护，既能在外部短路时具有可靠的制动作用，又能保证在变压器内部短路时具有较高的灵敏度，它能很好地满足上述①和②的要求，因此，变压器纵差动保护普遍采用比率制动特性。至于③的要求，将在后面予以详细介绍。

1. 具有比率特性的纵差动保护

为了在变压器区外故障时差动保护有可靠的制动作用，同时在内部故障时有较高的灵敏度，一般采用比率制动特性，也称为穿越电流制动特性。由不平衡电流的讨论可知，流入差动回路的不平衡电流与变压器外部故障时的穿越电流有关。穿越电流越大，不平衡电流也越大。利用这个特点，在差动回路引入一个能够反应变压器穿越电流大小的制动电流，使得差动保护的动作电流根据制动电流的大小自动调整。

(1) 直线比率制动特性　对于双绕组变压器，可以根据式 (7-5) 绘出不平衡电流 I_{ub}

与外部短路电流 I_k 变换到电流互感器二次侧之值 $I'_k\left(=\dfrac{I_k}{n_{TA}}\right)$ 的关系,即 $I_{ub}=f(I'_k)$,在图7-7中以直线1表示(实际上由于电流互感器饱和特性的影响,不是单纯的线性关系)。设外部最大短路电流 $I_{k.max}$ 变换到二次侧的值为 $I'_{k.max}$,则可对应求出最大不平衡电流 $I_{ub.max}$。

如果差动保护不采用制动特性,则保护动作电流 I_d 应该按照躲开外部短路时的最大不平衡电流整定,即 $I_d=K_{rel}I_{ub.max}$(K_{rel} 为可靠系数,取 1.3),如图7-7中的水平直线2所示。

当差动保护采用制动特性时,制动电流 I_{res} 选择为外部故障时的穿越电流,即 $I_{res}=I'_k$。显然,保护的动作电流曲线应该通过 a 点并始终位于直线1之上,如图7-7中的直线3所示。由此可见,保护的动作电流是随着制动

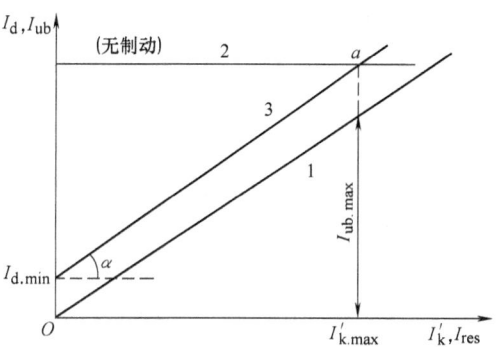

图 7-7 具有制动特性的差动保护的整定图解

电流(外部短路时的穿越电流)的不同而改变的,故称为穿越电流制动。由于这种制动作用与穿越电流的大小成正比,因而使保护动作电流随着制动电流的增大而自动增加,故又称为比率制动。由于直线3始终在直线1的上面,因此在任何大小的外部短路电流作用下,实际动作电流均大于相应的不平衡电流,保护不会误动作。

直线比率制动特性的动作方程为

$$I_d > K_{res}I_{res} + I_{d.min} \tag{7-6}$$

式中,I_d 为差动电流;I_{res} 为制动电流;$I_{d.min}$ 为启动电流,也称最小动作电流;K_{res} 为比率制动特性的斜率,即制动系数,有 $K_{res}=\tan\alpha$。

(2)两折线比率制动特性 在数字式纵差动保护中,常常采用一段与坐标横轴平行的直线和一段斜线构成两折线特性,如图7-8所示。折线的斜线部分穿过 a 点,与水平线相交于 g 点,整个折线仍然位于 $I_{ub}=f(I'_k)$ 对应的直线1上方,所以外部故障时保护不会误动,但内部故障时灵敏度有所下降。设置最小动作电流 $I_{d.min}$ 是必要的,因为存在一些与制动电流无关的不平衡电流,如变压器的励磁电流、测量回路的杂散噪声等,动作电流过低容易造成保护误动。两折线特性的动作方程为

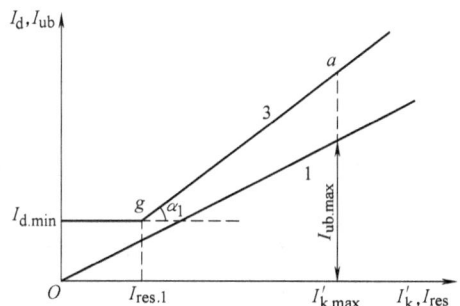

图 7-8 两折线比率制动特性曲线图

$$\left.\begin{array}{l}I_d > I_{d.min}, \qquad \text{当 } I_{res} < I_{res.1} \\ I_d > K(I_{res}-I_{res.1})+I_{d.min}, \text{当 } I_{res} \geq I_{res.1}\end{array}\right\} \tag{7-7}$$

式中,$I_{d.min}$ 为最小动作电流;$I_{res.1}$ 为拐点电流;K 为斜线段的斜率,即图7-8中斜线 ag 的斜率,有 $K=\tan\alpha_1$。

下面以图7-1a所示的双绕组变压器为例,制动电流取 $I_{res}=I'_1$,简单分析采用两折线比率制动特性的差动保护在变压器内部故障时动作的灵敏性。

变压器内部故障时,差动电流 I_d 与制动电流 I_{res} 的关系与运行方式有关。当双侧电源供电时,若两侧电源的电动势和等效阻抗都相同,则 $I_d = I'_1 + I'_2 = 2I_{res}$,其关系如图 7-9 的直线 4 所示,与制动特性相交于 b 点,差动回路电流只要大于最小动作电流 $I_{d.min}$ 就能够动作。单侧电源供电时,若 I_1 对应的是负荷侧,则 $I_{res} = I'_1 = 0$,显然保护的动作电流也是 $I_{d.min}$;若 l_1 对应的是电源侧,则 $I_d = I_{res} = = I'_1$,其关系如图 7-9 的直线 5 所示,与制动特性相交于 c 点,这是纵差动保护最不利的情况。由于直线 5 的斜率为 1,所以只要拐点电流 $I_{res.1}$ 大于最小动作电流 $I_{d.min}$,仍然可以保证保护的动作电流为 $I_{d.min}$。由此可见,在各种运行方式下的变压器内部故障时,带有制动特性的差动保护动作电流均为最小动作电流 $I_{d.min}$;而不带制动特性的差动保护动作电流固定为 $I_{d.max}$(图 7-9 中直线 2 所对应)。由于采用制动特性后,变压器内部故障时的动作电流由 $I_{d.max}$ 下降到 $I_{d.max}$ 及制动线,所以差动保护的灵敏度大为提高。

(3) 三折线比率制动特性 为了更好地与电流互感器的非线性饱和特性相配合,可以采用三折线比率制动特性。如图 7-10 所示,其动作方程为

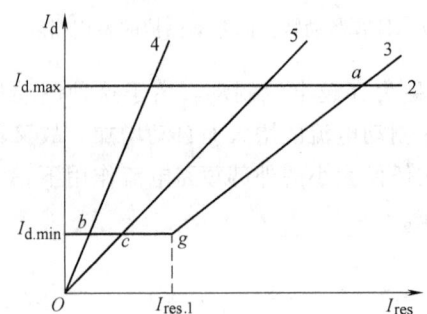

图 7-9 内部故障时,差动回路的动作电流

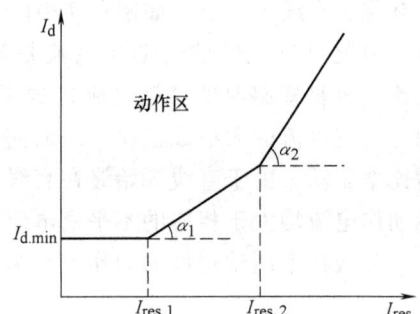

图 7-10 三折线比率制动特性曲线图

$$\left.\begin{array}{ll} I_d > I_{d.min} & \text{当 } I_{res} \leq I_{res.1} \\ I_d > K_1(I_{res} - I_{res.1}) + I_{d.min} & \text{当 } I_{res.1} < I_{res} \leq I_{res.2} \\ I_d > K_2(I_{res} - I_{res.2}) + K_1(I_{res.2} - I_{res.1}) + I_{d.min} & \text{当 } I_{res} > I_{res.2} \end{array}\right\} \quad (7-8)$$

式中,$I_{res.1}$ 为比率制动特性的第一拐点制动电流;$I_{res.2}$ 为比率制动特性的第二拐点制动电流;K_1 为比率制动特性第一斜线段的斜率,$K_1 = \tan\alpha_1$;K_2 为比率制动特性第二斜线段的斜率,$K_2 = \tan\alpha_2$。

(4) 制动电流的选取 制动电流的选取直接影响纵差动保护的选择性和灵敏度。制动量大,可以保证外部故障时可靠不动作,但内部故障时的灵敏度降低。因此,应结合变压器实际工作情况合理选择确定制动电流。制动电流的选取不是唯一的,例如可以选择 $I_{res} = I'_2$ 作为制动电流。在外部故障时,$I_{res} = I'_1$ 和 $I_{res} = I'_2$ 的制动作用是一样的,而内部故障时两者的灵敏度不一样,显然选取故障电流小的一侧电流作为制动电流时保护的灵敏度较高。传统的模拟式保护都是按照这一原则来选取制动电流。对于数字式保护,制动电流通常由各侧电流综合而成。

若规定双绕组变压器两侧分别记为 Ⅰ 侧和 Ⅱ 侧,三绕组变压器的第三绕组以 Ⅲ 表示,电流 $\dot{I}_I$、$\dot{I}_{II}$、$\dot{I}_{III}$ 分别为 Ⅰ、Ⅱ、Ⅲ 侧的电流,并且这些电流是经过了绕组接线补偿(对于 Y 形侧)而且折算到某一侧(一般是高压侧)之后的计算电流。

对于双绕组变压器,制动电流 I_{res} 选取的方法有很多种,下面是较常用的几种:

(1) 模值和电流制动

$$I_{res} = \frac{|\dot{i}_I| + |\dot{i}_{II}|}{2} \quad (7-9)$$

(2) 和差制动

$$I_{res} = \frac{|\dot{i}_I - \dot{i}_{II}|}{2} \quad (7-10)$$

(3) 标积制动

$$I_{res} = \begin{cases} \sqrt{|I'_1 I'_2 \cos(180°-\theta)|} & \text{当} \cos(180°-\theta) \geq 0 \text{时} \\ 0 & \text{当} \cos(180°-\theta) < 0 \text{时} \end{cases} \quad (7-11)$$

式中,θ 为 $\dot{i}'_1$ 与 $\dot{i}'_2$ 的相位差。

外部故障时由于两侧电流大小相等、方向相反,所以三种制动电流都等于变压器的穿越电流;内部故障时,制动电流的大小是不一样的,在不考虑负荷电流影响时,后两种方法的制动电流比较小。但应该指出,在故障电流很大,负荷电流影响可以忽略的情况下,各种方法都有很高的灵敏度;只有在故障电流与负荷电流差不多甚至更小时,由于负荷电流也参与制动,即也起制动作用,分析各种制动电流的相对大小才是有意义的。

三绕组变压器的纵差动保护也可以采用上面三种制动电流的选取方法。由于有三个电流,和差制动和标积制动方法不能直接采用,故需要根据各侧电流的相对大小自适应地选取。现以和差制动为例,设变压器三侧电流中 $\dot{i}_I$ 的幅值最大,取制动电流为 $I_{res} = \frac{|\dot{i}_I - (\dot{i}_{II} + \dot{i}_{III})|}{2}$。外部故障时显然 $\dot{i}_I$ 是流出变压器的,$\dot{i}_{II}$ 和 $\dot{i}_{III}$ 是流入变压器的,故 I_{res} 反映了变压器的穿越电流。

2. 差动电流速断保护

当变压器内部发生非常严重的故障时,虽然差动电流很大,但仍有可能受某些制动量的制约,使差动保护延时动作,从而延误了动作时间,这对变压器来说是非常不利的。例如,当变压器合闸于严重故障时,差动电流很大,但由于励磁涌流判据(如二次谐波电流)的影响,使差动保护被制动,直到二次谐波分量衰减后才能动作。因此,为了在变压器保护区内发生严重性故障时快速跳开变压器各侧开关,确保变压器的安全,变压器保护配置有差动电流速断保护,当差动电流大于整定值时瞬时动作,以加速保护的跳闸。

五、变压器纵差动保护中励磁涌流的识别方法

如前所述,在变压器空载合闸,或者变压器外部故障切除后变压器端电压突然恢复时,会产生很大励磁涌流,从而在差动保护中引起较大的不平衡电流,若不采取相应的措施对励磁涌流进行识别和制动,差动保护就会误动作。因此,在变压器纵差动保护中,励磁涌流的识别一直是一个十分重要的问题。识别励磁涌流的原理和方法有很多,下面介绍常用的几种。

1. 间断角原理

分析表明,励磁涌流的波形不连续,并且存在明显的间断角,而变压器内部故障时差电流的波形是连续的。所谓间断角，定义为涌流波形中在基频周波内保持为零（或很小）的那一段波形所对应的电角度。间断角是区别励磁涌流和故障电流的一个重要特征。通过检测差电流波形的间断角，当间断角大于整定值时将差动保护闭锁。

在实际应用中，由于电流互感器等元件暂态过程的影响，会引起二次电流间断角变形，严重时甚至会造成间断角"消失"的现象。因而需要采用输入差电流波形的导数及其他相应的措施恢复间断角，并利用涌流导数的间断角和波形宽度构成实用的涌流判据。

2. 波形对称原理

波形对称原理是基于故障电流的波形符合对称性，即当前采样时刻的采样值与半周前的采样值具有相反的符号，且模值大小相近，如图7-11a所示。而励磁电流的波形不符合对称性，如图7-11b所示，由此可区分出故障电流和励磁涌流。

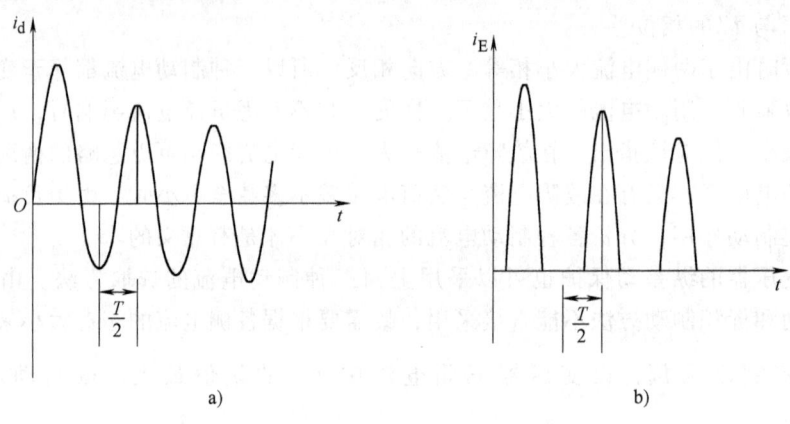

图 7-11 故障电流与励磁涌流波形
a）故障电流波形 b）励磁涌流波形

考虑到电流互感器的饱和以及微机保护中电流变换器的传变特性的影响，在微机保护中，为保证正确识别故障电流和励磁涌流，需要连续判断一段时间（如半个周期以上），才能判别波形是否满足对称性。

3. 谐波识别法

谐波识别法是应用最普遍的一种判别励磁涌流的方法。根据对变压器空载合闸时产生的励磁涌流的谐波分析可知，在励磁涌流中含有许多高次谐波，其中以二次谐波的含量最多。考虑到合闸时电压的初相角、铁心中剩磁大小和方向、饱和磁密、三相变压器的接线方式、系统的阻抗等各种因数的影响，励磁涌流中二次谐波的含量一般不低于15%。而变压器发生内部故障时，故障电流二次谐波的含量较低。因此可采用判断二次谐波含量来区别故障电流和励磁涌流。

变压器各侧的电流经过电流互感器传送输入微机保护装置后，装置经采样及软件计算后得出变压器差动电流中的基波电流和二次谐波电流，当二次谐波电流与基波电流之比大于整定的二次谐波制动系数时，判定为励磁涌流，闭锁变压器差动保护。

对于500kV超高压变压器的纵差动保护，还可以增加5次谐波制动判据。除了上述常用的方法外，磁通制动特性的差动保护原理也有研究和应用，它是一种利用变压器在发生励磁涌流和内部故障时具有不同的磁通特征来识别励磁涌流的方法。通过输入微机保护装置的电压量和电流量，算出简化的磁化曲线与差动电流 i_d 的关系来识别励磁涌流。

六、变压器纵差动保护的整定计算

下面介绍二次全星形联结的微机变压器纵差动保护的整定计算方法。

1. 电流平衡调整系数的整定

变压器的各侧电流互感器采用星形联结，由软件进行变压器绕组校正后，由于变压器各侧额定电流不等及各侧 TA 电流比不等，还必须对各侧计算电流进行平衡调整，才能消除不平衡电流对变压器差动保护的影响。具体计算时，只需根据变压器各侧的一次额定电流、TA 电流比求出电流平衡调整系数 K_b，将 K_b 当作定值输入微机保护，由软件实现电流自动平衡调整，消除不平衡电流影响，具体计算如下：

（1）计算变压器各侧的一次额定电流　变压器各侧的一次额定电流 I_{1N}

$$I_{1N} = S_N / \sqrt{3} U_N \tag{7-12}$$

式中，S_N 为变压器额定容量（kV·A），应取最大容量侧的容量；U_N 为相应侧额定线电压（kV），有调节分接头时，应取中间抽头电压；I_{1N} 为相应侧的变压器一次额定电流（A）。

（2）计算变压器各侧 TA 二次额定计算电流

$$I_{2NC} = (I_{1N}/n_{TA}) \times K_{jx} \tag{7-13}$$

式中，n_{TA} 为相应侧 TA 电流比，高压侧记为 n_{TAH}，中压侧记为 n_{TAM}，低压侧记为 n_{TAL}；K_{jx} 为 TA 接线系数，变压器 Y 形侧 $K_{jx} = \sqrt{3}$，变压器 △ 形侧 $K_{jx} = 1$。

由式（7-13）决定的 I_{2NC} 实质上是由软件计算的二次侧额定计算电流，对于变压器各侧 TA 都采用星形联结的微机保护来说，它与 TA 二次侧额定电流是有区别的。

（3）计算电流平衡调整系数 K_b　首先规定变压器高压侧的 I_{2NC} 为电流基准值 $I_n = I_{2NHC}$，即各侧电流都折算到高压侧进行计算（有的保护装置以标幺值进行计算，也有的保护装置以 5A 为基准），然后对其他各侧的 TA 电流比进行计算调整。其调整系数 K_b 作为整定值输入保护装置，由保护装置完成差动回路的自动平衡，其他各侧调整系数按下式计算：

$$K_b = I_n / I_{2NC} \tag{7-14}$$

即低压侧调整系数整定值 K_{bl} 和中压侧调整系数整定值 K_{bm} 为

$$K_{bl} = U_L n_{TAL} K_{jx.h} / U_H n_{TAH} K_{jx.l} \tag{7-15}$$

$$K_{bm} = U_M n_{TAM} K_{jx.h} / U_H n_{TAH} K_{jx.m} \tag{7-16}$$

式中下标 H，h，M、m、L、l 分别表示高压侧、中压侧和低压侧。例如对于 YN、Y，d11 三绕组变压器，则 $K_{jx.h} = \sqrt{3}$，$K_{jx.m} = \sqrt{3}$，$K_{jx.l} = 1$。

下面举例计算电流平衡调整系数 K_b。

【例 7-1】　已知变压器额定容量为 $S_N = 31.5 \text{MV·A}$，电压比为（110±4×2.5%）kV/（38.5±2×2.5%）kV/11kV，接线方式为 YN，Y，d11，TA 二次额定电流为 5A。

计算变压器各侧一次额定电流

$$I_{1NH} = 31500/(\sqrt{3} \times 110) \text{A} = 165.3 \text{A}$$

$$I_{1NM} = 31500/(\sqrt{3} \times 38.5) \text{A} = 472.4 \text{A}$$

$$I_{1NL} = 31500/(\sqrt{3} \times 11) \text{A} = 1653.3 \text{A}$$

选择各侧电流互感器的电流比：

$165.3 \times \sqrt{3}/5 = 286.3/5$；TA 电流比选取 $n_{TAH} = 300/5 = 60$

$472.4 \times \sqrt{3}/5 = 818.2/5$；TA 电流比选取 $n_{TAM} = 1000/5 = 200$

$1653.3/5$；   TA 电流比选取 $n_{TAL} = 2000/5 = 400$

计算的各侧二次额定计算电流：

$$I_{2NHC} = \sqrt{3} \times 165.3/60 \text{A} = 4.772 \text{A}$$

$$I_{2NMC} = \sqrt{3} \times 472.4/200 \text{A} = 4.09 \text{A}$$

$$I_{2NLC} = 1653.3/400 \text{A} = 4.133 \text{A}$$

计算调整系数 K_b，以高压侧二次额定计算电流 I_{2NHC} 为基准，即把其他各侧折算到高压侧，则

$$K_{bh} = 1$$
$$K_{bm} = 4.772/4.09 = 1.167$$
$$K_{bl} = 4.772/4.133 = 1.155$$

在软件计算时各侧电流可根据各侧电流平衡调整系数进行补偿。假设在正常运行时该变压器满负荷运行，中压侧的负荷为 20MV·A，低压侧的负荷为 11.5MV·A，则有高压侧一次电流为 165.3A，中压侧为 300A，低压侧为 603.6A。高压侧二次计算电流为 4.772A，中压侧为 2.6A，低压侧为 1.51A。因此，差电流为

$$\begin{aligned} I_d &= I_h - (I_m K_{bm} + I_l K_{bl}) \\ &= [4.772 - (2.6 \times 1.167 + 1.51 \times 1.155)] \text{A} \\ &= -0.0062 \text{A} \end{aligned}$$

由此可见，在微机变压器保护装置中，采用软件补偿的方法，可将正常运行时的不平衡电流减少到非常小的数值。

2. 最小动作电流的整定

在正常运行情况下，传统的变压器纵差动保护装置中为防止电流互感器二次回路断线时引起差动保护误动作，保护装置的起动电流应大于变压器的最大负荷电流 $I_{L.max}$。当负荷电流不能确定时，可采用变压器的额定电流 $I_{N.T}$，引入可靠系数 K_{rel}，则保护装置的起动电流为

$$I_d = K_{rel} I_{L.max}/n_{TA} \tag{7-17}$$

在微机变压器纵差动保护装置中，由于有 TA 断线自动检测及闭锁差动保护功能，因此可不按上述原则整定，因为按躲最大负荷电流 $I_{L.max}$ 整定会大大降低纵差保护的灵敏度。在正常运行时，变压器不平衡差流很小，差动保护最小动作电流 $I_{d.min}$ 可按躲过变压器在最大负荷电流 $I_{L.max}$ 运行时产生的不平衡电流整定。当负荷电流不能确定时，可采用变压器的额定电流 $I_{N.T}$。纵差动保护的最小动作电流 $I_{d.min}$ 为

$$I_{d.min} = K_{rel}(K_{st}10\% + \Delta U + \Delta m) I_{L.max}/n_{TA} \tag{7-18}$$

式中，K_{rel} 为可靠系数，取 1.3，其他参数如前所述。

一般情况下，$I_{d.min}$ 约为 $0.2 \sim 0.5 I_n$，I_n 为基准电流，也就是基准侧二次额定计算电流。

3. 制动特性拐点电流的整定

拐点电流 $I_{res.1}$ 决定保护开始产生制动作用的电流大小。为了保证在各种运行方式下差动

保护的动作电流为 $I_{d.min}$，选择拐点电流 $I_{res.1}$ 略大于最小动作电流 $I_{d.min}$，一般取

$$I_{res.1} = (0.6 \sim 1.1)I_n \tag{7-19}$$

对于三折线比率制动特性的第二拐点电流 $I_{res.2}$ 一般取

$$I_{res.2} \leqslant 3I_n \tag{7-20}$$

4. 比率制动系数的整定

变压器纵差动保护整定所采用的最大不平衡电流 $I_{ub.max}$ 可按以下方式确定：

对于三绕组变压器：

$$I_{ub.max} = 10\% K_{st} K_{aper} I_{s.max} + \Delta U_H I_{s.H.max} + \Delta U_M I_{s.M.max} + \Delta m_1 I_{s.1.max} + \Delta m_2 I_{s.2.max} \tag{7-21}$$

式中，$I_{s.max}$ 为流过故障侧电流互感器的最大外部短路周期分量电流；$I_{s.H.max}$、$I_{s.M.max}$ 分别为外部短路时，流过调压侧（H、M）电流互感器的最大周期分量电流；$I_{s.1.max}$、$I_{s.2.max}$ 分别为外部短路时，流过变压器非故障侧的最大周期分量电流；Δm_1、Δm_2 分别为由于非故障侧的电流互感器电流比不完全匹配和微机保护装置的固有误差而产生的误差，初选可取 $\Delta m_1 = \Delta m_2 = 0.5$。对微机保护，通过精确数字补偿，此项可略。

对于两绕组变压器

$$I_{ub.max} = (10\% K_{st} K_{aper} + \Delta U + \Delta m) I_{s.max} \tag{7-22}$$

过坐标原点的直线比率制动特性的斜率 K_{res} 为

$$K_{res} = I_{ub.max} / I_{res.max} \tag{7-23}$$

两折线比率制动特性的第二折线斜率 K 为

$$K = (K_{rel} I_{ub.max} - I_{d.min}) / (I_{res.max} - I_{res.1}) \tag{7-24}$$

三折线比率制动特性的第二和第三折线斜率一般可以取

$$K_1 = 0.15 \sim 0.3 \tag{7-25}$$

$$K_2 = 0.5 \sim 0.7 \tag{7-26}$$

5. 灵敏度的计算

在系统最小运行方式下，计算变压器出口金属性短路的最小短路电流 $I_{s.min}$，同时计算相应的制动电流 I_{res}，然后在动作特性曲线上查出相应的动作电流 I_d；则灵敏系数 K_{sen} 为

$$K_{sen} = I_d / I_{d.min} \tag{7-27}$$

6. 谐波制动系数的整定

利用二次谐波来防止励磁涌流误动的差动保护，二次谐波含量表示差流中的二次谐波分量与基波分量的比值。一般二次谐波制动系数 $K_{(2)}$ 可整定为 $0.15 \sim 0.2$。如果同时采用 5 次谐波制动，则 5 次谐波制动系数 $K_{(5)}$ 可整定为 0.35。

7. 差动电流速断的整定

为了加速切除变压器严重的内部故障，常常增设差流速断保护，其动作电流按照躲避变压器的励磁涌流来整定，即

$$I_{d.set} = K_{rel} I_{EF.max} \tag{7-28}$$

式中，$I_{EF.max}$ 为变压器实际的最大励磁涌流；K_{rel} 为可靠系数，可取 1.3。

实际的最大励磁涌流很难测量，一般取 $I_{d.set} = (4 \sim 8) I_{N.T}$。$I_{N.T}$ 为变压器额定电流。差流速断保护的灵敏度按正常运行方式下保护安装处金属性两相短路计算。

第三节 变压器相间短路和接地短路的后备保护

一、变压器相间短路的后备保护

为反应变压器外部相间故障而引起的变压器绕组过电流,以及在变压器发生严重内部相间故障时,作为差动保护和气体保护的后备,变压器应装设相间短路的后备保护。保护的方式有过电流保护、低电压起动的过电流保护、复合电压起动的过电流保护、负序过电流保护以及阻抗保护等。

变压器过电流保护的工作原理与定时限过电流保护相同,一般用于降压变压器,按照躲开变压器可能出现的最大负荷电流整定。这样整定后的起动电流一般较大,对于升压变压器、系统联络变压器或容量较大的降压变压器,灵敏度往往不能满足要求,为此可以采用低电压起动或复合电压起动的过电流保护。低电压起动的过电流保护只有在电流元件和低电压元件同时动作后才能起动整套保护,复合电压起动的过电流保护在低电压起动的过电流保护基础上增加了负序电压的判据,因而提高了不对称故障时的灵敏性。对大容量的变压器和发电机组可以进一步采用负序过电流保护。当电流、电压保护不能满足灵敏度要求或根据系统保护间配合的要求,变压器的相间故障后备保护也可以采用阻抗保护。阻抗保护通常用于330~500kV大型联络变压器、升压及降压变压器,作为变压器引线、母线及相邻线路相间短路的后备保护。

变压器过电流保护和阻抗保护的原理与线路的保护基本相同,不再赘述。负序过电流保护原理将在发电机保护中讨论。这里介绍复合电压起动的过电流保护原理。

1. 复合电压起动的(方向)过电流保护

复合电压起动的(方向)过电流保护由复合电压元件(负序过电压和相间低电压)、相间方向元件及三相过电流元件"与"构成。复压方向过电流保护逻辑框图见图7-12所示。过电流起动值可按需要配置若干段,每段可配不同的时限。当发生不对称短路时,由于出现负序电压,保护装置会动作,当发生对称短路时会出现低电压,保护装置也会动作。

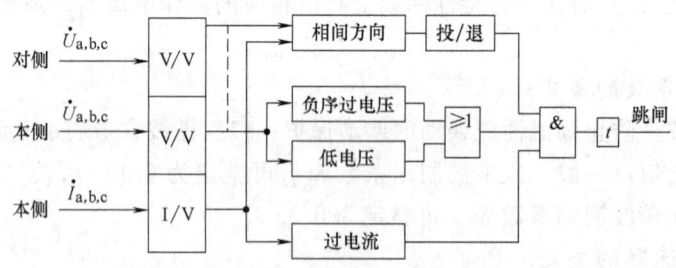

图 7-12 复压方向过电流保护逻辑框图

(1)复合电压元件 复合电压元件由负序过电压和低电压部分组成。负序电压反映系统的不对称故障,低电压反映系统对称故障。复合电压元件可取本侧电压,也可以取变压器对侧电压"或"的方式。当下列两个条件中任一条件得到满足时,复合电压元件动作

$$U_2 > U_{2.\text{set}} \tag{7-29}$$

$$U_1 < U_{set} \tag{7-30}$$

式中，$U_{2.set}$为负序电压动作值；U_{set}为低电压动作值；U_1为三个相间线电压中最小的一个。

低电压元件的动作电压按躲开正常运行时的母线最低工作电压整定，其整定值通常取

$$U_{set} = 0.7 U_{N.T} \tag{7-31}$$

式中，$U_{N.T}$为变压器的额定线电压。

负序电压元件的动作电压按躲开正常运行时的最大不平衡负序电压整定。其动作值可整定为

$$U_{2.set} = (0.06 \sim 0.12) U_{N.T} \tag{7-32}$$

（2）过电流元件　过电流元件接于电流互感器二次三相回路中，电流元件按躲开变压器的额定电流整定，即

$$I_{set} = \frac{K_{rel}}{K_{re}} I_{N.T} \tag{7-33}$$

式中，I_{set}为电流动作值；K_{rel}为可靠系数；K_{re}为返回系数；$I_{N.T}$为变压器的额定电流。

（3）相间功率方向元件　方向元件常用90°接线方式，最大灵敏角可取-30°或-45°。相间方向元件的电压可取本侧或对侧的，取对侧时，两侧绕组接线方式应一样。为防止三相短路失去方向性，相间方向元件的电压可由另一侧电压互感器提供，也可以利用微机保护的记忆功能通过记忆方法保存故障前电压信息进行计算。

大容量的变压器和发电机组，由于额定电流很大，而相邻元件末端两相短路故障时的故障电流可能较小，因而复合电压起动的过电流保护往往不能满足作为相邻元件后备保护时对灵敏度的要求。在这种情况下，可采用负序过电流保护，以提高不对称故障时的灵敏度。

2. 变压器相间短路后备保护的配置原则

相间短路的后备保护主要有两个作用：一是作为变压器差动保护、气体保护的后备，要求它动作后启动总出口回路，跳开变压器各侧断路器。保护一般装设在主电源侧，但对变压器各电压侧的故障均能满足灵敏度的要求。主电源一般指升压变压器的低压侧、降压变压器的高压侧或联络变压器的大电源侧；二是作为变压器各侧母线和线路保护的后备，要求只动作跳开本侧的断路器。由于三绕组变压器在一侧断路器断开后另外两侧还能继续运行，所以在作为相邻元件的后备时，应该有选择地只跳开近故障点一侧的断路器，保证另外两侧继续运行，尽可能地缩小故障影响范围。一般在变压器的各侧均装设相间短路后备保护，并根据需要加设方向元件。

相间短路后备保护的配置与被保护变压器电气主接线方式及各侧电源情况有关。现简单分析如下。

1）对于双绕组变压器，相间短路的后备保护可以只装设在主电源侧。根据主接线情况可带一段或两段时限，较短时限用于缩小故障影响范围，较长时限用于断开各侧断路器。

2）对于单侧电源的三绕组变压器，相间短路后备保护宜装设在主电源侧及主负荷侧，如图7-13所示

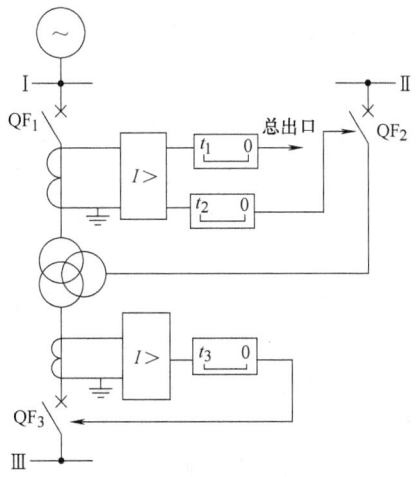

图7-13　单侧电源三绕组变压器相间短路后备保护的配置

示。以过电流保护为例，设 $t_Ⅰ$、$t_Ⅱ$、$t_Ⅲ$ 分别为各侧母线后备保护的动作时限。负荷侧的过电流保护只作为母线Ⅲ保护的后备，动作后只跳开断路器 QF_3。动作时限 t_3 应该与母线Ⅲ保护的动作时限相配合，即 $t_3 = t_Ⅲ + \Delta t$，其中 Δt 为一个时限级差。电源侧的过电流保护作为变压器主保护和母线Ⅱ保护的后备。为了满足外部故障时尽可能缩小故障影响范围的要求，电源侧的过电流保护采用两个时间元件，以较小的时限 $t_2 = \max(t_Ⅱ, t_3) + \Delta t$ 跳开断路器 QF_2，以较大的时限 $t_1 = t_2 + \Delta t$ 跳开三侧断路器 QF_1、QF_2 和 QF_3。这样，母线Ⅲ故障时保护的动作时间最快，母线Ⅱ故障时其次，变压器内部故障时保护的动作时间最慢。若电源侧过电流保护作为母线Ⅱ的后备保护灵敏度不够时，则应该在三侧都装设过电流保护。两个负荷侧的保护只作为本侧母线保护的后备。电源侧保护则兼作为变压器主保护的后备，只需要一个时间元件。三者动作时间的配合原则相同。

3) 对于多侧电源的三绕组变压器，各侧均应装设后备保护，并根据需要增设方向元件，如图 7-14 所示，在变压器三侧分别装设过电流保护作为本侧母线保护的后备保护，主电源侧的过电流保护兼作变压器主保护的后备保护。假设Ⅰ侧为主电源侧。Ⅰ侧、Ⅱ侧和Ⅲ侧作为本侧母线后备保护的动作时限分别取 $t_1 = t_Ⅰ + \Delta t$、$t_2 = t_Ⅱ + \Delta t$、$t_3 = t_Ⅲ + \Delta t$，其中Ⅰ侧和Ⅱ侧的过电流保护还应增设方向元件，方向分别指向该侧母线Ⅰ和Ⅱ，保护动作后分别跳开相应侧的断路器。作为变压器主保护的后备保护动作时限取 $t_T = \max(t_1, t_2, t_3) + \Delta t$，装在变压器主电源侧，动作后跳开三侧断路器。这样，当任一母线故障时，相应侧的方向元件起动（Ⅲ侧不需方向元件），过电流保护动作跳开本侧断路器，变压器另外二侧可以继续运行。当变压器内部故障时，各侧方向元件均不起动（Ⅲ侧过电流保护不起动），主电源侧过电流保护经时限 t_T 总出口跳开三侧断路器。

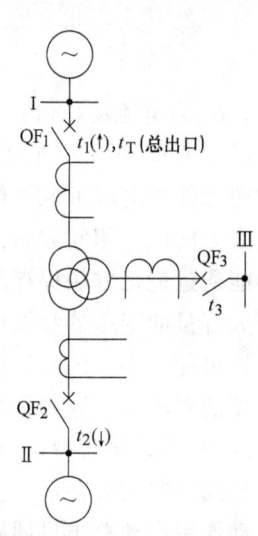

图 7-14 多侧电源三绕组变压器相间短路后备保护的配置

二、变压器接地短路的后备保护

电力系统中，接地故障是最常见的故障形式。中性点直接接地系统的变压器一般要求装设接地保护，作为变压器主保护和相邻元件接地保护的后备保护。

1. 中性点直接接地变压器的零序电流保护

中性点直接接地运行的变压器通常采用零序电流保护作为变压器或相邻元件接地故障的后备保护，对自耦变压器和三绕组变压器可以选择带零序功率方向，以实现零序方向电流保护。当零序电流保护的灵敏度不能满足要求时，可以采用接地阻抗保护。

零序电流保护一般采用两段式，每段各带两级延时，如图 7-15 所示，零序电流取自变压器中性点电流互感器的二次侧。零序电流保护Ⅰ段

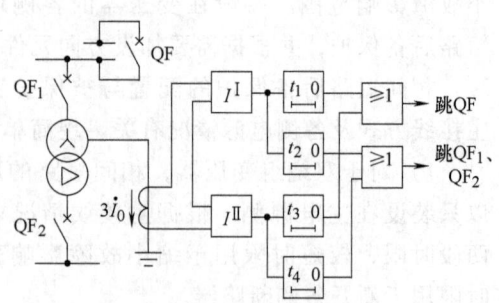

图 7-15 中性点直接接地变压器的零序电流保护逻辑图

作为变压器及母线接地故障的后备保护，与相邻元件零序电流保护Ⅰ段相配合。以较短时延 t_1 动作于母线解列，即断开母联断路器或分段断路器 QF，以缩小故障影响范围，在另一条母线故障时，使变压器能够继续运行。以较长时延 $t_2 = t_1 + \Delta t$ 跳开变压器两侧断路器。由于母线专用保护有时退出运行，而母线及附近发生短路故障时对电力系统影响比较严重，所以设置零序电流保护Ⅰ段，用以尽快切除母线及其附近故障。零序电流保护Ⅱ段作为引出线接地故障的后备保护，与相邻元件零序电流保护后备段（通常是最后一段）相配合。同样以 t_3 断开母联断路器或分段断路器，以 $t_4 = t_3 + \Delta t$ 动作于跳开变压器。

对自耦变压器和高、中压侧中性点都直接接地的三绕组变压器，在高、中压侧均应装设两段式双时限的零序电流保护，当有选择性要求时，应增设方向元件。保护动作按照尽量减少故障影响范围的原则，有选择性地跳开母联断路器、变压器本侧断路器和各侧断路器。由于变压器中性点接地改变时，会引起零序电流分布发生变化，往往会使零序电流保护的灵敏度降低，因此在变压器中性点接地的两侧均需设动作于总出口的零序电流保护段。

2. 中性点不接地变压器的接地后备保护

对于多台变压器并联运行的变电所，通常采用一部分变压器中性点接地运行，而另一部分变压器中性点不接地运行的方式。这样可以将接地故障电流水平限制在合理范围内，同时也使整个电力系统零序电流的大小和分布情况尽量不受运行方式变化的影响，从而保证零序保护有稳定的保护范围和足够的灵敏度。如图 7-16 所示，T_2 和 T_3 中性点接地运行，T_1 中性点不接地运行。k_2 点发生单相接地故障时，T_2 和 T_3 由零序电流保护动作而被切除，T_1 由于无零序电流，仍将带故障运行。此时变成了中性点不接地系统单相接地故障的情况，将产生接近额定相电压的零序电压，危及变压器和其他电力设备的绝缘介质，因此需要装设中性点不接地运行方式下的接地保护将 T_1 切除。中性点不接地运行方式下的接地保护根据变压器绝缘等级的不同，分别采用如下的保护方案。

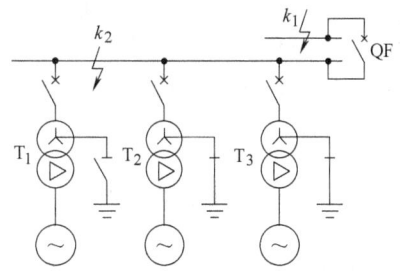

图 7-16 多台变压器并联运行的变电所

（1）全绝缘变压器的接地保护 对于全绝缘变压器，由于变压器绕组各处的绝缘水平相同，因此在系统发生接地故障时，中性点直接接地变压器先跳开后，绝缘介质不会受到威胁，但此时产生的零序过电压会危及其他电力设备的绝缘介质，需装设零序电压保护将中性点不接地运行的变压器切除，如图 7-17 所示。零序电流保护作为变压器中性点接地运行时的接地保护，与图 7-15 的零序电流保护完全一样。零序电压保护作为中性点不接地运行时的接地保护，零序电压取自电压互感器二次侧的开口三角形绕组。零序电压保护的动作电压要躲过部分中性点接地的电网中发生单相接地短路时，保护安装处可能出现的最大零序电压；同时要在发生单相接地且

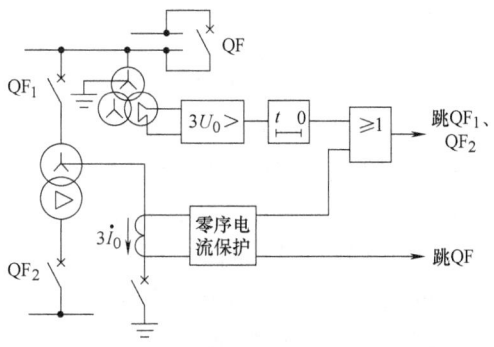

图 7-17 全绝缘变压器接地保护原理接线图

失去接地中性点时有足够的灵敏度。由于零序电压保护是在中性点接地变压器全部断开后才动作的，因此保护动作时限 t 不需要与电网中其他元件的接地保护相配合，只需要躲过接地短路暂态过程的影响，通常取 0.3~0.5s。

（2）分级绝缘变压器的接地保护　220kV 及以上电压等级的大型变压器，为了降低造价，高压绕组采用分级绝缘，中性点绝缘水平比较低，在单相接地故障且失去接地中性点时，其绝缘介质将受到破坏。因此，在发生接地故障时，应先切除中性点不接地的变压器，再切除中性点接地的变压器。为此可以在变压器中性点装设放电间隙，当间隙上的电压超过动作电压时迅速放电，形成中性点对地的短路，从而保护变压器中性点的绝缘介质。因放电间隙不能长时间通过电流，故在放电间隙上装设零序电流元件，在检测到间隙放电后迅速切除变压器。另外，放电间隙是一种比较粗糙的设施，由于气象条件、连续放电的次数等因素的影响，可能会出现该动作而不能动作的情况，因此还需要装设零序电流和电压保护，动作后切除变压器，以防间隙长时间放电，并作为放电间隙拒动的后备。

第四节　变压器的零序电流差动保护和过励磁保护

变压器的零序电流差动保护，主要应用于变压器高、中压侧发生单相接地故障时，在纵差动保护灵敏度不够的情况下增设。过励磁保护主要作为大、中型变压器在因频率降低和（或）电压升高引起的铁心工作磁通密度过高时的保护。本节介绍这两种原理的变压器保护。

一、零序电流差动保护

变压器高压绕组（Yn）最常见故障为单相接地短路，所以可以增设零序差动保护，因为零序差动保护的不平衡电流小，电流整定值低，对单相接地短路的灵敏度高，而且理论上不受变压器励磁涌流的影响。

对于三绕组的普通变压器，可以在中性点直接接地的两侧装设零序电流差动保护，原理接线如图7-18所示。零序电流差动保护要求各个电流互感器选取相同的电流比，若电流比不一样则会在外部接地故障时产生不平衡电流。因此，要求对各侧电流进行电流比补偿后才构成差动保护。零序电流差动保护的整定原则与相电流差动保护相似，即为

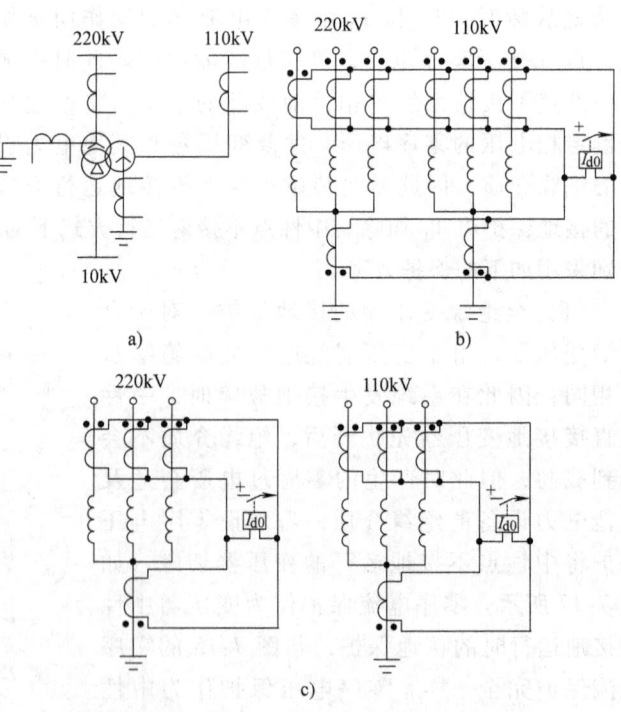

图7-18　三绕组变压器零序电流差动保护接线图
a）原理接线图　b）采用一套零序电流差动保护的接线
c）采用两套零序电流差动保护的接线（分侧）

1) 躲过外部单相接地故障时的不平衡电流。为了提高零序差动保护的可靠性和灵敏性，也可以采用比率制动特性。但是在正常运行状态下，由于差动回路各侧无电流，因此可以采用不带比率制动特性的差动元件。在整定计算中不必考虑电压调整分接头的影响。

2) 躲过励磁涌流情况下和外部相间故障时产生的零序不平衡电流。励磁涌流对零序电流差动保护而言是穿越性电流，理论上不会产生不平衡电流，无须增加防励磁涌流措施，相间故障时一次侧也无零序电流。实际中产生的零序不平衡电流是由于电流互感器传变误差引起的。

二、变压器过励磁保护

1. 变压器过励磁的原因

大型变压器在设计中为了降低制造成本，提高铁磁材料的利用率，一般其额定工作磁密很接近饱和磁密，当系统电压和频率发生变化时，很容易造成变压器过励磁。变压器过励磁时，会引起铁损增大、铁心温度升高，变压器绝缘性能降低，绕组、导线、油箱壁等金属结构发热变形。

变压器铁心的磁通 Φ 可以表示为

$$\Phi = \frac{U}{4.44Nf} \tag{7-34}$$

式中，N 为变压器绕组的匝数。

系统电压 U 的上升或频率 f 的降低都可以使磁通增大产生过励磁。运行实践表明，除了发生系统瓦解性事故以外，系统频率大幅度降低的可能性几乎不存在。因此，变压器过励磁大多是由过电压所导致。

系统中引起变压器过励磁的原因主要有：电力系统中远距离输电线路事故切负荷后引起变压器电压升高，系统铁磁谐振引起变压器过电压，以及发电机一变压器组甩负荷后由于励磁调节动作缓慢而造成变压器过电压等。

2. 变压器过励磁保护

通常用过励磁倍数 β 来反映过励磁状况，即

$$\beta = \frac{U/f}{U_N/f_N} \tag{7-35}$$

式中，U 为变压器端电压；f 为系统频率；下标 N 表示额定值。

变压器在发生过励磁后并不会立即损坏，有一个热积累过程。研究表明，过励磁倍数 β 与允许时间的关系 $\beta = f(t)$ 为一反时限特性曲线，过励磁保护应按此反时限特性设计。反时限过励磁保护是根据过励磁的严重程度来决定经过多长时间的延时跳闸。过励磁很严重时，延时时间会很短；过励磁程度较轻，则可能经过较长时间的延时才会跳闸。反时限过励磁保护符合变压器对过励磁的承受能力。

反时限过励磁保护的动作特性，按照与变压器的允许过励磁特性曲线相配合来整定。如图 7-19 所示，图中曲线

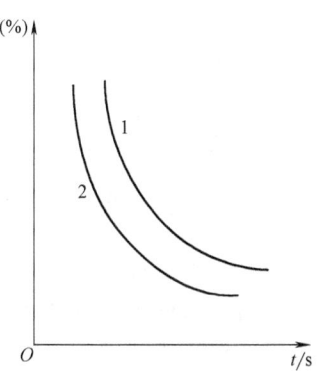

图 7-19 变压器反时限过励磁保护的整定图例

1 为变压器的允许过励磁特性曲线，曲线 2 为反时限过励磁保护的动作曲线。微机保护通过对给定的反时限动作特性曲线进行线性化处理，在计算得到过励磁倍数 β 后，采用分段线性插值求出对应的动作时间，即可实现反时限特性。

实现过励磁保护的一个关键问题是允许过励磁特性曲线的数学模型的选取，即用什么样的曲线和函数来模拟变压器的过励磁能力。目前制造厂家一般没有给出变压器允许过励磁特性曲线 $\beta = f(t)$，因此无法按与制造厂给出的允许过励磁曲线配合。下面是目前在微机保护中得到应用的判据之一。即

$$t = 10^{-10K_1\beta + K_2} \tag{7-36}$$

式中，t 是保护的动作延时时间；β 为变压器的过励磁倍数；K_1、K_2 是自由系数，可根据具体的变压器的过励磁能力确定。

第五节　自耦变压器保护的特点

由于在传输相同容量的条件下，自耦变压器与普通变压器相比，具有节省材料、价格便宜、损耗较低、效率较高、阻抗电压较小、电压变化率较小、体积小、重量轻、能满足整体运输的要求等优点，故自耦变压器在电力系统中获得了广泛的应用。当变压器容量较大、电压较高时，其特点尤为突出。

自耦变压器通常采用三绕组接线，高、中压绕组之间除了磁的联系还有电的联系，采用中性点直接接地的星形联结方式，第三绕组（低压绕组）与普通变压器一样，与其他两侧只有磁的联系，采用三角形联结方式，如图 7-20 所示。

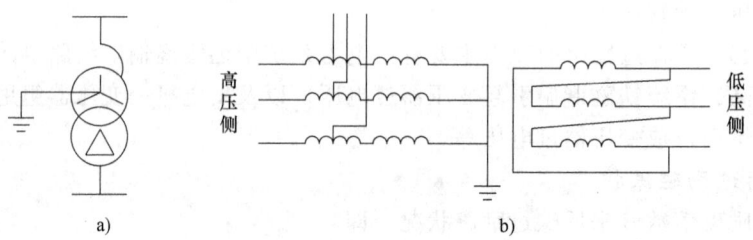

图 7-20　自耦变压器接线示意图
a) 自耦变压器示意图　b) 自耦变压器接线

自耦变压器的运行方式与普通变压器有显著的不同，所以给其继电保护带来了一些特殊问题。总体而言，自耦变压器在保护的设计原则、纵差动保护、瓦斯保护以及相间后备保护等和普通变压器相同，而零序电流保护、零序差动保护和过负荷保护则有所不同。

一、自耦变压器的过负荷保护

由于正常运行的变压器三相负荷基本对称，因此变压器一般装设单相式过负荷保护，动作后延时给出信号。对多绕组变压器，其过负荷信号装设于哪一侧或哪几侧，以能够反应变压器各绕组可能的过负荷情况确定。自耦变压器的过负荷与自耦变压器各侧的容量比值和负荷分布有关。

自耦变压器低压侧的容量一般小于高压侧或中压侧的容量，因此变压器的低压侧容易过

负荷，应装设过负荷保护。

当高压侧和中压侧只有一侧有大电源时，由于运行时大电源侧向其他两侧送电，故该侧容易过负荷，应装设过负荷保护。当高、中压侧均有大电源时，两侧均应装设过负荷保护。

一般装设于自耦变压器各侧的过负荷保护，还不能完全反应公共绕组过负荷的情况。因为公共绕组的容量往往比变压器额定容量小。因此，在某些情况下要考虑在公共绕组上（通常在中性点侧引出的一相上）装设过负荷保护。

二、自耦变压器的零序差动保护

根据相间短路纵差动保护原理，自耦变压器高中压侧的电流，或者通过电流互感器接成D型实现Y-D变换，或者通过软件来实现变换。不管通过那种方式，最终得到的差动电流中，不包含零序电流分量，所以纵差动保护对接地短路的灵敏度低，而对高、中压侧中性点均直接接地的自耦变压器，单相接地是其主要故障形式之一，加装零序差动保护将提高自耦变压器内部接地短路的灵敏度。

自耦变压器高中压侧零序电流差动保护的原理接线如图7-21所示，流入差动回路的差电流 I_{d0} 为

$$I_{d0} = \frac{|3\dot{I}_{h0} + 3\dot{I}_{m0} + 3\dot{I}_{n0}|}{n_{TA}} \quad (7\text{-}37)$$

式中，$3\dot{I}_{n0}$ 为接于变压器中性点电流互感器的电流；$3\dot{I}_{h0}$、$3\dot{I}_{m0}$ 分别为接于变压器高压侧和中压侧三相电流互感器零序滤过器的输出电流；n_{TA} 为电流互感器的电流比。

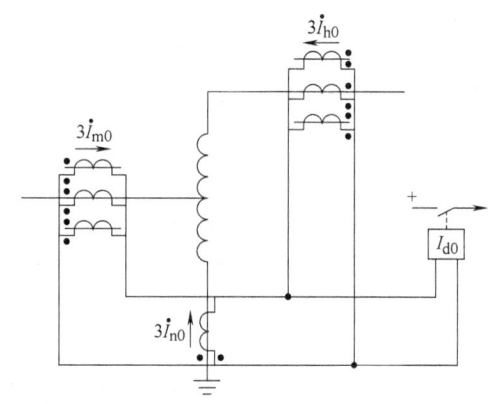

图 7-21 自耦变压器零序电流差动保护原理接线图

三绕组自耦变压器零序差动保护的优点是不受变压器励磁涌流的影响，与变压器调压分接头的调节无关、动作灵敏度高，能有效地保护变压器高压侧、中压侧及公共绕组内部的接地故障。但是零序差动保护由很多电流互感器并联组成，二次接线复杂，保护动作可靠性低，而且不反映绕组匝间短路，从而限制了零序差动保护的广泛使用。

三、自耦变压器的零序电流保护

由于自耦变压器高压侧与中压侧有电的联系，又有共同的接地中性点，因此当高压侧系统或中压侧系统发生接地故障时，零序电流将由一个系统流向另一个系统。为满足自耦变压器接地保护的选择性要求，在高、中压两侧设置的零序电流保护应加装方向元件，构成零序方向电流保护。

对自耦变压器高、中压侧零序方向过流保护的动作方向整定，应根据变压器在系统中的作用（如作为升压变压器、降压变压器或者联络变压器），以及所在系统的特点（如是否主电源侧、中压侧是否有电源或中压系统是否环网等）来确定。

1. 发电厂自耦变压器零序动作方向的整定

发电厂升压自耦变压器的低压侧通常接大型发电机。由于大型发电机和变压器有完善

的后备保护，对变压器各侧的故障均有保护作用。而当变压器高压侧或中压侧系统中发生接地故障时，发电机通过变压器对短路点提供的短路电流足以危及变压器的安全。所以，高压侧和中压侧的零序动作方向应分别指向本侧母线，作为本侧母线及线路接地故障的后备保护。

2. 变电所自耦变压器零序动作方向的整定

通常降压变电所中的三绕组自耦变压器，主电源在高压侧，中压侧和低压侧无电源或接有容量很小的地方电厂。由于高压侧接 220kV 及以上的输电线路，超高压输电线路配置有完善的保护装置，实现了主保护双重化及后备保护多重化。因此，靠主变压器后备保护切除输电线路上故障的概率极小。而且变压器内部故障会严重危及变压器，而高压侧线路故障时流经变压器的故障电流较小。所以，变压器高压侧零序动作方向应指向变压器，作为变压器及中压侧系统的后备保护。变压器中压侧的零序动作方向仍指向中压侧母线。

3. 联络自耦变压器零序动作方向的整定

对联络自耦变压器，首先应确定主电源在哪一侧。当主电源在高压侧时，高压侧零序动作方向应指向变压器，而中压侧零序动作方向应指向中压侧母线。当主电源在中压侧时，高压侧零序动作方向宜指向高压母线，中压侧零序动作方向可指向中压侧母线，也可以指向变压器。

由于自耦变压器高、中压侧具有共同直接接地的中性点，所以零序电流保护不能接在中性线回路的电流互感器上，因为在有些情况下不能正确反应外部单相接地故障，应接于本侧由电流互感器组成的零序电流滤过器上。这样各侧的接地保护便能直接反应各侧的零序电流，使保护能够可靠地动作。

第六节 变压器的非电气量保护

非电气量保护是变压器的重要保护形式，它是相对于变压器各侧的电气量保护而言的，是通过监视、检测变压器的非电气状态参数（如瓦斯气体、油温、油位等）以及变压器辅助设备（如冷却器等）的状态，判断变压器的运行状态和外部环境，从而达到保护变压器的目的。变压器的非电气量保护主要包括：瓦斯保护、压力释放、冷却器故障、冷风消失、油温升高等。

一、非电气量保护形式

1. 瓦斯保护

瓦斯保护是变压器油箱内故障的一种主要保护形式。当在变压器油箱内部发生故障（包括轻微的匝间短路和绝缘破坏引起的经电弧电阻的接地短路）时，由于故障点电流和电弧的作用，将使变压器油及其他绝缘材料因局部受热而分解产生气体，因气体比较轻，它们将从油箱流向油枕的上部。当故障严重时，油会迅速膨胀分解并产生大量的气体，此时将有剧烈的气体夹杂着油流冲向油枕的上部。利用油箱内部故障时的这一特点，可以构成反应于上述气体而动作的保护装置，称为瓦斯保护。瓦斯保护能反应油箱内各种故障，且动作迅速灵敏，但不能反映油箱外的引出线和套管上的故障。

瓦斯保护的主要元件是气体继电器，它安装在变压器油箱与油枕（也称储油柜）之间的连接管道上，如图 7-22 所示。气体继电器有两个输出触点：一个反映变压器内部的不正常情况或轻微故障，称为"轻瓦斯"；另一个反应变压器的严重故障，称为"重瓦斯"。轻瓦斯动作于信号，使运行人员能够迅速发现故障并及时处理；重瓦斯动作于跳开变压器各侧断路器。气体继电器的具体结构在这里不作介绍，大致的工作原理如下：

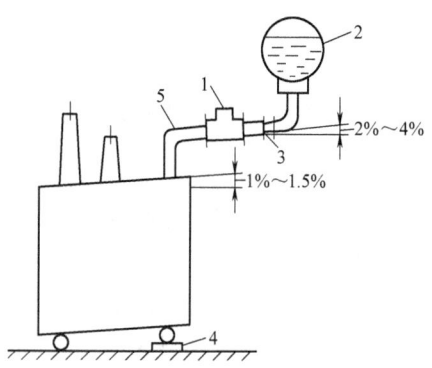

图 7-22　瓦斯继电器安装示意图
1—气体继电器　2—油枕　3—阀门
4—钢垫块　5—导油管

变压器发生轻微故障时，油箱内产生的气体较少且速度慢，由于油枕处在油箱的上方，气体沿管道上升，使气体继电器内的油面下降，当下降到动作门槛时，轻瓦斯动作，发出告警信号。变压器发生严重故障时，故障点周围的温度剧增而迅速产生大量的气体，变压器内部压力升高，迫使变压器油从油箱经过管道向油枕方向冲去，气体继电器感受到的油速达到动作门槛时，重瓦斯动作，瞬时作用于跳闸回路，切除变压器，以防事故扩大。

若变压器是有载调压变压器，则瓦斯保护应包括主变压器的瓦斯保护（即本体重瓦斯、本体轻瓦斯）和调压变压器的瓦斯保护（即调压重瓦斯、调压轻瓦斯）。

2. 压力释放保护

当变压器超载或故障时，会引起油箱内部压力升高，如果压力达到一定程度而始终得不到释放，可能会引起变压器的爆炸，所以油浸式变压器需要装设过压力保护装置——压力释放阀。当变压器内部达到一定压力时，压力释放阀便动作，释放阀的膜盘跳起，变压器油排出，从而可靠地释放压力，压力释放阀动作的同时，释放阀的电气开关接点闭合，发出压力释放的跳闸信号。

3. 冷却器故障、风冷消失保护

由于变压器的铁耗和铜耗的影响，大中型变压器在运行中会产生较大的热量，尤其在高温的环境时，发热问题更加严重，因此大中型变压器一般都装有冷却装置。

当变压器采用风冷却方式时，在变压器油箱壁或散热管上加装风扇，利用风扇改变进入散热器与流出散热器的油温差，提高散热器的冷却效率。当风扇的电源或风扇因故障停转时，风扇的保护系统发出"风冷消失"的告警信号。

当变压器采用强迫油循环冷却方式时，利用油泵将变压器油打入油冷却器冷却后再送回油箱。变压器可以装设多台冷却器和备用冷却器，根据温度和（或）负载控制冷却器的投切。一般情况下，若冷却器全停，应发出跳闸信号；若冷却器出现故障，则投入其他冷却器或备用冷却器，并发出告警信号。

4. 油温高保护

若变压器长时间在较高温度下运行，将导致变压器的老化加速，因此必须对变压器的温度进行监测，如变压器的顶层油温，强迫油循环冷却器进出口温度等。变压器温度的测量采用变压器专用的温度计。如变压器用压力式温度计，它通过感温介质的压力变化来显示变压器的油温，并带有电气接点来控制变压器冷却系统及发出报警信号。

除以上几种外，变压器的非电气量保护还有绕组过温、本体油位异常、调压油位异常等。

二、非电气量保护的实现

非电气量保护实际上就是通过监测变压器本体及辅助设备的状态和非电气量，根据这些状态和参量进行判断，控制各监测元件电气接点的闭合，以发出跳闸或报警信号，最终达到保护变压器的目的。

对微机保护装置来说，来自变压器非电气量保护的接点信号有三种类型：不需要延时跳闸的接点、需要延时跳闸的接点、只需发信号告警的接点。不需要延时跳闸的接点通过硬压板直接去起动保护装置的跳闸继电器跳闸；需要延时跳闸的接点通过 CPU 延时后，由 CPU 发出跳闸命令起动保护装置的跳闸继电器；只需发信号告警的接点，仅起动保护装置的信号继电器。

一般情况下，不需要延时跳闸的非电气量有：本体重瓦斯、调压重瓦斯、压力释放、绕组过温等；需要延时跳闸的非电气量有：冷却器故障；只需发信号告警的非电气量有：本体轻瓦斯、调压轻瓦斯、本体油位异常、有载油位异常、油温高、绕组温高、风冷消失等。实际应用中应根据变压器的具体情况灵活选择适当的保护配置。

第七节 变压器保护的配置举例

微机变压器保护的配置原则与常规保护的配置原则是基本相同的，而且由于微机实现更加方便的特点，微机保护的配置较齐全、灵活。以下分别介绍高压和中低压变电所主变压器的保护配置。

一、中、低压变电所主变压器的保护配置

1. 主保护配置

1) 比率制动式差动保护。通常采用二次谐波闭锁励磁涌流原理的比率制动式差动保护。

2) 差动速断保护。

3) 非电气量主保护。本体重瓦斯、有载调压重瓦斯和压力释放。

2. 后备保护配置

主变压器后备保护按侧配置，各侧后备保护之间、各侧后备保护与主保护之间相互独立。

(1) 中性点非直接接地系统变压器后备保护的配置

1) 三段复合电压起动的方向过电流保护。Ⅰ段动作跳本侧分段断路器，Ⅱ段动作跳本侧断路器，Ⅲ段动作跳各侧断路器。

2) 三段过负荷保护。Ⅰ段发信号，Ⅱ段起动风冷，Ⅲ段闭锁有载调压。

3) 冷却控制器失电，主变压器过温告警（或跳闸）。

4) TV 断线告警或闭锁保护。

(2) 中性点直接接地系统变压器后备保护的配置 对于高压侧中性点接地系统的变压

器，除了上述保护外应考虑设置接地保护。通常针对如下三种接地方式配置不同的保护。

1) 中性点直接接地运行，配置二段式零序过电流保护。
2) 中性点可能接地或不接地运行，配置一段两时限零序无流闭锁零序过电压保护。
3) 中性点经放电间隙接地运行，配置一段两时限零序过电流保护。

二、高压、超高压变电所主变压器的保护配置

1. 主保护配置

1) 比率制动式差动保护。除采用二次谐波制动原理外，还可以采用间断角原理、波形对称识别原理或磁通制动原理克服励磁涌流误动。
2) 工频变化量比率差动保护。
3) 差动电流速断保护。
4) 非电气量主保护。本体重瓦斯、有载调压重瓦斯和压力释放。
5) 零序电流差动保护。中性点直接接地的变压器，特别是自耦变压器，如果在接地故障时纵差动保护的灵敏度不足，应装设零序差动保护。

2. 后备保护配置

高压侧后备保护可按如下方式配置：

1) 相间阻抗保护。
2) 二段零序（方向）过电流保护。
3) 反时限过励磁保护。
4) 过负荷报警。

中压侧后备保护同高压侧。

低压侧后备保护装设二时限过电流保护及零序过电压保护。

习题与思考题

1. 变压器可能发生哪些故障和异常运行状态？针对变压器故障和异常运行状态应该装设哪些保护？
2. 变压器差动保护中，产生不平衡电流的原因有哪些？差动电流与不平衡电流在概念上有何区别？
3. 励磁涌流是在什么情况下产生的？有何特点？在变压器差动保护中是怎么利用涌流的特点来消除涌流对差动保护的影响？试举例说明之。
4. 说明变压器纵差动保护的整定原则。为什么具有制动特性的差动保护灵敏度高？
5. 何谓暂态不平衡电流和稳态不平衡电流？试从产生原因、特点以及如何减小和消除它们本身，或减小和消除它们对差动保护的影响措施等方面来分析它们的区别。
6. 在变压器保护中，什么情况下可采用过电流保护作为主保护或后备保护？什么情况下可采用电流速断保护？或差动电流速断保护？后者与前者以及常用的差动保护有何区别？
7. 在三绕组变压器中，采用过电流作为后备保护时，是否需要在变压器的每一侧都独立地装设一套保护？试就变压器为单侧有电源，或两侧有电源，或三侧有电源的三种情况来分别讨论。
8. 变压器的零序电流保护为什么在各段中均设两个时限？
9. 自耦变压器的特点是什么？在构成自耦变压器的保护时，有哪些保护应考虑这些特点？
10. 有一台Yd11接线的变压器，在其差动保护带负荷检查时，测得其Y形侧电流互感器电流相位关系为$\dot{I}_b$超前$\dot{I}_a$150°，$\dot{I}_a$超前$\dot{I}_c$60°，$\dot{I}_c$超前$\dot{I}_b$150°，且$\dot{I}_b$为8.65A，$I_a = I_c = 5A$，试分析变压器Y形侧电

流互感器是否有接线错误,并改正之(用相量图分析)。

11. 某降压变电所内有一台变压器,额定容量为 30MV·A,电压为 110/6.3kV,Yd11 接线,U_k = 10.5%,最小运行方式下,变压器 110kV 母线三相短路的容量为 500MV·A;最大负荷电流为变压器额定电流的 1.2 倍,负荷的自起动系数取为 2,返回系数取 0.85,可靠系数取 1.25,试问,变压器上能否装设两相星形联结的过电流保护作为外部相间短路的后备保护?如果不能,应采取什么措施?

第八章　发电机的保护

第一节　发电机的故障类型、不正常运行状态及相应的保护方式

发电机是电力系统中十分重要和贵重的设备，一旦发生故障遭到破坏，会造成很大的经济损失和影响。保证发电机组安全运行和防止其遭受严重破坏，对电力系统的稳定运行和对用户不间断供电起着决定性的作用。因此，要充分完善发电机继电保护的配置方案，将故障和不正常运行方式对电力系统的影响限制到最小范围。

发电机的故障类型主要有：定子绕组相间短路；定子一相绕组的匝间短路；定子绕组单相接地；转子绕组一点接地或两点接地；转子励磁回路励磁电流异常下降或完全消失。

发电机的不正常运行状态主要有：由于外部短路引起的定子绕组过电流；由于负荷超过发电机额定容量而引起的三相对称过负荷；由于外部不对称短路或不对称负荷（如单相负荷，非全相运行等）而引起的发电机负序过电流和过负荷；由于突然甩负荷而引起的定子绕组过电压；由于励磁回路故障或强励时间过长而引起的转子绕组过负荷；由于汽轮机主气门突然关闭而引起的发电机逆功率等。

针对上述故障类型和不正常运行状态，发电机应装设下列保护。

1）反应发电机定子绕组及其引出线相间短路的纵差动保护。

2）反应发电机定子绕组匝间短路的匝间短路保护。

3）反应发电机定子绕组单相接地故障的定子单相接地保护。

4）反应转子绕组接地的转子绕组一点接地保护和两点接地保护。

5）反应转子励磁回路励磁电流异常下降或消失的失磁保护。

6）反应发电机短路故障的后备保护，一般有：复合电压起动的过电流保护、对称过负荷及过电流保护、不对称过负荷及过电流保护、转子过负荷及过电流保护、低阻抗保护等。

7）反应汽轮发电机主气门突然关闭的逆功率保护。

8）反应发电机过励磁故障的过励磁保护。

9）反应发电机非稳定振荡的失步保护。

10）其他保护：定子绕组过电压保护、低频保护、突加电压保护、起停机保护、非全相保护以及非电量保护等。

为了快速消除发电机内部的故障，在保护动作于发电机断路器跳闸的同时，还必须动作于自动灭磁开关，断开发电机励磁回路，以使转子回路电流不会在定子绕组中再感应电动势，继续供给短路电流。

第二节 发电机定子绕组短路故障的保护

一、发电机纵差动保护

发电机纵差动保护是发电机定子绕组及其引出线相间短路的主保护。发电机纵差动保护的原理与短距离输电线路及变压器纵差动保护的原理相同，这里不再重复详述。

1. 发电机纵差动保护的接线

根据接线方式和位置的不同，纵差动保护可分为完全纵差动保护和不完全纵差动保护。两者的区别是接入发电机中性点的电流不同。

（1）完全纵差动保护　发电机完全纵差动保护是发电机内部相间短路故障的主保护。保护接入发电机中性点的全部电流，其保护原理接线图如图8-1所示，I_T和I_N分别为发电机机端、中性点侧一次电流。发电机机端、中性点侧的电流互感器的接线方式均为Y形联结。CTA、CTB、CTC分别为对应于发电机机端A、B、C相的电流变换器，

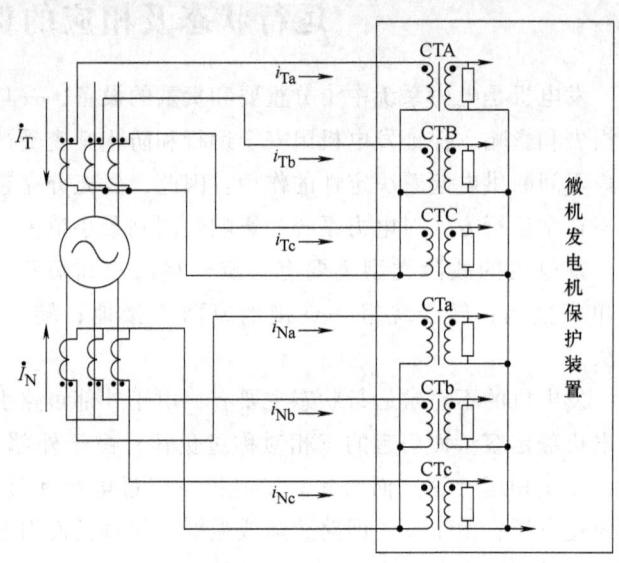

图8-1　微机发电机纵差动保护原理接线图

CTa、CTb、CTc分别为对应于发电机中性点侧a、b、c相的电流变换器。其保护逻辑框图如图8-2所示。

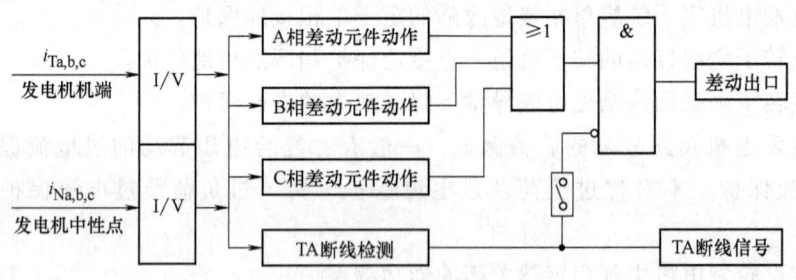

图8-2　发电机纵差动保护逻辑框图

（2）不完全纵差动保护　不完全纵差动保护也是发电机内部故障的主保护，既能反应发电机（或发电机—变压器组）内部各种相间短路，也能反应匝间短路，并在一定程度上反映分支绕组的开焊故障。

由于完全纵差动保护引入发电机定子机端和中性点两侧全部的相电流，在定子绕组发生匝间短路时两侧电流仍然相等，因此保护不能动作。通常大型发电机定子绕组每相均有两个或多个并联分支，若仅引入发电机中性点侧部分分支电流与机端电流来构成纵差动保护，适

当选择两侧电流互感器的变比,也可以保证正常运行及区外故障时没有差流,而在发电机相间或匝间短路时均会产生差流,使保护动作切除故障。这种纵差动保护被称为不完全纵差动保护,其保护原理接线图如图 8-3 所示。

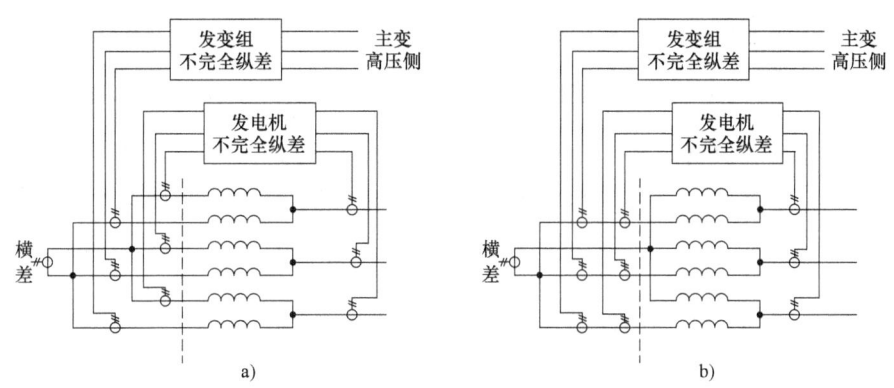

图 8-3 发电机不完全纵差动保护原理接线图
a) 中性点侧引出 6 个端子 b) 中性点侧引出 4 个端子

2. 发电机纵差动保护的整定计算

发电机纵差动保护一般采用两折线的比率制动特性,如图 7-8 所示。因此对纵差动保护的整定计算,实质上就是对 $I_{d.min}$、$I_{res.1}$ 及 K 的整定计算。

(1) 起动电流 $I_{d.min}$ 的整定 起动电流 $I_{d.min}$ 的整定原则是躲过发电机额定运行时差动回路中的最大不平衡电流。在发电机额定工况下,在差动回路中产生的不平衡电流主要由纵差动保护两侧的电流互感器 TA 电流比误差、二次回路参数及测量误差引起。通常对发电机纵差动保护,可取 $I_{d.min} = (0.1 \sim 0.3) I_{N.G}$,对发变组纵差动保护取 $(0.3 \sim 0.5) I_{N.G}$,$I_{N.G}$ 为发电机额定电流。对于不完全纵差动保护,尚需考虑发电机每相各分支电流的差异,应适当提高 $I_{d.min}$ 的整定值。

(2) 拐点电流 $I_{res.1}$ 的整定 拐点电流 $I_{res.1}$ 的大小,决定保护开始产生制动作用的电流的大小。显然,在起动电流 $I_{d.min}$ 及动作特性曲线的斜率 K 保持不变的情况下,$I_{res.1}$ 越小,差动保护的动作区域小,而制动区增大;反之亦然。因此,拐点电流的大小直接影响差动保护的动作灵敏度。通常拐点电流整定为 $I_{res.1} = (0.5 \sim 1.0) I_{N.G}$。

(3) 制动线斜率 K 的整定 发电机纵差动保护的制动线斜率 K 一般可取 $0.3 \sim 0.4$。

根据规程规定,发电机纵差动保护的灵敏度是在发电机机端发生两相金属性短路情况下差动电流和动作电流的比值,要求 $K_{sen} \geq 1.5$。随着对发电机内部短路分析的进一步深入,对发电机内部发生轻微故障的分析成为可能,可以更多地分析内部发生故障时的保护动作行为,从而更好地选择保护原理和方案。

二、发电机横差动保护

在大容量发电机中,由于额定电流很大,其每相都是由两个或两个以上并列的分支绕组组成的。在正常运行时,各绕组中的电动势相等,流过相等的负荷电流。当同相内非等电位点发生匝间短路时,各分支绕组中的电动势就不再相等,因而会由于出现电动势差而在各绕组中产生环流。利用这个环流，即可实现对发电机定子绕组匝间短路的保护，此即横差动保护。

以每相具有两个并联分支绕组为例。当某一个分支绕组内部发生匝间短路时，由于故障支路和非故障支路的电动势不相等，如图 8-4a 所示，因此会产生环流 $\dot{I}_k$。进入差动回路的电流为 $\dfrac{2I_k}{n_{TA}}$（n_{TA} 为电流互感器变比），当此电流大于保护的起动电流时，横差动保护动作于跳闸。短路匝数百分比 α 越多，则环流越大，而当 α 较小时，环流也较小，因此保护动作有死区。当同相的两个并联分支绕组间发生匝间短路时，如图 8-4b 所示，若 $\alpha_1 \neq \alpha_2$，由于两个支路的电动势差，将分别产生两个环流 $\dot{I}'_k$ 和 $\dot{I}''_k$，此时流过保护装置的电流为 $\dfrac{2I'_k}{n_{TA}}$。当然如果 $\alpha_1 - \alpha_2$ 之差很小时，也会出现死区。这种接线通常也称为裂相横差动保护。

采用单元件接线的横差动保护原理图如图 8-5 所示，电流互感器装于发电机两组星形中性点的连线上。当发电机定子绕组发生各种匝间短路时，中性点连线上有环流流过，横差动保护动作。但是当同一绕组匝间短路的匝数较少，或同相的两个分支绕组电位相近的两点发生匝间短路，由于环流较小，保护可能不动作。因此，横差动保护存在死区。该保护还能够反应定子绕组分支线开焊以及机内绕组相间短路。按这种接线方式，当发电机出现三次谐波电动势时，三相的三次谐波电动势在正常状态下接近同相位。如果任一支路的三次谐波电动势与其他支路的不相等，就会在两组星形中性点的连线上出现三次谐波的环流，并通过互感器反映到保护中去，这是所不希望的，因此，横差动保护需要采用三次谐波过滤器，以滤掉三次谐波的不平衡电流。保护的起动电流按躲过外部故障和不正常运行状态时流过发电机中性点的最大不平衡电流整定。由于工艺、绕组设计方面的原因，不同机组的不平衡电流大小不尽相同，应以实测为准。

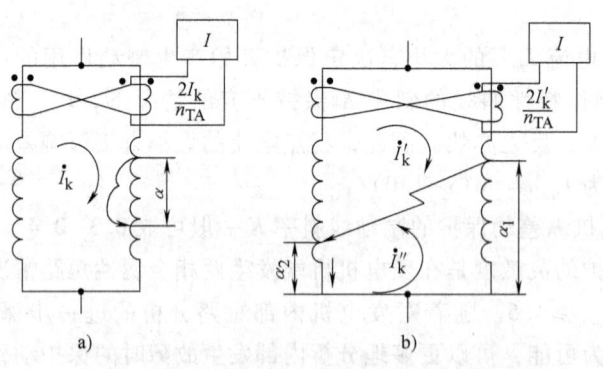

图 8-4 发电机绕组匝间短路的电流分布和裂相横差动保护接线
a）在某一绕组内部匝间短路 b）在同相不同绕组匝间短路

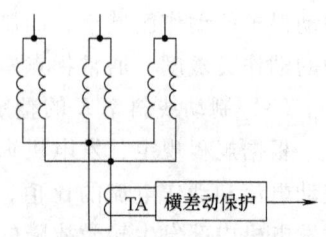

图 8-5 采用单元件接线的横差动保护原理图

三、发电机纵向零序过电压保护

纵向零序过电压保护，不仅作为发电机内部匝间短路的主保护，还可作为发电机内部部分相间短路的保护。

发电机定子绕组发生内部短路时，会出现发电机机端相对于中性点的纵向不对称，三相机端对中性点的电压不再平衡。在发电机机端接专用的电压互感器，将电压互感器的一次侧中性点与发电机中性点直接相连且不接地，这样互感器开口三角形绕组输出的电压即为纵向零序电压，当测量到纵向零序电压超过整定值时，保护动作，如图 8-6 所示。

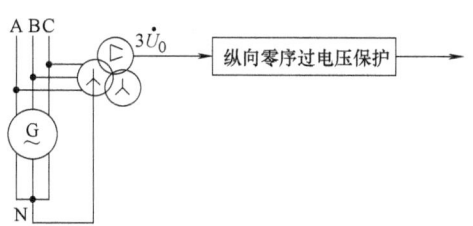

图 8-6　纵向零序过电压保护逻辑框图

由于发电机正常运行时，机端不平衡基波零序电压很小，但可能有较大的三次谐波电压，为降低保护定值和提高灵敏度，保护装置中应增设三次谐波的滤波器。

由于不同容量、不同型号的发电机，其定子绕组的结构及线棒在各定子槽内的分布不同，因此，不同的发电机在匝间短路时产生的纵向零序电压值差异很大。在整定保护装置的动作电压时，首先应对发电机定子结构进行研究，估算发生最少匝数匝间短路时的最小零序电压值，然后根据最小零序电压进行整定。

为了防止外部短路时纵向零序不平衡电压增大造成保护误动，可以增设负序功率方向元件作为选择元件，用于判别是发电机内部短路还是外部短路。由于在发电机并网前负序功率方向元件失效，可以增加发电机三相电流低的辅助判据。

第三节　发电机定子绕组的单相接地保护

根据安全运行要求，发电机的外壳都是接地的，因此定子绕组因绝缘破坏而引起的单相接地故障占内部故障的比重比较大，约占定子故障的 70%~80%。当接地电流比较大，能在故障点引起电弧时，将使绕组的绝缘和定子铁心烧坏，并且也容易发展成相间短路，造成更大的危害。

一、发电机定子绕组单相接地的特点

现代发电机的定子绕组都设计为全绝缘的，定子绕组中性点不直接接地，而是通过高阻接地、消弧线圈接地或不接地。当发电机内部单相接地时，流经接地点的电流为发电机所在电压网络（即与发电机有直接电联系的各元件）对地电容电流之总和，而故障点的零序电压将随发电机内部接地点的位置而改变。

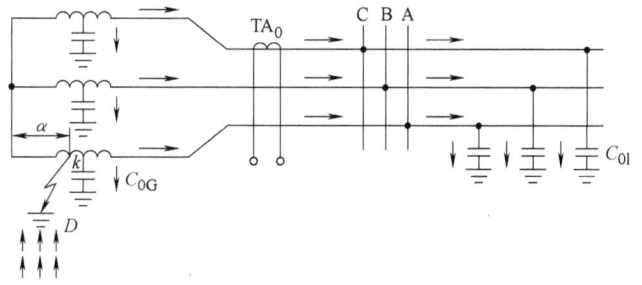

图 8-7　发电机内部单相接地时的电流分布

如图 8-7 所示，假设 A 相接地发生在定子绕组距中性点 α 处（α 表示由中性点到故障点的绕组占全部绕组匝数的百分数）。此时与故障点对应的各相电动势为 $\alpha \dot{E}_A$、$\alpha \dot{E}_B$ 和 $\alpha \dot{E}_C$，而各相对地电压分别为

$$\left.\begin{aligned}\dot{U}_{Ak} &= 0 \\ \dot{U}_{Bk} &= \alpha \dot{E}_B - \alpha \dot{E}_A \\ \dot{U}_{Ck} &= \alpha \dot{E}_C - \alpha \dot{E}_A\end{aligned}\right\} \tag{8-1}$$

因此，故障点的零序电压为

$$\dot{U}_{k0(\alpha)} = \frac{1}{3}(\dot{U}_{Ak} + \dot{U}_{Bk} + \dot{U}_{Ck}) = -\alpha \dot{E}_A \tag{8-2}$$

可见，故障点的零序电压随着故障点的位置不同而改变。当发电机的机端接地时，即 $\alpha=1$，故障点的零序电压最大。实际上，当发电机内部单相接地时，无法直接获得故障点的零序电压 $U_{k0(\alpha)}$，只能借助于机端的电压互感器进行测量。当忽略各相电流在发电机内阻抗上的压降时，机端各相的对地电压应分别为

$$\left.\begin{aligned}\dot{U}_{AD} &= (1-\alpha)\dot{E}_A \\ \dot{U}_{BD} &= \dot{E}_B - \alpha \dot{E}_A \\ \dot{U}_{CD} &= \dot{E}_C - \alpha \dot{E}_A\end{aligned}\right\} \tag{8-3}$$

发电机内部单相接地时，机端的电压相量图如图 8-8 所示。由此可求得机端的零序电压为

$$\dot{U}_{k0} = \frac{1}{3}(\dot{U}_{AD} + \dot{U}_{BD} + \dot{U}_{CD}) = -\alpha \dot{E}_A = \dot{U}_{k0(\alpha)} \tag{8-4}$$

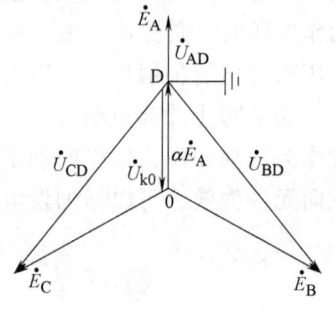

图 8-8 发电机内部单相接地时，机端的电压相量图

其值和故障点的零序电压相等。所以故障点的零序电压可以通过机端的电压互感器进行测量。

发电机内部单相接地时的零序等效网络如图 8-9a 所示。图中，C_{0G} 为发电机每相的对地电容，C_{01} 为发电机以外电压网络每相对地的等效电容。由此可求出发电机的零序电容电流和网络的零序电容电流分别为

$$\left.\begin{aligned}3\dot{I}_{0G} &= j3\omega C_{0G}\dot{U}_{k0(\alpha)} = -j3\omega C_{0G}\alpha \dot{E}_A \\ 3\dot{I}_{01} &= j3\omega C_{01}\dot{U}_{k0(\alpha)} = -j3\omega C_{01}\alpha \dot{E}_A\end{aligned}\right\} \tag{8-5}$$

则故障点总的接地电流为

$$\dot{I}_{k(\alpha)} = -j3\omega(C_{0G} + C_{01})\alpha \dot{E}_A \tag{8-6}$$

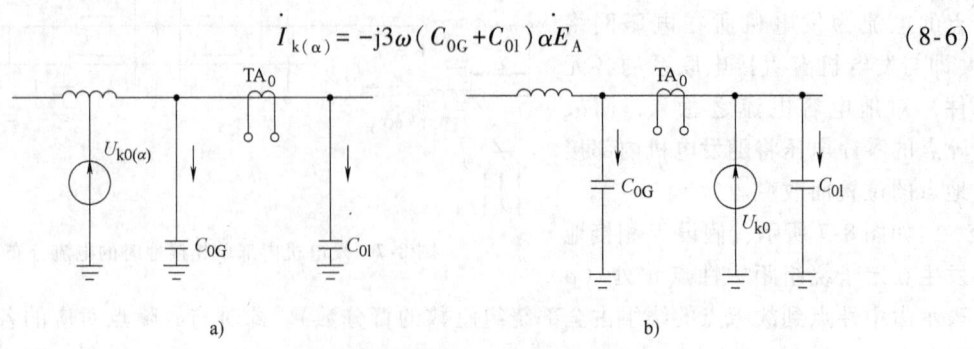

图 8-9 单相接地的零序等效网络
a) 发电机内部单相接地 b) 发电机外部单相接地

可见，流经故障点的接地电流也与 α 成正比，当故障点位于发电机出线端子附近时，$α≈1$，接地电流最大。

当发电机内部单相接地时，流经发电机零序电流互感器 TA_0 一次侧的零序电流为发电机以外电压网络的对地电容电流。而当发电机外部单相接地时，如图 8-9b 所示，流过 TA_0 的零序电流为发电机本身的对地电容电流。

二、利用零序电压构成的定子单相接地保护（横向零序电压保护）

由于零序电压随故障点的位置而变化，越靠近机端，故障点的零序电压越高，因此可以利用零序电压构成定子单相接地保护。此时零序电压可取自发电机机端电压互感器的开口三角形绕组或中性点电压互感器的二次侧（也可以从发电机中性点接地消弧线圈或配电变压器二次绕组获得）。

零序电压保护的动作电压 U_{set}，应按躲过发电机正常运行时发电机系统产生的最大不平衡零序电压 $3U_{0.max}$ 来整定，即

$$U_{set} = K_{rel} 3 U_{0.max} \tag{8-7}$$

影响不平衡零序电压的因素主要有：
1) 发电机电压系统中三相对地绝缘不一致。
2) 发电机端三相 TV 的一次绕组对开口三角形绕组之间的变化不一致。
3) 发电机的三次谐波电动势在机端 TV 开口三角形一侧输出的三次谐波电压。可以通过设置三次谐波滤波单元加以过滤。
4) 主变压器高压侧发生接地故障时，由变压器高压侧通过电容耦合传递到发电机系统的零序电压。可以通过延时躲过这一电压的影响。

零序电压保护的动作延时，应与主变压器大电流系统侧接地保护的最长动作延时相配合。保护的出口方式，应根据发电机的结构、容量及发电机电压系统的主接线状况确定作用于跳闸或信号。

当中性点附近发生接地时，由于零序电压太小，保护装置不能动作，因而出现死区，即对定子绕组不能达到 100% 的保护范围。对大容量的机组而言，由于振动较大而产生的机械损伤或发生漏水（指水内冷的发电机）等原因，都可能使靠近中性点附近的绕组发生接地故障。如果这种故障不能及时发现，则有可能进一步发展成匝间短路、相间短路或两点接地短路，从而造成发电机的严重损坏。因此对大型发电机组，特别是水内冷式发电机机组，应装设能反应 100% 定子绕组的接地保护。

100% 定子接地保护装置一般由两部分组成，第一部分是零序电压保护，它能保护定子绕组的 85% 以上，第二部分保护则用来消除零序电压保护的死区。为提高可靠性，两部分的保护区应相互重叠。

三、利用基波零序电压和 3 次谐波电压构成的 100% 定子单相接地保护

1. 发电机 3 次谐波电势的分布特点

由于发电机气隙磁通密度的非正弦分布和铁磁饱和的影响，在定子绕组中感应的电动势除基波分量外，还会有高次谐波分量。其中 3 次谐波电动势虽然在线电动势中可以将它消除，但在相电动势依然存在。

如果把发电机的对地电容等效地看作集中在发电机的中性点 N 和机端 S 处,两端的相对地电容各为 $\frac{1}{2}C_{0G}$,将发电机端引出线、升压变压器、厂用变压器以及电压互感器等设备的每相对地电容 C_{0S} 也等效地放在机端,并设 3 次谐波电动势为 E_3。以下分析发电机机端 3 次谐波电压 U_{S3} 与中性点侧 3 次谐波电压 U_{N3} 的关系。

(1) 正常运行 当发电机中性点不接地时,其等效网络如图 8-10a 所示,此时中性点及机端的 3 次谐波电压分别为

$$U_{N3} = \frac{C_{0G} + 2C_{0S}}{2(C_{0G} + C_{0S})} E_3 \tag{8-8}$$

$$U_{S3} = \frac{C_{0G}}{2(C_{0G} + C_{0S})} E_3 \tag{8-9}$$

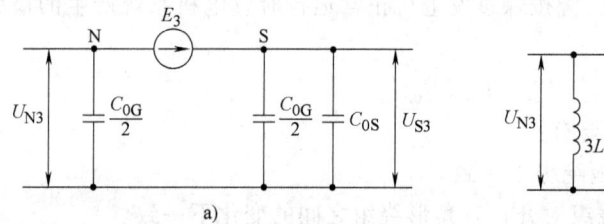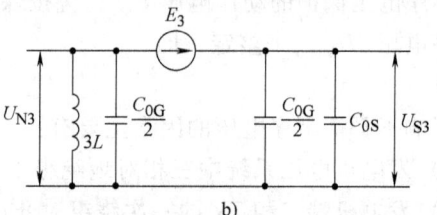

图 8-10 正常运行时发电机 3 次谐波电动势和对地电容的等效电路图
a) 中性点不接地 b) 中性点经消弧线圈接地

机端三次谐波电压与中性点 3 次谐波电压之比为

$$\frac{U_{S3}}{U_{N3}} = \frac{C_{0G}}{C_{0G} + 2C_{0S}} < 1 \tag{8-10}$$

可见,正常运行时发电机中性点侧的 3 次谐波电压 U_{N3} 总是大于发电机机端的 3 次谐波电压 U_{S3}。极限情况下发电机出线端开路(即 $C_{0S} = 0$)时有 $U_{S3} = U_{N3}$。

当发电机中性点经消弧线圈接地时,其等效电路如图 8-10b 所示,假设基波电容电流得到完全补偿,即 $\omega L = \frac{1}{3\omega(C_{0G}+C_{0S})}$。此时发电机中性点侧对 3 次谐波的等效电抗为

$$X_{N3} = j\frac{3\omega(3L)\left(\frac{-2}{3\omega C_{0G}}\right)}{3\omega(3L) - \frac{2}{3\omega C_{0G}}} \tag{8-11}$$

整理后可得

$$X_{N3} = -j\frac{6}{\omega(7C_{0G} - 2C_{0S})} \tag{8-12}$$

发电机端的 3 次谐波等效电抗为

$$X_{S3} = -j\frac{2}{3\omega(C_{0G} + 2C_{0S})} \tag{8-13}$$

因此,发电机端 3 次谐波电压和中性点 3 次谐波电压之比为

$$\frac{U_{S3}}{U_{N3}} = \frac{X_{S3}}{X_{N3}} = \frac{7C_{0G} - 2C_{0S}}{9(C_{0G} + 2C_{0S})} \quad (8\text{-}14)$$

可见接入消弧线圈以后，正常运行时中性点的 3 次谐波电压 U_{N3} 比机端的 3 次谐波电压 U_{S3} 更大。在发电机出线端开路时，有 $\dfrac{U_{S3}}{U_{N3}} = \dfrac{7}{9}$。

正常运行情况下，尽管发电机的 3 次谐波电动势 E_3 随着发电机的结构及运行状况而改变，但是其机端 3 次谐波电压与中性点 3 次谐波电压的比值总是符合以上关系，即有 $U_{S3} < U_{N3}$。

（2）发电机内部单相接地　设发电机定子绕组发生金属性单相接地，接地发生在距中性点 α 处，其等效电路图如图 8-11 所示。此时不管发电机中性点是否接有消弧线圈，近似有 $U_{N3} = \alpha E_3$，$U_{S3} = (1-\alpha)E_3$，因此

$$\frac{U_{S3}}{U_{N3}} = \frac{1-\alpha}{\alpha} \quad (8\text{-}15)$$

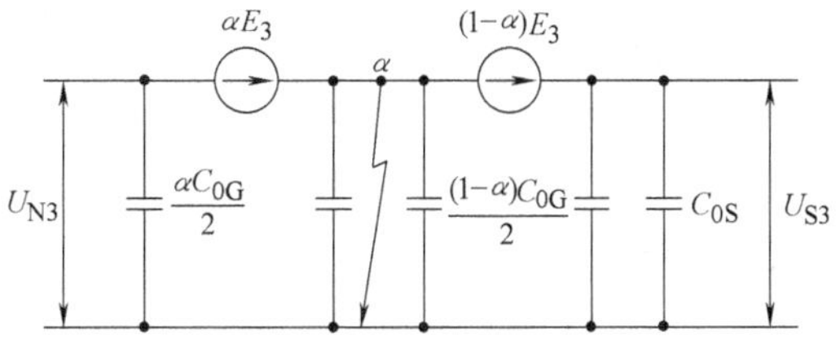

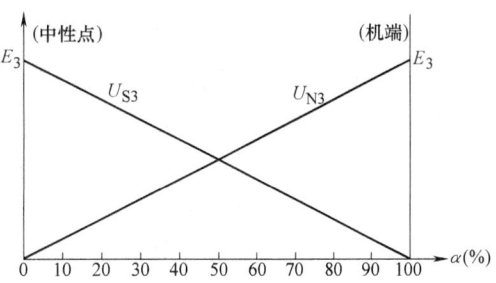

图 8-11　发电机内部单相接地时，3 次谐波电动势分布的等效电路图

发电机内部单相接地时，U_{S3}、U_{N3} 随接地点位置 α 的变化曲线如图 8-12 所示。当 $\alpha < 50\%$ 时，恒有 $U_{S3} > U_{N3}$。

因此，如果利用机端 3 次谐波电压 U_{S3} 作为动作量，而用中性点侧 3 次谐波电压作为制动量来构成接地保护，且当 $U_{S3} > U_{N3}$ 时为保护的动作条件，则正常运行时保护不可能动作，而当中性点附近发生接地时，则具有很高的灵敏性。利用这种原理构成的接地保护，可以反映定子绕组中性点侧约 50% 范围以内的接地故障。

图 8-12　发电机内部单相接地时，U_{S3}、U_{N3} 随接地点位置 α 的变化曲线

2. 基波零序电压和 3 次谐波电压构成的定子单相接地保护

在由基波零序电压和 3 次谐波电压共同构成的 100% 定子接地保护中，基波零序电压保护可以反映发电机定子绕组靠近机端侧 85% 以上范围的定子绕组单相接地故障，且当故障越接近于发电机出线端时，保护的灵敏度越高；3 次谐波电压保护可以反映定子绕组靠近中性点侧 50% 范围以内的单相接地故障，且当故障点越接近于中性点时，保护的灵敏度越高。

零序电压保护的整定如前所述，以下介绍 3 次谐波电压保护的整定。反应 3 次谐波电压比值的定子单相接地保护的动作判据为

$$|\dot{U}_{S3}| > K_b |\dot{U}_{N3}| \quad (8\text{-}16)$$

其中，K_b 为制动系数。当发电机中性点不接地、经消弧线圈接地或经配电变压器高阻接地时，制动系数 K_b 的取值有所不同。

为了提高发电机内部经过渡电阻接地时保护动作的灵敏度，以及正常运行和外部故障时保护不误动的能力，可以采用改进的动作判据

$$|\dot{K}_1 \dot{U}_{S3} - \dot{K}_2 \dot{U}_{N3}| \geq K_b |\dot{U}_{N3}| \tag{8-17}$$

其中，$\dot{K}_1$ 与 $\dot{K}_2$ 为两侧电压幅值及相位平衡系数，通常在发电机空载额定电压时，通过调平衡使动作量近似为零来确定。为了提高内部故障的灵敏度，一般取制动系数 $K_b<1$。保护动作后经 5~6s 作用于跳闸或信号。3 次谐波定子接地保护整定之后，应在发电机中性点做真机接地实验，以校验保护的动作灵敏度。

零序电压判据和 3 次谐波判据各有独立的出口回路，以满足不同配置的要求（如零序判据作用于直接跳闸，3 次谐波判据作用于发信号等）。其保护逻辑框图如图 8-13 所示。

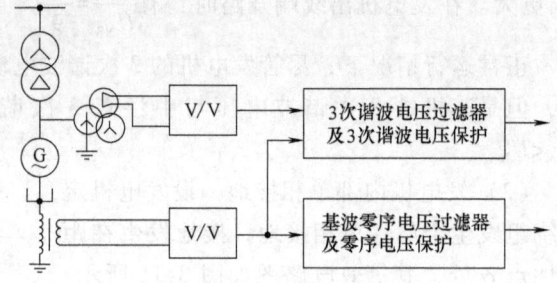

图 8-13　由零序电压和 3 次谐波电压构成的 100%定子单相接地保护逻辑框图

第四节　发电机的负序过电流保护

一、转子发热的特点

当电力系统发生不对称短路或在正常运行情况下三相负荷不平衡时，在发电机定子绕组中将出现负序电流。此电流在发电机空气隙中建立的负序旋转磁场相对于转子为两倍的同步转速，因此将在转子绕组、阻尼绕组以及转子铁心等部件上感应 100Hz 的倍频电流，该电流使得转子上电流密度很大的某些部位（如转子端部、护环内表面等），可能出现局部的灼伤，甚至可能使护环受热松脱，从而导致发电机的重大事故。此外，负序气隙旋转磁场与转子电流之间，以及正序气隙旋转磁场与定子负序电流之间所产生的 100Hz 交变电磁转矩，将同时作用在转子大轴和定子机座上，从而引起 100Hz 的振动，威胁发电机安全。

机组承受负序电流的能力主要由转子表层发热情况来确定，特别是大型发电机，设计的热容量裕度较低，对承受负序电流能力的限制更为突出，必须装设与其承受负序电流能力相匹配的负序电流保护，又称为转子表层过热保护。针对这种情况而装设的发电机负序过电流保护实际上是对定子绕组电流不平衡而引起转子过热的一种保护，是发电机的主保护方式之一。

此外，由于大容量机组的额定电流很大，而在相邻元件末端发生两相短路时的短路电流可能较小，此时采用复合电压起动的过电流保护往往不能满足作为相邻元件后备保护时对灵敏系数的要求。在这种情况下，采用负序电流作为后备保护，就可以提高不对称短路时的灵敏性。由于负序过电流保护不能反映对称短路，需要附加装设专门反映三相短路的低电压起动过电流保护。

大型发电机要求转子表层过热保护与发电机承受负序电流的能力相适应，因此在选择负序电流保护判据时，需要首先了解由转子表层发热状况所决定的发电机承受负序电流的能力。

(1) 发电机长期承受负序电流的能力　发电机正常运行时，由于输电线路和负荷不可能完全对称,因此总存在一定的负序电流。此时转子虽有发热,但如果负序电流不大,由于转子的散热效应,其温升不会超过允许值。所以发电机可以承受一定数值的负序电流长期运行。发电机长期承受负序电流的能力与发电机的结构有关,应根据具体发电机确定。在发电机制造厂没有给出允许值的情况下,汽轮发电机的长期允许负序电流为6%~8%的额定电流,水轮发电机的长期允许负序电流为12%的额定电流。

(2) 发电机短时承受负序电流的能力 在异常运行或系统发生不对称故障时,负序电流将大大超过允许的持续负序电流值。发电机短时间内允许的负序电流值与电流持续时间有关。负序电流在转子中所引起的发热量,正比于负序电流的二次方及所持续时间的乘积。在最严重的情况下,假设发电机转子为绝热体(即不向周围散热),则不使转子过热所允许的负序电流和时间的关系,可用下式表示:

$$\int_0^t i_2^2 \mathrm{d}t = I_2^2 t = A \qquad (8-18)$$

式中,i_2 为流经发电机的负序电流值;t 为负序电流 i_2 所持续的时间;I_2 为以发电机额定电流为基准的负序电流标幺值。A 是与发电机形式和冷却方式有关的常数,反应发电机承受负序电流的能力。一般采用制造厂所提供的数据。发电机组容量越大,相对裕度越小,所允许的承受负序过负荷的能力下降,即 A 值越小。

A 值通常是按绝热过程设计的。当考虑转子表面有一定的散热能力时,发电机短时承受负序过电流的倍数与允许持续时间的关系式为

$$t \leqslant \frac{A}{I_2^2 - K I_{2\infty}^2} \qquad (8-19)$$

式中,K 为安全系数,一般取 0.6;$I_{2\infty}$ 为发电机长期允许的负序电流标幺值。

为防止发电机转子遭受负序电流的损坏,在100MW及以上 $A<10$ 的发电机上,应装设能够与发电机允许负序电流和持续时间关系曲线相配合的反时限负序过电流保护。

二、反时限负序过电流保护

反时限负序过电流保护的动作特性曲线如图8-14所示,由上限定时限、反时限和下限定时限三部分组成。

当发电机负序电流 I_2 大于上限整定值 $I_{2\mathrm{set.max}}$ 时,即 $I_2 > I_{2\mathrm{set.max}}$,按上限定时限的短延时 t_1 动作;当负序电流低于下限整定值 $I_{2\mathrm{set.min}}$ 时,即 $I_2 < I_{2\mathrm{set.min}}$,按下限定时限的长延时 t_2 动作;当负序电流在上、下限整定值之间时,及 $I_{2\mathrm{set.min}} < I_2 < I_{2\mathrm{set.max}}$,则按式(8-19)确定的反时限动作。

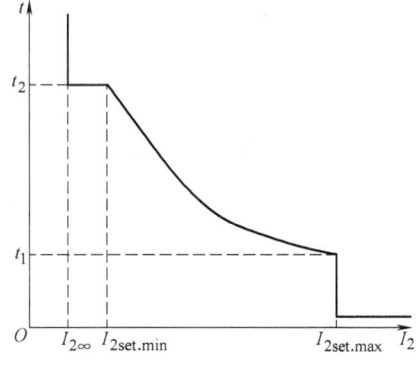

图 8-14 反时限负序过电流保护的动作特性曲线

对于发电机变压器组的负序过电流保护的上限电流 $I_{2\mathrm{set.max}}$ 按躲过变压器高压母线上两相短路进行整定,动作时限 t_1 按与高压侧出线快速保护相配合。下限电流 $I_{2\mathrm{set.min}}$ 按躲过发电机长期允许的负序电流整定,并应在外部不对称短路故障切除后返回,动作时限 t_2 不超过 1000s。

发电机反时限负序过电流保护的逻辑框图如图8-15所示。保护同时有定时限的负序过

负荷单元,以反应发电机的不对称过负荷。负序过负荷的动作电流 I_{2set} 按躲过发电机长期允许的负序电流 $I_{2\infty}$ 来整定,动作延时 t 可整定为 6~9s,出口发报警信号。

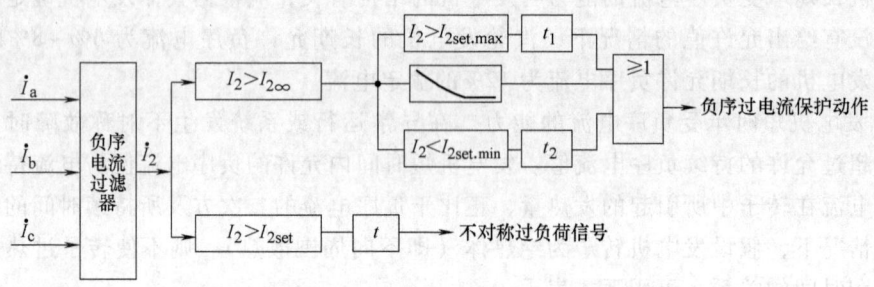

图 8-15 发电机反时限负序过电流保护的逻辑框图

第五节 发电机的失磁保护

一、发电机失磁运行及其产生的影响

发电机失磁故障是指发电机的励磁突然全部消失或部分消失。引起失磁的原因有:转子绕组故障、励磁机故障、自动灭磁开关误跳闸、半导体励磁系统中某些元件损坏或回路发生故障以及误操作等。

以汽轮发电机经一联络线与无穷大系统并列运行为例,如图 8-16a 所示。图中 $\dot{E}_d$ 为发电机的同步电动势;$\dot{U}_G$ 为发电机端的相电压;$\dot{U}_s$ 为无穷大系统的相电压;$\dot{I}$ 为发电机的定子电流;X_d 为发电机的同步电抗;X_s 为发电机与系统之间的联系电抗,$X_\Sigma = X_d + X_s$;φ 为受端的功率因数角;δ 为 $\dot{E}_d$ 和 $\dot{U}_s$ 之间的夹角(即功角)。

发电机正常运行时,原动机输入的机械功率与发电机电磁功率相平衡,发电机通常向系统送出有功功率和感性的无功功率,设为 $S = P - jQ$,此时定子电流滞后于定子电压,称为滞后运行。如图 8-16b 所示。根据电机学中的分析,有

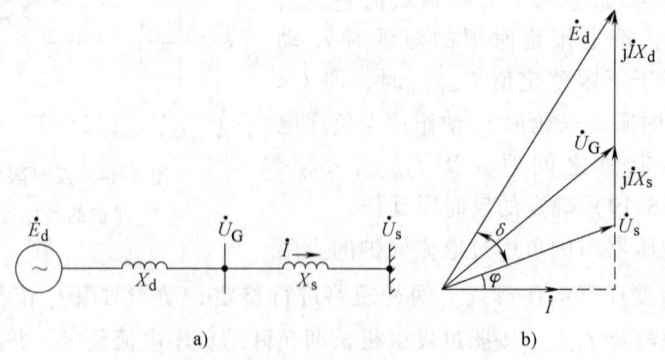

图 8-16 发电机与无穷大系统并列运行
a) 等效电路 b) 相量图

$$P = \frac{E_d U_s}{X_\Sigma} \sin\delta \tag{8-20}$$

$$Q = \frac{E_d U_s}{X_\Sigma} \cos\delta - \frac{U_s^2}{X_\Sigma} \tag{8-21}$$

在正常运行时，$\delta<90°$；不考虑励磁调节器的影响时，$\delta=90°$ 为稳定运行的极限；$\delta>90°$ 后发电机失步。

当发电机完全失去励磁时，励磁电流将逐渐衰减至零，发电机的感应电动势 E_d 随着励磁电流的减小而减小，发电机的电磁功率开始减少。由于原动机所供给的机械功率还来不及减少，所以发电机的电磁转矩小于原动机的转矩，于是引起转子加速，使发电机的功角 δ 增大，P 又要回升。在这一阶段中，发电机输出的有功功率基本保持不变，所以这个阶段称为"等有功过程"。与此同时，无功功率 Q 随着 E_d 的减小和 δ 的增加而减小，从 $Q=0$ 开始反向，即发电机变为吸收感性的无功功率。定子电流 $\dot{I}$ 由原来滞后机端电压 $\dot{U}_G$ 转为超前机端电压，称为进相运行。

对汽轮发电机组，$\delta=90°$ 时发电机处于失去静稳定的临界状态，称为临界失步点。

当 $\delta>90°$ 时，转子进一步加速，发电机与系统失去同步。转子回路中感应出频率为 f_G-f_S（f_G 为对应发电机转速的频率，f_S 为系统的频率）的电流，此电流产生异步制动转矩，同时，调速器动作减少输入转矩使转速减慢。当异步转矩与原动机转矩达到新的平衡时，即进入稳定的异步运行状态。异步发电机的等效电路可以用图 8-17 来表示。图中，X_1 为定子绕组漏抗；X_2 为转子绕组漏抗；R_2 为转子绕组电阻；s 为转差率，$s=\dfrac{f_S-f_G}{f_S}$；$\dfrac{R_2(1-s)}{s}$ 为反映发电机功率大小的等效电阻；X_{ad} 为定子与转子绕组之间的互感电抗。

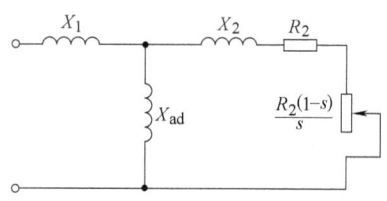

图 8-17 异步发电机的等效电路图

当发电机失磁后而异步运行时，将对电力系统和发电机产生以下影响：

1) 需要从电网中吸收很大的无功功率以建立发电机的磁场。如果电力系统的容量较小或无功功率的储备不足，会使电力系统的电压下降，从而破坏负荷与电源间的稳定运行，甚至可能因电压崩溃而使系统瓦解。

2) 由于失磁发电机吸收了大量的无功功率，因此为了不让定子绕组过电流，发电机所能发出的有功功率将较同步运行时有不同程度的降低，吸收的无功功率越大，降低越多。

3) 失磁后发电机的转速超过同步转速，在转子及励磁回路中将产生频率为 f_G-f_S 的交流电流，形成附加的损耗，使发电机转子和励磁回路过热。显然，转差率越大，引起的过热越严重。

4) 低励磁或失磁运行时，定子端部漏磁增加，将使发电机定子端和边段铁心过热。实际上，这一情况通常是限制发电机失磁异步运行能力的主要条件。

发电机失磁后能否继续运行，取决于发电机的结构和电力系统的具体情况。对于汽轮发电机，由于其异步功率比较大，调速器比较灵敏，使汽轮机的输出功率与发电机的异步功率很快达到平衡，在转差率小于 0.5% 的情况下即可稳定运行。故汽轮发电机在很小的转差下异步运行一段时间,原则上是完全允许的。至于是否需要其异步运行,则主要取决于电力系统的具体情况。例如当电力系统的有功功率储备不足,同时一台发电机失磁后,系统能够供给它所需要的无功功率,并能保证电网的电压水平时,则发电机失磁后可以运行。对于水轮发电机,由于其异步功率小,调速器不够灵敏,必须在较大的转差下(一般达到1%~2%)才能稳定运行,甚至可能在功率尚未达到平衡以前就大大超速,从而使发电机与系统解列,而且需要从电网吸收的无功功率较多,机组振动较大,因此失磁后一般不允许继续运行。

为此在大型发电机上应装设失磁保护,以便及时发现失磁故障,采取必要的措施,如发出信号、自动减负荷、动作跳闸等,以保证电力系统和发电机的安全。

二、发电机失磁后的机端测量阻抗

将发电机从失磁开始到进入稳态异步运行的过程分三个阶段:

1. 失磁后到失步前

在这一阶段中,发电机端的测量阻抗为

$$\begin{aligned}
Z_G = \frac{\dot{U}_G}{\dot{I}} &= \frac{\dot{U}_s + \dot{I}\mathrm{j}X_s}{\dot{I}} = \frac{\dot{U}_s \hat{U}_s}{\dot{I}\hat{U}_s} + \mathrm{j}X_s \\
&= \frac{U_s^2}{\hat{S}} + \mathrm{j}X_s \\
&= \frac{U_s^2(P-\mathrm{j}Q+P+\mathrm{j}Q)}{2P(P-\mathrm{j}Q)} + \mathrm{j}X_s \\
&= \frac{U_s^2}{2P}\left(1 + \frac{P+\mathrm{j}Q}{P-\mathrm{j}Q}\right) + \mathrm{j}X_s \\
&= \frac{U_s^2}{2P}\left(1 + \frac{S\mathrm{e}^{\mathrm{j}\varphi}}{S\mathrm{e}^{-\mathrm{j}\varphi}}\right) + \mathrm{j}X_s \\
&= \left(\frac{U_s^2}{2P} + \mathrm{j}X_s\right) + \frac{U_s^2}{2P}\mathrm{e}^{\mathrm{j}2\varphi}
\end{aligned} \qquad (8\text{-}22)$$

假定 U_s 和 X_s 为常数,在失磁后的"等有功过程"中,有功功率 P 保持不变,而 Q 和 φ 为变数,因此式(8-22)是一个圆的方程式,由于是在 P 不变的条件下得出的,因此称为等有功阻抗圆。在复数阻抗平面上,其圆心 O' 的坐标为 $\left(\dfrac{U_s^2}{2P}, X_s\right)$,半径为 $\dfrac{U_s^2}{2P}$,对应不同的 P 值有不同的阻抗圆,P 越大时圆的直径越小,如图 8-18 所示。

发电机失磁以前,向系统送出无功功率,φ 角为正,测量阻抗位于第 I 象限。失磁以后,随着无功功率的变化,φ 角由正值变为负值,因此测量阻抗也沿着圆周随之由第 I 象限过渡到第 IV 象限。

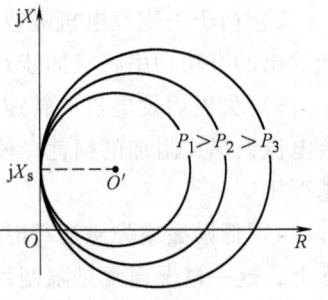

图 8-18 等有功阻抗圆

2. 临界失步点

当 $\delta = 90°$ 时,发电机输送到受端的无功功率,根据式(8-21)得

$$Q = -\frac{U_s^2}{X_\Sigma} \tag{8-23}$$

式(8-23)表明临界失步时,发电机自系统吸收无功功率,尽管发电机输出不同的有功功率,但无功功率 Q 值为一常数,故临界失步点也称为等无功点。此时机端的测量阻抗为

$$\begin{aligned}
Z_G &= \frac{\dot{U}_G}{\dot{I}} = \frac{U_s^2}{S} + jX_s \\
&= \frac{U_s^2}{-j2Q} \frac{[P-jQ-(P+jQ)]}{S} + jX_s \\
&= \frac{U_s^2}{-j2Q}\left(1 - \frac{P+jQ}{P-jQ}\right) + jX_s \\
&= \frac{U_s^2}{-j2Q}(1 - e^{j2\varphi}) + jX_s \\
&= \frac{X_d + X_s}{j2}(1 - e^{j2\varphi}) + jX_s \\
&= -j\frac{X_d - X_s}{2} + j\frac{X_d + X_s}{2}e^{j2\varphi}
\end{aligned} \tag{8-24}$$

式(8-24)对应为圆的方程,如图 8-19 所示,其圆心 O' 的坐标为 $\left(0, -\frac{X_d - X_s}{2}\right)$,圆的半径为 $\frac{X_d + X_s}{2}$。这个圆称为临界失步阻抗圆,也称静稳阻抗圆或等无功阻抗圆。其圆周为当发电机在不同的有功功率 P 运行下临界失步时的机端测量阻抗轨迹,圆内为失步区。

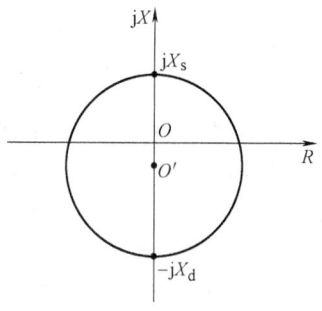

图 8-19 临界失步阻抗圆

3. 失步后的异步运行阶段

失步后的异步运行阶段可用图 8-17 所示的等效电路来表示。按图 8-16 所规定的电流正方向,机端测量阻抗应为

$$Z_G = -\left[jX_1 + \frac{jX_{ad}\left(\frac{R_2}{s} + jX_2\right)}{\frac{R_2}{s} + j(X_{ad} + X_2)}\right] \tag{8-25}$$

当发电机空载运行失磁时,$s \approx 0$,$\frac{R_2}{s} \approx \infty$,此时机端的测量阻抗为最大,即 $Z_G = -jX_1 - jX_{ad} = -jX_d$;当发电机在其他运行方式下失磁时,$Z_G$ 将随着转差率的增大而减小,并位于第Ⅳ象限内。极限情况是当 $f_G \to \infty$ 时,$s \to -\infty$,$\frac{R_2}{s}$ 趋近于零,Z_G 的数值为最小,

有 $Z_G = -j\left(X_1 + \dfrac{X_2 X_{ad}}{X_2 + X_{ad}}\right) = -jX'_d$,其中 X'_d 为发电机暂态电抗。

综上所述,当一台发电机失磁前在正常励磁状态下运行时,其机端测量阻抗位于复数平面的第Ⅰ象限(如图 8-20 中的 a 或 a' 点),失磁以后,测量阻抗沿着等有功阻抗圆向第Ⅳ象限移动。当它与临界失步圆相交时(b 或 b' 点),表明机组运行处于静稳定的极限。越过 b(或 b')点以后,转入异步运行,最后稳定运行于 c(或 c')点,此时平均异步功率与调节后的原动机输入功率相平衡。

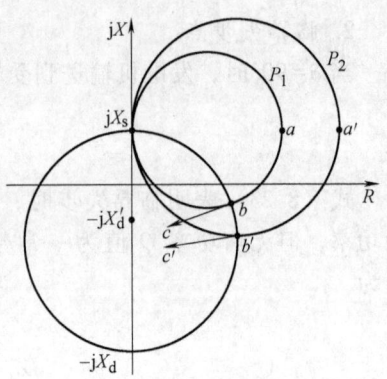

图 8-20 发电机端测量阻抗在失磁后的变化轨迹

$a \to b \to c$ 为 P_1 较大时的轨迹
$a' \to b' \to c'$ 为 P_2 较小时的轨迹

三、发电机在其他运行方式下的机端测量阻抗

为了便于和失磁情况下的机端测量阻抗(见图 8-21 中的 4 点)进行鉴别和比较,现对发电机在下列几种运行情况下的机端测量阻抗作简要说明。

1. 发电机正常运行时的机端测量阻抗

当发电机向外输送有功和无功功率时,其机端测量阻抗 Z_G 位于第Ⅰ象限,如图 8-21 中的 1 点所示,它与 R 轴的夹角 φ 为发电机运行时的功率因数角。当发电机只输出有功功率时,测量阻抗位于 R 轴上的 2 点。当发电机欠励运行时,向外输送有功功率,同时从电网吸收无功功率,但仍保持同步并列运行,此时测量阻抗位于第Ⅳ象限的 3 点。

2. 发电机外部故障时的机端测量阻抗

当采用 0°接线方式时,故障相测量阻抗位于第Ⅰ象限,其大小和相位正比于短路点到保护安装地点之间的阻抗 Z_k,如图 8-21 中的 5 点。接于非故障相的阻抗元件,测量阻抗的大小和相位需经具体分析后确定。

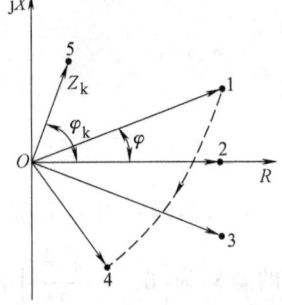

图 8-21 发电机在各种运行情况下的机端测量阻抗

3. 发电机与系统间发生振荡时的机端测量阻抗

对于图 8-16 的等效系统,设发电机以暂态电抗 X'_d 表示,根据第四章分析可知,当 $E_d \approx U_s$ 时,振荡中心位于 $-j\dfrac{X'_d - X_s}{2}$ 处。此时机端测量阻抗的轨迹沿直线 $\overline{OO'}$ 变化,如图 8-22 所示。

四、发电机失磁保护的构成方式

大型发电机失磁后,当电力系统或发电机本身的安全运行遭到威胁时,应将失磁的发电机切除,以防止故障的扩大。完整的失磁保护通常由发电机机端测量阻抗判据、转子励磁绕组低电压判据、变

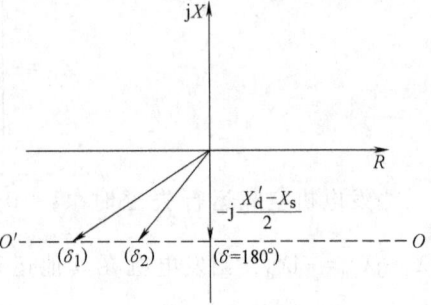

图 8-22 系统振荡时机端测量阻抗的变化轨迹

压器高压侧低电压判据、定子过电流判据构成。一种比较典型的发电机失磁保护的逻辑图如图 8-23 所示。

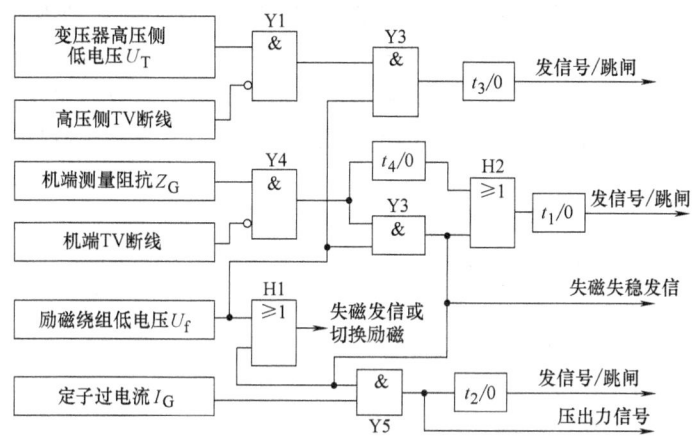

图 8-23 一种比较典型的发电机失磁保护的逻辑图

通常取机端阻抗判据作为失磁保护的主判据。阻抗元件的动作特性可以整定为图 8-19 所示的静稳边界阻抗圆，故也称为静稳边界判据。当定子静稳边界判据和转子低电压判据同时满足时，判定发电机已失磁失稳，经延时 t_1 后出口切除发电机。若失磁时转子低电压判据未动作，定子静稳判据也可单独出口切除发电机，此时增加延时 t_4 以提高单个元件出口动作的可靠性。

转子低电压判据满足时发失磁信号。此判据可以预测发电机是否可能因失磁而失去稳定，从而在发电机尚未失去稳定之前及早地采取措施，如切换励磁，防止事故的扩大。转子低电压判据满足并且静稳边界判据满足时，发出失稳信号。表明发电机由失磁导致失去了静稳，将进入异步运行状态。

汽轮发电机在失磁后一般可允许异步运行一段时间，在此期间由定子过电流判据进行监测。若定子电流大于额定电流，表明平均异步功率超过额定功率，则发出压出力命令。如果出力在 t_2 时间内不能减下来，过电流判据一直满足，则发跳闸命令以保证发电机本身的安全。

对于无功储备不足的系统，当发电机失磁后，有可能在发电机失去静稳之前，高压侧电压就达到了系统低电压限值。所以转子低电压判据满足并且高压侧系统低电压判据满足时，说明发电机的失磁已造成了对电力系统安全运行的威胁，经短延时 t_3 发出跳闸命令，迅速切除发电机。

为了防止电压互感器回路断线时造成失磁保护误动作，变压器高、低压侧均有 TV 断线闭锁元件。

第六节 发电机的其他保护形式

一、发电机的转子接地保护

发电机励磁回路的故障除了失磁故障外，还包括转子绕组的一点接地故障和两点接地故障。发电机转子一点接地故障是发电机比较常见的故障。由于正常运行时,励磁回路与地之间有一定的绝缘电阻,转子发生一点接地故障时,不会形成故障电流的通路,对发电机不会产生直接危险。但是,如果在一点接地之后又发生第二点接地时,即形成了短路电流的通路,这时相当大的故障电流可能损坏励磁绕组和转子本体,而且由于部分绕组被短接,将破坏发电机气隙磁场的均匀,从而引起转子振动,特别是多极的凸极水轮发电机会引起强烈的振动,甚至会造成灾难性的后果。因此,应该避免励磁回路的两点接地故障。

1. 转子一点接地保护

实现发电机转子接地故障保护的方法很多,这里介绍一种切换采样式保护原理。如图 8-24 所示,采用乒乓式开关切换原理,通过求解两个不同的接地回路方程,实时计算转子接地电阻和接地位置。

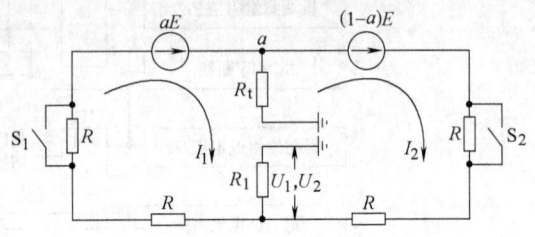

图 8-24 转子一点接地保护切换采样式原理接线图

图中,S_1、S_2 为由微机控制的电子开关,R_t 为接地电阻,a 为接地点位置,E 为转子电压,R 为降压电阻,R_1 为测量电阻。当 S_1 闭合、S_2 断开时(状态 1),在 R_1 上测得的电压为 U_1;S_1 断开、S_2 接通时(状态 2)在 R_1 测得电压为 U_2。$\Delta U = U_1 - U_2$。接地电阻和接地位置计算公式如下(推导从略):

$$R_t = \alpha \frac{R_1}{3\Delta U} - R_1 - \frac{2}{3}R \tag{8-26}$$

其中接地位置比例系数为

$$\alpha = \frac{1}{3} + \frac{U_1}{3\Delta U} \tag{8-27}$$

通过计算接地电阻,判断是否发生接地故障,并对接地位置加以记忆,为判断转子两点接地作准备。当 R_t 小于接地电阻整定值时,经延时发出转子一点接地信号或作用于跳闸。接地电阻整定值取决于正常运行时转子回路的绝缘水平。应注意,转子一点接地保护(包括两点接地保护)与其他励磁回路绝缘监视装置不能同时使用,以免互相影响。

2. 转子两点接地保护

保护共享转子一点接地时测得的接地位置 a 的数据。在一点接地故障后,保护装置继续测量接地电阻的接地位置,若再发生转子另一点接地故障,则已测得的 α 值将变化。当其变化值 $\Delta \alpha$ 超过整定值时,保护装置就确认为已发生转子两点接地故障,发电机被立即跳闸。接地位置变化动作值一般可整定为(5%~10%)U_μ(U_μ 为发电机励磁电压);动作时限按躲开瞬时出现的两点接地故障整定,一般为 0.5~1.0s。

二、发电机的失步保护

当电力系统发生诸如负荷突变、短路等破坏能量平衡的事故时,往往会引起不稳定振荡,使发电机与系统之间失去同步,严重时会导致电力系统解列甚至崩溃。发电机失步振荡时,振荡电流的幅值可以和机端三相短路电流相比拟,且振荡电流在较长时间内反复出现,使大型机组遭受机械力和热的损伤。振荡过程中出现的扭转力矩,周期性地作用于机组轴系,可能使大轴扭伤。

由于失步会危及大型机组及系统的安全，通常对 300MW 及以上的发电机，宜装设失步保护。要求失步保护应能鉴别短路故障、同步振荡和非同步振荡，且只在发生非同步振荡时可靠动作，而在发生短路故障和同步振荡时不会误动作。

目前实用的失步保护主要基于反映发电机机端测量阻抗变化轨迹的原理。这里介绍一种具有双遮挡动作特性的失步保护原理。如图 8-25 所示，图中 X'_d 为发电机暂态电抗，X_T 为变压器电抗，X_s 为系统等效电抗。忽略系统电阻，假定发电机和系统的电动势幅值相等，则系统振荡时，发电机机端测量阻抗的轨迹将沿着 $\overline{AB}$ 的垂直平分线 $\overline{OO'}$ 变化，振荡中心 M 点位于 $j\dfrac{X_T+X_s-X'_d}{2}$。发生失步振荡时，功角 δ 的变化是周期性的，当发电机转子磁极相对系统同步旋转磁场的磁极运动 360° 电角度时，称为一次滑极。

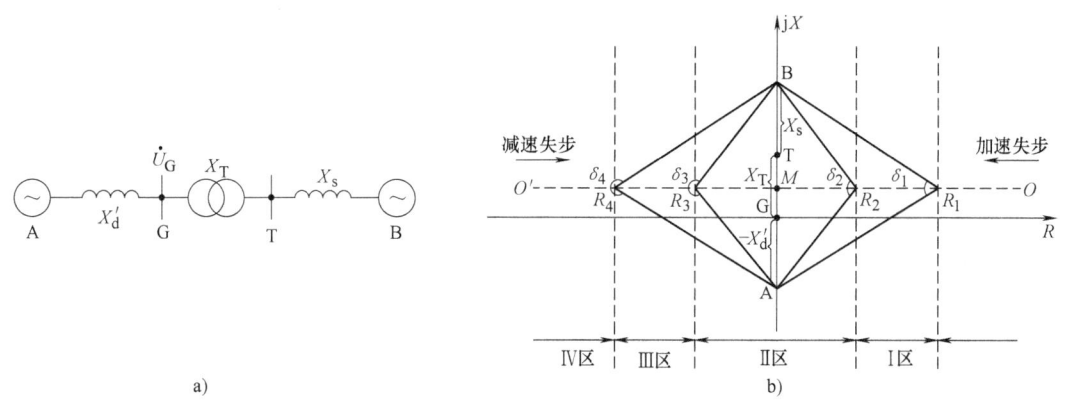

图 8-25 双遮挡动作特性的失步保护
a) 系统接线 b) 失步保护动作区

设以 R_1、R_2、R_3、R_4 将阻抗平面分为 Ⅰ、Ⅱ、Ⅲ、Ⅳ 区，加速失步时测量阻抗轨迹从 $+R$ 向 $-R$ 方向变化，减速失步时测量阻抗轨迹从 $-R$ 向 $+R$ 方向变化。当测量阻抗从右向左穿过 R_1 时判断为加速失步，当测量阻抗从左向右穿过 R_4 时判定为减速失步。加速失步信号或减速失步信号作用于降低或提高原动机出力。同时进行失步周期（滑极）计数。当机端测量阻抗轨迹依次穿越 4 个区域后，判定为一次滑极。当滑极次数累计达到一定值时，失步保护出口跳闸。

若测量阻抗在任一区内永久停留，则判定为短路故障。若测量阻抗轨迹部分穿越这些区域后以相反的方向返回，则判断为同步振荡。保护均不动作。

三、发电机的逆功率保护

对于汽轮发电机组，如果误将汽轮机的主气门关闭，将造成有功功率倒送，发电机迅速转为电动机运行，即逆功率运行。此时残留在汽轮机尾部的蒸汽与叶片产生摩擦，会使叶片过热而受损。一般规定发电机逆功率运行不能超过 3min。因此大型汽轮发电机应装设逆功率保护。

逆功率保护的动作判据为 $P<-P_{set}$，其中有功功率 P 的正方向指向系统母线。逆功率保

下面说明装设发电机—变压器组纵联差动保护的基本原则。

1)当发电机和变压器之间无断路器时,一般装设整组共用的纵联差动保护,如图8-30a所示,此时的纵联差动保护应注意考虑消除励磁涌流的影响。对容量在100MW以上的发电机组,发电机应增设单独的纵差动保护,如图8-30b所示。对220MW以上的发电机变压器组亦可在变压器上增设单独的纵差动保护,即采用双重快速保护。

2)当发电机与变压器之间有断路器时,发电机和变压器应分别装设纵联差动保护,如图8-30c所示。

3)当发电机与变压器之间有分支线(如厂用电出线)时,应把分支线也包括在差动保护范围以内,如图8-30c所示。

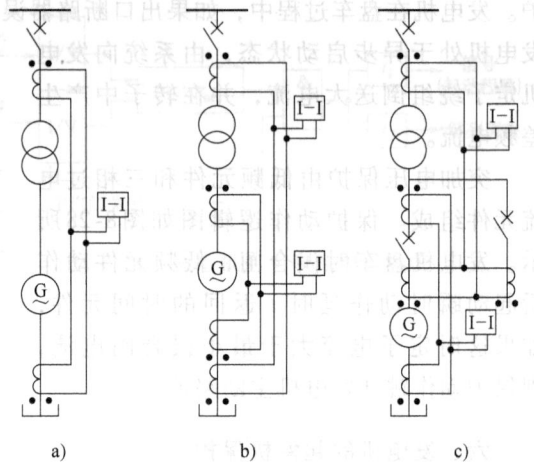

图 8-30 发电机变压器组纵差动保护单相原理图

二、发电机—变压器组保护的接线图举例

图8-31所示是600(300)MW-500kV汽轮发电机—变压器组的保护配置图,高压侧为3/2断路器接线方式。

保护配置如下:

1)主保护配置为:发电机纵差动保护、发电机匝间短路保护(横差动保护或负序方向闭锁纵向零序电压保护)、主变压器纵差动保护、发变组纵差动保护、高厂变差动保护、励磁机(变)差动保护。

2)发电机后备保护配置为:相间阻抗保护、基波零序电压保护、3次谐波电压保护、转子一点接地保护、转子两点接地保护、定反时限定子绕组过负荷保护、定反时限转子表层过负荷保护、失磁保护、失步保护、过电压保护、定反时限过励磁保护、逆功率保护、程序跳闸逆功率保护、低频累加保护、起停机保护、突加电压保护、电超速保护、TA断线保护、TV断线保护。

3)变压器后备保护配置为:相间阻抗保护(复合电压过电流保护)、零序电流保护、间隙零序电流电压保护、过负荷保护、TA断线保护、TV断线保护。

4)高厂变后备保护配置为:复合电压过电流保护、两分支低电压过电流保护、两分支零序过电流保护、两分支零序过电压保护、过负荷保护、通风起动保护、TA断线保护、TV断线保护。

5)励磁机(变)后备保护配置为:励磁机(变)过电流保护、定反时限励磁过负荷保护、TA断线保护。

6)其他保护:短引线保护、失灵起动保护、断路器断口闪络保护、非全相运行保护、发电机断水保护、发电机热工保护、励磁系统故障、系统保护动作联跳;主变及厂变全部非电量保护。

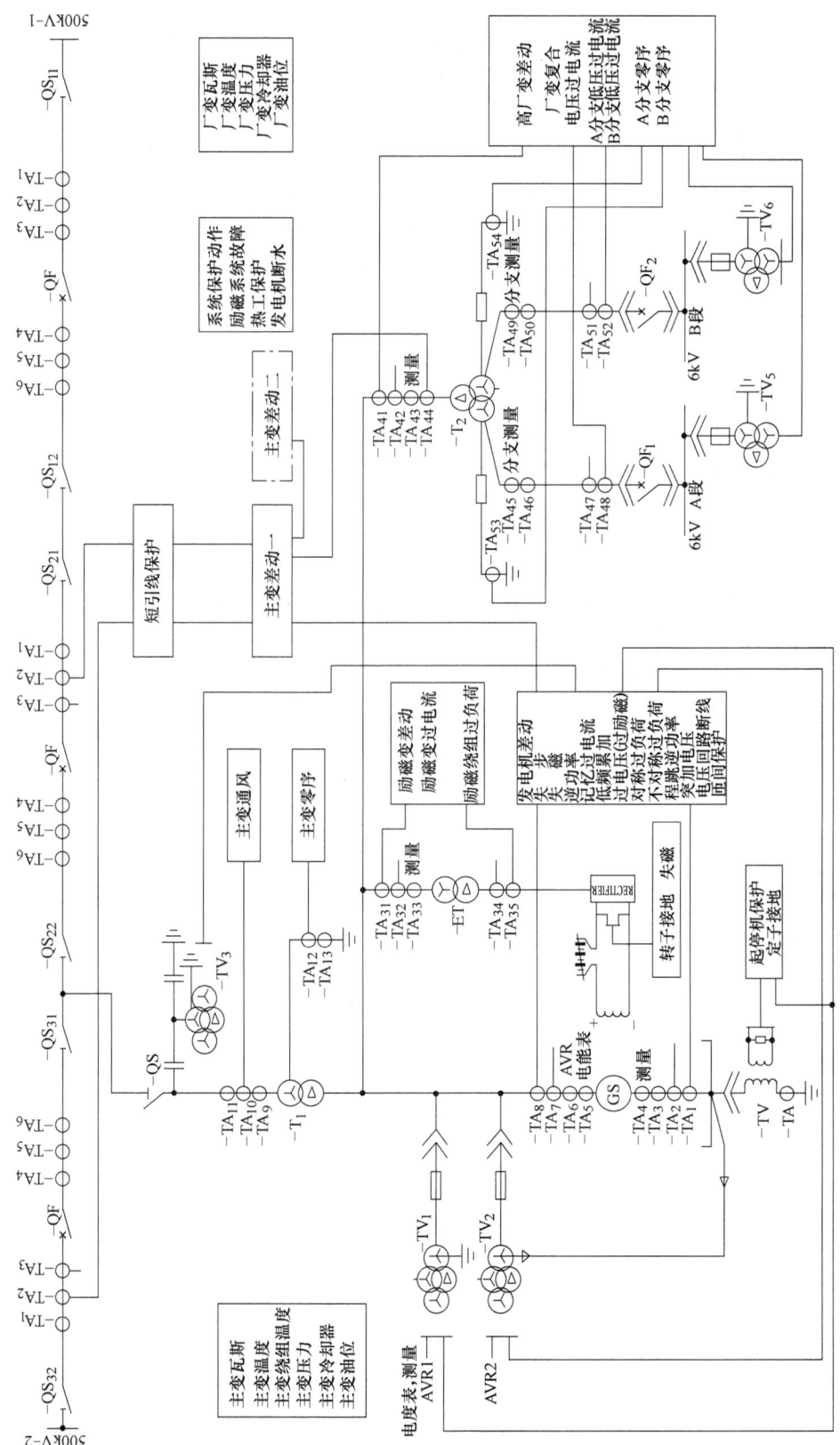

图 8-31 600（300）MW-500kV 汽轮发电机—变压器组的保护配置图

习题与思考题

1. 发电机可能发生的故障和异常运行状态有哪些？相应地应装设哪些保护？
2. 发电机的纵差保护和变压器的纵差保护，在构造上和原理上有哪些相同点和不同点？发电机的差动保护的整定原则和计算方法与变压器差动保护有何不同？
3. 试分析发电机纵差保护和横差保护的作用及保护范围，能否互相取代？
4. 提高比率制动差动保护的动作灵敏度，是否可以通过降低起动电流或减少制动系数的方法实现？
5. 就保护原理而言，发电机的纵差动保护能否反应定子绕组匝间短路和单相接地故障？在这个问题上，发电机纵差动保护与变压器纵差动保护有何不同？
6. 发电机定子绕组单相接地故障有何特点？在什么情况下采用零序电流保护作为发电机定子绕组接地保护？什么情况下采用零序电压保护作为发电机定子绕组接地保护？
7. 何谓100%定子接地保护？大容量发电机为什么要采用100%定子接地保护？试述利用3次谐波和基波零序电压配合实现的100%定子接地保护的原理。
8. 为什么大容量发电机应采用负序反时限过电流保护？
9. 发电机励磁回路为什么要装设一点接地和两点接地保护？
10. 结合发电机失磁的物理过程，简述发电机失磁后定子电量和励磁电压如何变化？失磁的判据是什么？如何构成失磁保护？
11. 什么叫等有功阻抗圆？什么是临界失步阻抗圆？发电机异步运行时机端测量阻抗等于什么值？
12. 发电机失磁保护和失步保护所反应的物理现象有何不同？两者的判据有何不同？
13. 如何配置发电机变压器组的保护形式？

第九章　母线的保护

第一节　装设母线保护的基本原则

一、母线保护的作用

母线是电能集中与分配的重要环节，它的安全运行对不间断供电具有极为重要的意义。母线故障是发电厂和变电所中电气设备最严重的故障之一，将使连接在故障母线上的所有元件在修复故障母线期间或是转换到另一组无故障的母线上运行以前被迫停电。而且，在电力系统枢纽变电所的母线上发生故障时，有可能引起系统稳定的破坏，造成电力系统解列、大面积停电甚至崩溃，所以必须针对母线故障设置相应的保护装置。

低压电网中发电厂或变电所母线大多采用单母线，与系统的电气距离较远，母线故障不至于对系统稳定和供电可靠性带来严重影响，所以可以不装设专门的母线保护，利用供电元件的保护装置来切除母线故障。例如：

1) 如图 9-1 所示的发电厂采用单母线接线，此时母线上的故障可以利用发电机的过电流保护使发电机的断路器跳闸而予以切除。

2) 如图 9-2 所示的降压变电所，其低压侧的母线正常时分列运行，低压母线上的故障可以由相应变压器的过电流保护使变压器的断路器跳闸予以切除。

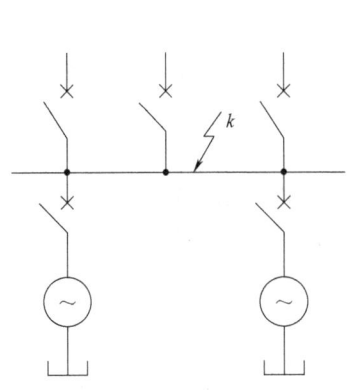

图 9-1　利用发电机的过电流
保护切除母线故障

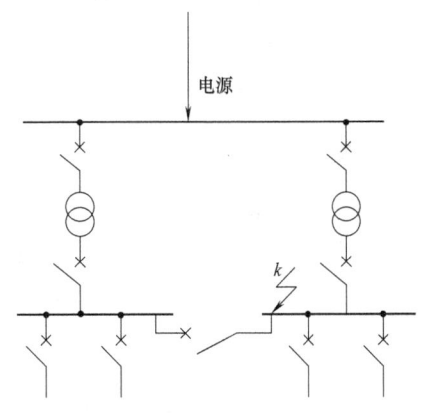

图 9-2　利用变压器的过电流
保护切除低压母线故障

3) 如图 9-3 所示的双侧电源网络（或环形网络），当变电所 F 母线上 k 点短路时，可以由保护 1 和 4 的第 Ⅱ 段动作予以切除，等等。

由于供电元件快速动作的保护如差动保护，不能反映母线故障，所以利用供电元件的保护装置切除母线故障时，故障切除的时间一般较长。此外，当双母线同时运行或母线为分段单母线时，上述保护不能保证有选择性地切除故障母线。

随着电力系统规模和容量的不断扩大，目前对高压重要母线普遍装设专门的快速保护。具体而言，在下列情况下应该装设专门的母线保护：

1) 110kV 及以上的双母线和分段单母线，为保证有选择性地切除任一组（或段）母线上所发生的故障，而

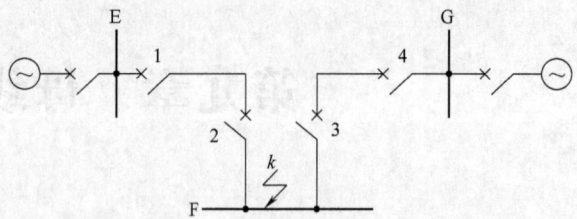

图 9-3 在双侧电源网络上，利用电源侧的保护切除母线故障

另一组（或段）无故障的母线仍能继续运行，应该装设专用的母线保护。对于 3/2 断路器接线的每组母线应该装设两套母线保护。

2) 110kV 及以上的单母线，重要发电厂的 35kV 母线或高压侧为 110kV 及以上的重要降压变电所的 35kV 母线，按照系统的要求必须快速切除母线上的故障时，应该装设专用的母线保护。

由于母线在电力系统中的地位极为重要，母线故障对电力系统稳定将造成严重威胁，必须以极快的速度予以切除。而且，母线的连接元件很多，实现母线保护需将所有接于母线各回路的保护二次回路、跳闸回路聚集在一起，结构复杂，极易由于一个元器件或回路的故障，尤其是人为地误碰误操作造成母线保护误动作，使大量电源和线路被切除，造成巨大损失。由于上述原因，对母线保护的要求应该突出安全性和快速性。同时在设计母线保护时还应该注意以下问题：

1) 由于母线保护所连接的支路多，外部故障时，故障电流大，而且超高压母线接近电源，直流分量衰减的时间常数大，因此电流互感器可能出现深度饱和的现象。母线保护必须要采取措施，防止因电流互感器饱和导致误动作。

2) 母线的运行方式变化较多，倒闸操作频繁，尤其是双母线接线，随着运行方式的变化，母线上各连接元件经常在两条母线上切换。母线保护必须能适应运行方式的变化。

二、母线保护的分类

1) 按母线保护的原理分类，可分为电流差动母线保护和电流比相式母线保护。

构成电流差动母线保护的基本原则是：在正常运行以及母线范围以外故障时，在母线上所有连接元件中，流入的电流和流出的电流相等，差动回路的电流为零，可以表示为 $\sum \dot{I} = 0$；当母线内部发生故障时，所有与电源连接的元件都向故障点供给短路电流，而供电给负荷的连接元件中电流很小或等于零，差动回路的电流为短路点的总电流 $\dot{I}_k$，即 $\sum \dot{I} = \dot{I}_k$。

构成电流比相式母线保护的基本原则是：在正常运行及母线外部故障时，至少有一个母线连接元件中的电流相位和其余元件中的电流相位是相反的，具体说来，就是电流流入的元件和电流流出的元件中电流的相位相反；当母线故障时，除电流等于零的元件以外，其他元件中的电流是基本上同相位的。

2) 按母线差动保护中差动回路的电阻大小分类，可以分为低阻抗型、中阻抗型和高阻

抗型母线差动保护。

常规的母线差动保护是低阻抗型的，即差动回路的阻抗很小，只有数欧姆。其优点是在内部故障时，当全部故障电流流经阻抗很低的差动回路，差动回路上的电压不会很大，不会因为增大电流互感器的负担而使电流互感器饱和并产生很大的不平衡电流，同时也不会造成保护回路过电压。但在外部故障时，全部故障电流流过故障支路的电流互感器而使其饱和，此时将产生很大的不平衡电流。为了使保护不误动，保护定值应按躲过此不平衡电流整定，或采取制动措施。

高阻抗母线差动保护是在差动回路中串入一高阻抗，其值可在数百欧以上，因而在外部故障使电流互感器饱和时，可减小差动回路的不平衡电流，因而不需要制动。但在内部故障时，差动回路可产生危险的过电压，必须用过电压保护回路减小此过电压，以保证既能使保护装置正确动作，又不会因过电压而损坏。

中阻抗母线差动保护实际上是上述两种母线差动保护的折中方案。在差动回路接入一定的阻抗（约200Ω），采用特殊的制动回路既能减小不平衡电流的影响，又不产生危险的过电压，不需要专门的过电压保护回路。

3) 按母线的接线方式分类，可以分为单母线分段、双母线、双母线带旁路母线（专用旁路母线或母联兼旁路母线）、双母线单分段、双母线双分段、3/2接线母线等的母线保护。桥式接线和四边形接线母线不采用专门的母线保护。

目前数字式母线差动保护采用电流差动保护原理，通过专门的TA饱和识别和闭锁辅助措施，能有效地防止TA饱和引起的误动。适用于单母线、双母线、3/2接线母线等各种母线接线，因此在我国电力系统中得到广泛的应用。

第二节　电流差动母线保护

一、电流差动母线保护的基本原理

以单母线完全电流母线差动保护为例，其保护原理如图9-4所示。所谓完全差动是所有接于母线的支路，不论该支路对端是否有电源，都将其电流接入差动回路，因而这些支路的元件发生故障（电流互感器以外）都不在母线差动保护范围内。完全母差保护在母线的所有连接元件上装设具有相同变比和磁化特性的电流互感器。所有互感器的二次绕组在母线侧的端子互相连接，另一侧的端子也互相连接，然后接入差动回路。差动回路中的电流即为各个二次电流的相量和。

在正常运行和外部短路时一次电流总和为零，母线保护用的电流互感器必须具有相同的变比 n_{TA}，才能保证二次侧的电流总和也为零。因各互感器的特性不可能绝对相同，在正常运行及外部故障时，流入差动回路的是由于各互感器的特性不一致而产生的不平衡电流 I_{ub}；而当母线上故障时，则所有与电源连接的元件都向短路点 k 供给短路电流，以3个连接元件为例，流入差动回路的电流为

$$\dot{I}'_k = \dot{I}'_1 + \dot{I}'_2 + \dot{I}'_3 = \frac{1}{n_{TA}}(\dot{I}_1 + \dot{I}_2 + \dot{I}_3) = \frac{1}{n_{TA}}\dot{I}_k$$

$\dot{I}_k$ 即为故障点的全部一次短路电流，此电流足够使保护装置动作，从而使所有连接元件的

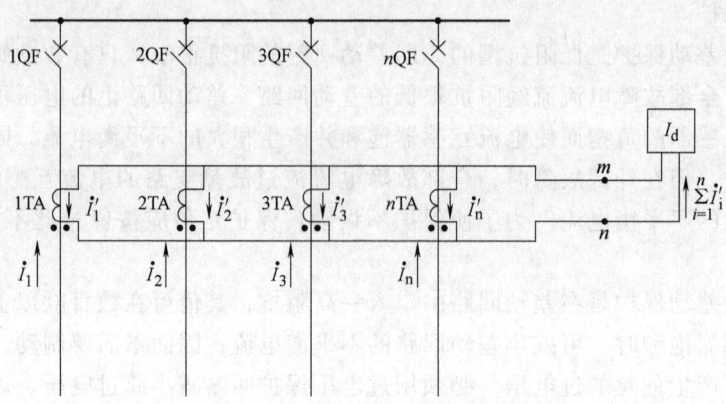

图 9-4 单母线电流差动母线保护原理

断路器跳闸。

差动保护的起动电流应按如下条件整定,并选择其中较大的一个:

1) 躲开外部故障时所产生的最大不平衡电流,当所有电流互感器的负载均按 10% 误差的要求选择,且差动回路采用配有速饱和变流器或其他抑制非周期分量的措施时,有:

$$I_{set} = K_{rel}I_{ub.max} = K_{rel} \times 0.1 I_{k.max}/n_{TA} \tag{9-1}$$

式中,K_{rel} 为可靠系数,可取为 1.3;$I_{k.max}$ 为在母线范围外任一连接元件上短路时,流过该元件电流互感器的最大短路电流;n_{TA} 为母线保护所用电流互感器的电流比。

2) 由于母线差动保护电流回路中连接的元件较多,接线复杂,因此,电流互感器二次回路断线的概率比较大,为了防止在正常运行情况下,任一电流互感器二次回路断线时引起保护装置误动作,起动电流应大于任一连接元件中的最大负荷电流 $I_{L.max}$,即

$$I_{set} = K_{rel}I_{L.max}/n_{TA} \tag{9-2}$$

当保护范围内部故障时,应采用下式校验灵敏系数

$$K_{sen} = \frac{I_{k.min}}{I_{set}n_{TA}} \tag{9-3}$$

式中,$I_{k.min}$ 为采用实际运行中可能出现的连接元件最少时,在母线上发生故障时的最小短路电流值。一般要求灵敏系数不低于 2。这种保护方式适用于单母线或双母线经常只有一组母线运行的情况。

二、母线差动保护的制动特性

目前广泛使用的微机母线差动保护均采用分相完全电流差动保护原理。为了解决外部故障时的不平衡电流问题,微机母线差动保护引入制动特性。比率制动特性母线电流差动保护的判据可以为

$$\left. \begin{array}{l} I_d > I_{d.min}, 当 I_{res} < I_{res.1} \\ I_d > K_{res}I_{res}, 当 I_{res} \geq I_{res.1} \end{array} \right\} \tag{9-4}$$

式中，I_d 为差动电流，即所有连接元件的电流相量和 $\left|\sum_{i=1}^{n} \dot{I}_i\right|$；$I_{res}$ 为制动电流；$I_{d.min}$ 为最小动作电流；$I_{res.1}$ 为拐点电流，K_{res} 为比例制动系数，$K_{res} = \tan\alpha$，如图 9-5 所示。

普通比率制动特性母线差动保护利用穿越性故障电流作为制动电流克服差动不平衡电流，以防止在外部短路时差动保护的误动作，即

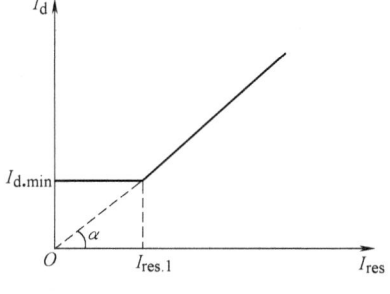

图 9-5　母线差动保护的动作特性

$$I_{res} = \sum_{i=1}^{n} |\dot{I}_i| \qquad (9-5)$$

由于在母线内部短路时，差动回路中也有制动电流，尤其是在 $1\frac{1}{2}$ 断路器接线的母线中可能有部分故障电流流出母线，加大了制动量，在此种情况下普通比率制动特性母线差动保护的灵敏度将有所下降。为了提高比率制动特性母线差动保护的灵敏性，希望进一步降低在发生内部短路时的制动电流。为此提出的复式比率制动特性的制动电流取为

$$I_{res} = \sum_{i=1}^{n} |\dot{I}_i| - \left|\sum_{i=1}^{n} \dot{I}_i\right| \qquad (9-6)$$

此外，还可以利用故障分量实现母线差动保护，故障分量比率制动特性可以避免故障前的负荷电流对比率制动特性产生的不良影响，从而提高母线差动保护的灵敏度。

三、母线差动保护的抗 TA 饱和措施

影响母线差动保护动作正确性的关键是 TA 饱和的问题。在 TA 饱和不是非常严重时，比率制动特性可以保证母线差动保护不误动作；但当 TA 进入深度饱和时，此方法仍不能避免保护误动，需要采用其他专门的抗 TA 饱和的方法。在传统的母线差动保护中采用在差动回路中串入阻抗的措施，根据阻抗的大小可分为中阻抗方式和高阻抗方式，其中以中阻抗母线差动保护应用较为广泛。如 RADSS 母线差动保护就是基于中阻抗保护方案的。在微机母线保护中广泛采用了同步识别法、波形对称原理、谐波制动原理等方法来解决 TA 饱和的问题。

1. 传统母线差动保护在差动回路接入阻抗的方法

在母线发生外部短路时，假设母线上连接有 n 条支路，第 n 条支路为故障支路，若电流互感器无测量误差，则母线外部短路时母线差动保护的等效电路如图 9-6a 所示。图中虚线框内为故障支路 TA_n 的等效回路，Z_μ 为 TA_n 的励磁阻抗，$Z_{\sigma1}$ 和 $Z_{\sigma2}$ 分别为 TA_n 的一次和二次绕组漏抗，r 为故障支路 TA_n 至差动回路的阻抗（即为二次回路连线阻抗），r_c 为差动回路的低阻抗。当电流互感器没有饱和时，所有非故障支路二次电流之和 $\sum_{i=1}^{n-1} \dot{I}'_i$ 与故障支路二次电流 $\dot{I}'_n$ 大小相等、方向相反，所有非故障支路二次电流都流入故障支路 TA 的二次绕组，此时差动回路电流为零，母线差动保护不动作。

实际情况可能没有这么理想,在母线外部短路时,由于非故障支路电流不是很大,它们的 TA 不易饱和。但是故障支路电流集各电源支路电流之和,可能非常之大,它的 TA 就可能深度饱和,使得相应的励磁阻抗 Z_μ 变得很小,极限情况下近似为零。这时虽然故障支路一次电流很大,但几乎全部流入励磁支路,二次电流近似为零。这时差动回路中将流过很大的不平衡电流 $\sum_{i=1}^{n-1} i'_i$,完全电流母线差动保护将误动作,如图 9-6b 所示。

传统的母线差动保护采用在差动回路中串入阻抗的措施来解决 TA 饱和问题,根据阻抗的大小可分为高阻抗方式和中阻抗方式,分别如图 9-6c、d 所示。对于高阻抗母线差动保护,差动回路的阻抗 r_h 约为 2.5~7.5kΩ;对于中阻抗方式,差动回路的阻抗 r_m 约为 200Ω。

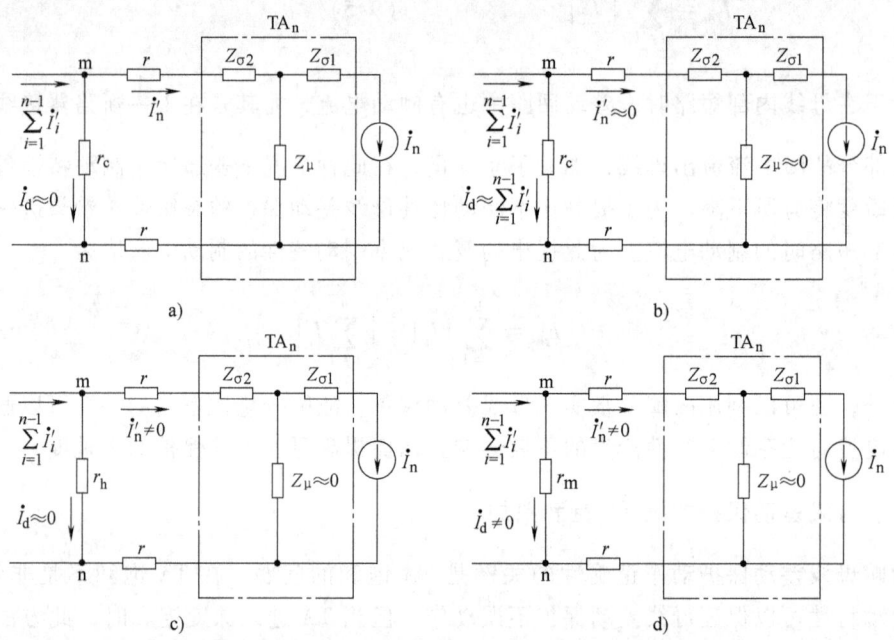

图 9-6 母线外部短路时母线差动保护的等效电路
a) 无 TA 饱和 b) TA 饱和 c) 高阻抗方式 d) 中阻抗方式

对于高阻抗型母线差动保护,由于差动回路的内阻 r_h 很高,非故障支路二次电流都流入故障支路 TA_n 的二次绕组,差动回路中电流仍然很小,保护不会动作。而在母线内部短路时所有引出线电流都流入母线,所有支路的二次电流都流向差动回路,保护能够动作,只是此时由于二次回路阻抗大,TA 二次侧可能出现相当高的电压,需要采取保护措施。

对于中阻抗型母线差动保护,当母线外部短路而使故障支路的 TA 严重饱和时,TA_n 二次电流接近于零,但是由于差动回路有适当的电阻,从其他非故障支路流入的电流不会全部进入差动回路,部分仍会流过第 n 条故障支路的二次回路,此时,保护不应该动作,但是由于差动回路仍然有不平衡电流,所以中阻抗母线差动保护在差动回路接入一定大小的电阻后仍然需要采用比率制动特性保证外部故障可靠不动作。由于差动回路阻抗适中,母线内部短路时二次回路不会出现过高电压,也就不需要采取限制过电压的措施。

2. 微机母线差动保护的 TA 饱和识别方法

微机母线差动保护抗 TA 饱和的方法比较多,这里简单介绍同步识别法。

通常采用差电流增大与相电流突变是否同步来鉴别差电流的产生是由于区内故障还是因为区外故障 TA 饱和：当两者同时产生时，判定为内部故障；当相电流突变超前差电流增大越限时，则判为外部故障 TA 饱和。因为母线区外故障时，相电流会发生突变，但是无论故障电流有多大，TA 在故障的最初瞬间（在 1/4 周波内）不会饱和，在饱和之前差电流很小，所以差电流越限滞后于相电流突变，利用这一特点，在判别出母线区外故障 TA 饱和时闭锁母线差动保护。

四、母线差动保护的构成

为了提高母差保护动作的可靠性，除分相差动元件之外，还采用了起动元件，区外故障 TA 饱和鉴别元件及出口闭锁元件（对于 3/2 接线的 500kV 母线，母差保护不采用出口闭锁元件）。

母差保护的起动元件一般由差电流越限及相电流突变的"或"构成。为防止各种可能的原因（如误碰断路器操作机构，出口继电器损坏等）导致正常运行时母线差动保护误动作，采用复合电压（低电压、负序电压、零序电压及相电压突变）元件闭锁跳闸出口。母线差动保护的逻辑框图如图 9-7 所示。

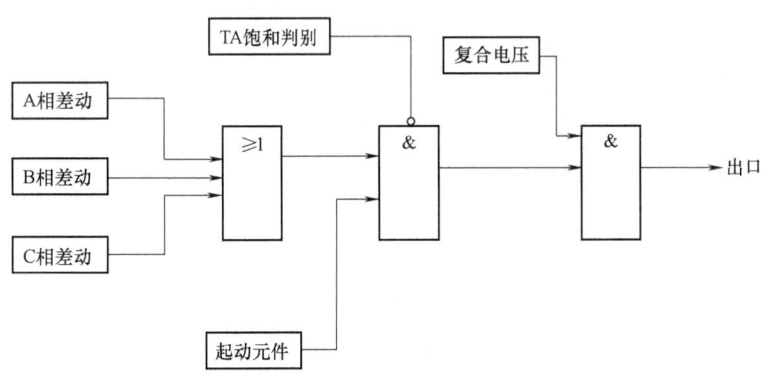

图 9-7 母线差动保护的逻辑框图

第三节 双母线保护

双母线是发电厂和变电所广泛采用的一种主接线方式。在发电厂以及重要变电站的高压母线上，一般都采用双母线同时运行（母线联络断路器经常投入），而每组母线上连接一部分（大约 1/2）供电和受电元件，这样当任一组母线上故障后，只影响到约一半的负荷供电，而另一组母线上的连接元件则可以继续运行，这就大大提高了供电的可靠性。此时必须要求母线保护具有选择故障母线的能力。

一、双母线电流差动保护

双母线电流差动保护主要由三组差动回路组成，如图 9-8a 所示，第一组由电流互感器 1、2、5 和第一组母线小差动元件 KD_1 组成，用以选择 I 组母线上的故障；第二组由电流互感器 3、4、6 和第二母线小差动元件 KD_2 组成，用以选择 II 组母线上的故障；第三组实际上是由电流互感器1、2、3、4和大差动元件 KD_3 组成的完全电流差动保护,作为整套保护的起动元件,当任一组母线上发生故障时,KD_3 都能起动,而当母线外部故障时不起动。

实质上,大差动元件作为母线故障判别元件,而小差动元件作为故障母线选择元件。当大差动元件及某条母线的小差动元件同时动作后,才能切除故障母线,如图 9-8b 所示。大差动元件的接入电流,为除母联 TA 之外的两组母线所有连接元件 TA 的二次电流;而小差动元件的接入电流,为被保护的那组母线所有连接元件 TA 的二次电流。

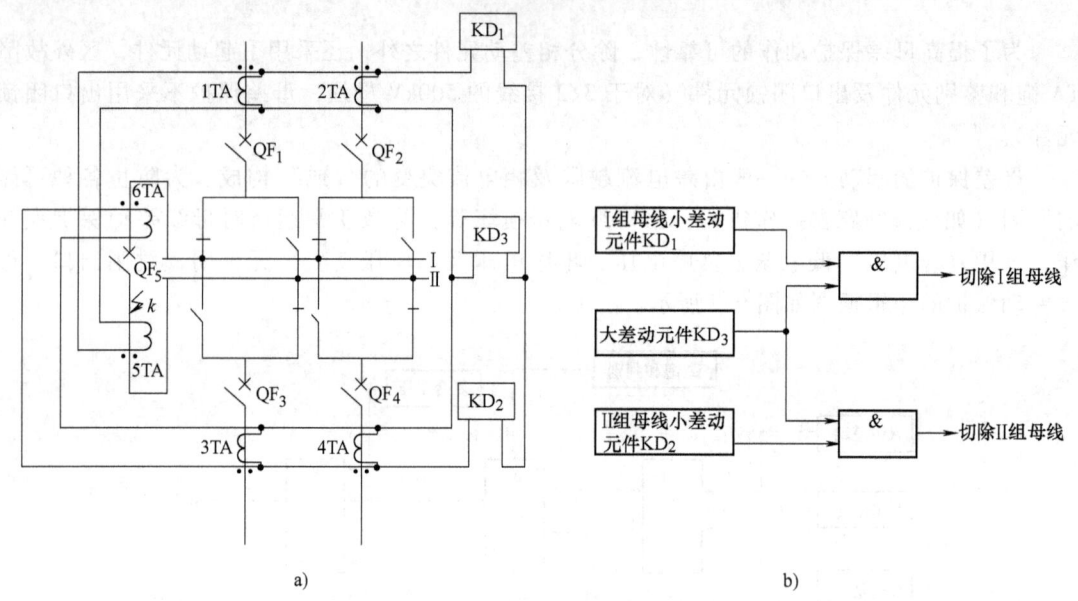

图 9-8 双母线电流差动保护单相原理图
a) 单相原理接线图 b) 保护动作逻辑图

在正常运行及母线外部(k 点)短路时,如图 9-9a 所示,流经差动回路 KD_1、KD_2 和 KD_3 的电流均为不平衡电流,保护装置已从定值上躲开,不会误动作。

当 I 组母线上(k 点)短路时,如图 9-9b 所示,由电流的分布情况可见,差动回路 KD_1 和 KD_3 中流入全部故障电流,而差动回路 KD_2 中为不平衡电流,于是 KD_1 和 KD_3 起动。KD_3 动作后使母线联络断路器 QF_5 跳闸。KD_1 动作后使断路器 QF_1 和 QF_2 跳闸,并发出相应的信号。这样就把发生故障的 I 组母线从电力系统中切除了,而没有故障的 II 组母线仍然可以继续运行。同理可以分析当 II 组母线上短路时,只有 KD_2 和 KD_3 动作,最后使 QF_5、QF_3 和 QF_4 跳闸切除故障。

在元件连接方式变化时,例如当线路 1 自母线 I 切换到母线 II 上工作时,传统母线差动保护的二次回路不能随着切换,因此,按原有接线工作的 I、II 两组母线的差动保护都不能正确反映母线上实际连接元件的电流和,在这种情况下发生故障时,保护将无法正确选择出故障母线,所以电流差动保护原理只适用于元件按照固定连接方式运行的双母线接线。而微机母线差动保护利用隔离开关辅助触点结合支路负荷电流的识别方法来判别各元件与母线的连接方式,从而可以自动适应母线运行方式的变化。双母线或单母线分段差动保护的逻辑框图如图 9-10 所示。

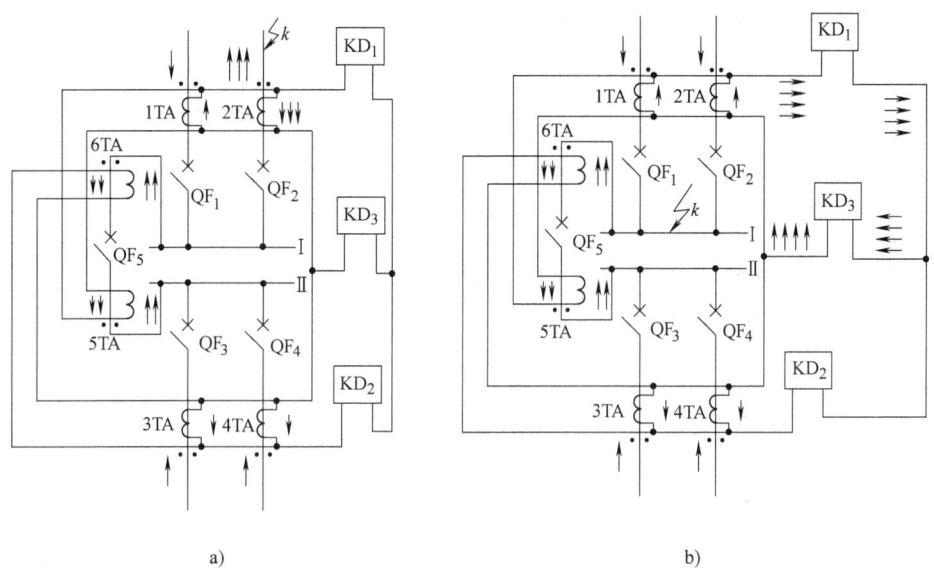

图 9-9 按正常连接方式运行时,外部故障和内部故障下的电流分布
a) 外部短路 b) Ⅰ组母线上故障

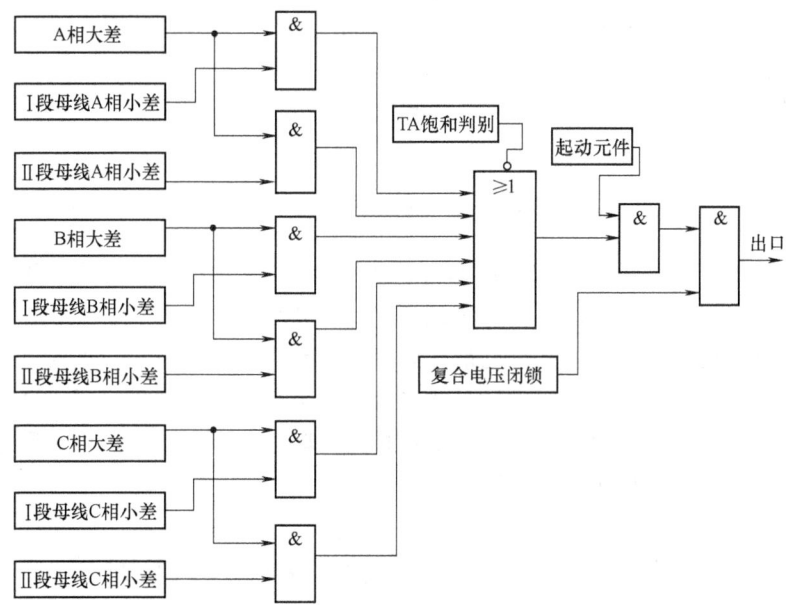

图 9-10 双母线或单母线分段差动保护逻辑框图

二、双母线其他保护形式

双母线电流差动保护存在一个问题,即当故障发生在母联断路器两侧 TA 之间时,如图 9-8a 所示的 5TA 与 6TA 之间的 k 点,由于故障既在Ⅰ组母线小差动保护范围内,也在Ⅱ组母线小差动保护范围内,所以两组母线保护均动作跳闸,不能有选择性的只跳开第Ⅱ组母线。

为了避免出现这种情况，可以在母联断路器单元只安装一组 TA，如图 9-11 所示。在微机母差保护中不需要将所有 TA 的二次侧端子连接在一起，可以分别接入差动回路。

这种接线在母线外部与内部故障时的动作情况与图 9-9 相同。但是当故障发生在母联断路器与母联 TA 之间时将无法切除故障母线，并将无故障母线切除。如图 9-11 中的 k 点短路时，对 Ⅱ 组母线的差动保护而言，相当于区内故障，保护动作跳开 QF_0、QF_3 及 QF_4。而 k 点对于 Ⅰ 组母线的差动保护相当于区外故障，保护不动作，无法切除故障，即出现死区。所以需要设置母差死区保护。母联失灵及母差死区保护的逻辑框图如图 9-12 所示。该保护也可以用来判别母联断路器失灵。

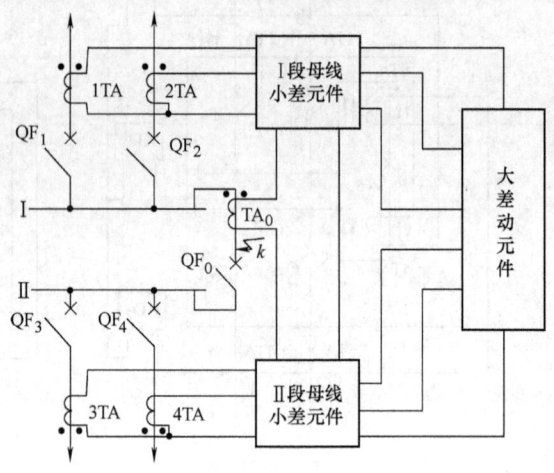

图 9-11 双母线电流差动保护接入回路示意图

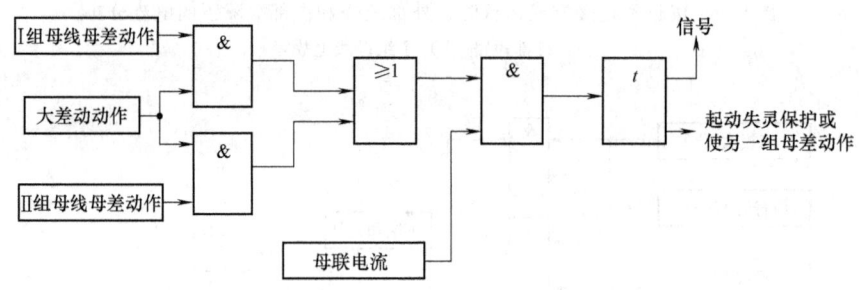

图 9-12 母联失灵及母差死区保护的逻辑框图

当 Ⅰ 组母差保护或 Ⅱ 组母差保护动作后，如果母联 TA 二次仍有电流，则判定为母联断路器失灵或母差保护死区，起动失灵保护或死区保护使另一组母差保护动作，切除故障。

当任一组母线检修后再投入运行之前，利用母联断路器由另一组母线对其充电时，若被充电母线上有故障，为防止充电于故障母线造成事故范围扩大，通常设置母联充电保护，有时双母线还配有母联过电流保护。母联充电保护及母联过电流保护，均由母联过电流元件及时间元件构成，其出口作用于跳母联断路器。

第四节 一个半断路器接线的母线保护

随着电力系统的发展，对连续供电提出了更为严格的要求。目前对于 500kV 变电站，要求在母线发生短路时不影响变电站的连续供电，在母线发生短路并伴随断路器失灵时，也要求将停电的范围缩减到最小。为了满足上述要求，对于 500kV 变电站，如串数为 3 串及以上时，一般采用一个半断路器母线接线方式。这种接线方式在正常环网运行时，任何一个断路器检修都不影响所连接元件的连续供电，也不需要进行一系列的倒闸操作，可以减少一次回路发生误操作的可能。而且当一组母线发生短路时，母线保护动作后只跳开与该组母线相连的所有断路器，不会使得任何元件停电。

对于单母线或双母线保护，通常把安全性放在重要位置。因为正常运行或外部短路时，如果母线保护误动作将造成变电站部分或全部停电。而对于一个半断路器接线的母线，母线保护误动作并不影响各连接元件继续运行，只是改变了潮流分布。但是如果区内故障时母线保护拒绝动作，则故障母线将由各连接元件对侧的后备保护延时切除，这将严重影响系统的稳定性。因此，对于一个半断路器接线的母线保护，要求它的可信赖性（不拒动）比安全性（不误动）更高。为了提高保护的可信赖性，通常采用保护双重化，即采用工作原理不同的两套母线保护，每套保护应分别接于电流互感器不同的二次绕组上，应有独立的直流电源，出口继电器触点应分别接通断路器两个独立的跳闸线圈等。

由于母线与元件的连接是固定的，可看成两组独立的单母线，只需在每组母线上分别装设带比率制动特性的电流差动保护。一个半断路器接线的母线电流差动保护的示意图如图 9-13 所示。每组差动保护逻辑如图 9-7 所示，可以不设置复合电压闭锁元件。

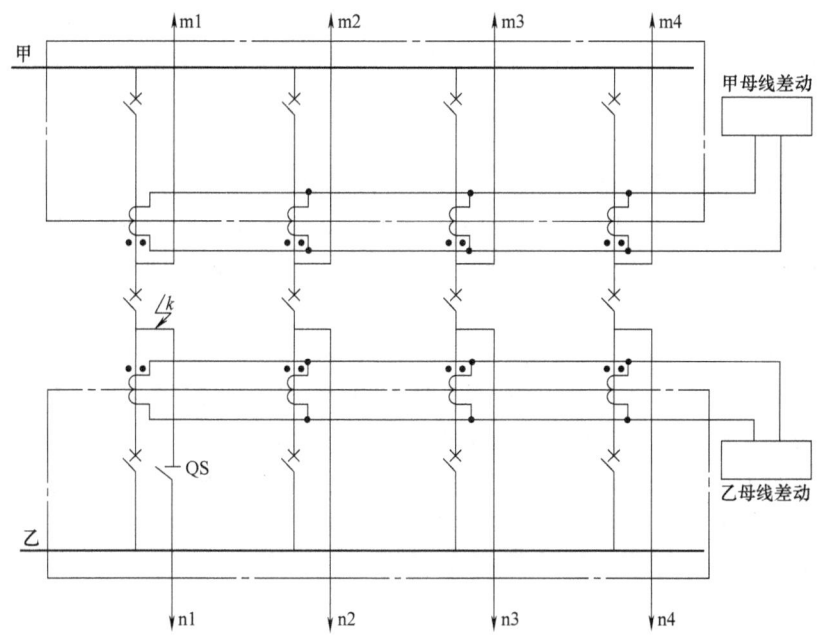

图 9-13　一个半断路器接线的母线电流差动保护的示意图

第五节　断路器失灵保护

在 110kV 及以上电压等级的发电厂和变电所中，当输电线路、变压器和母线发生短路，在保护装置动作切除故障时，可能伴随故障元件的断路器拒动，也即发生断路器的失灵故障。产生断路器失灵故障的原因是多方面的，如断路器跳闸线圈断线、断路器的操作机构失灵等。高压电网的断路器和保护装置都应具有一定的后备作用，以便在断路器或保护装置失灵时，仍然能够有效切除故障。相邻元件的远后备保护方案是最简单合理的后备方式，它既是保护拒动的后备，又是断路器拒动的后备。但是在高压电网中，由于各电源支路的助增作用,实现远后备方式往往有较大困难(灵敏度不够),而且由于动作时间较长,容易造成事故范围的扩大,甚至引起系统失稳而瓦解。因此,电网中枢地区重要的 220kV 及以上的主干线路,由于系统稳定要求必须装设全线速动保护时,通常装设两套独立的全线速动主保护(即保护双重化),以防保护装置的拒动,而对于断路器的拒动,则专门装设断路器失灵保护。

所谓断路器失灵保护是指当故障元件的继电保护动作发出跳闸脉冲后,断路器拒绝动作时,能够以较短的时限切除同一发电厂或变电所内其他有关的断路器,将故障部分隔离,并使停电范围限制为最小的一种近后备保护。

1. 断路器装设失灵保护的条件

由于断路器失灵保护是在系统故障的同时断路器失灵的双重故障情况下的保护,因此允许适当降低对它的要求,即仅要最终能切除故障即可。装设断路器失灵保护的条件是:

1)相邻元件保护的远后备保护灵敏度不够时应装设断路器失灵保护;对分相操作的断路器,允许只按单相接地故障来检验其灵敏度。

2)根据变电所的重要性和装设失灵保护作用的大小来决定装设断路器失灵保护。例如多母线运行的 220kV 及以上的变电所,当失灵保护能缩小断路器拒动引起的停电范围时,就应装设失灵保护。

2. 对断路器失灵保护的要求

1)失灵保护误动和母线保护误动一样,影响范围很广,必须有较高的安全性(不误动)。

2)在保证不误动的前提下,应该以较短延时,有选择性地切除相关断路器。

3)失灵保护的故障鉴别元件和跳闸闭锁元件,应对断路器所在线路或设备末端故障有足够灵敏度。

3. 断路器失灵保护的基本原理

断路器失灵保护由起动单元、时间单元和出口闭锁单元等组成,如图 9-14 所示,以单母线分段的失灵保护为例。当 k 点发生故障时,出线 1 的保护动作,其出口继电器动作跳开断路器 QF_1 的同时,起动失灵保护。如果故障线路的断路器 QF_1 拒动,经过一定的延时后,失灵保护动作,使连接至该段母线上的所有其他有电源的断路器(如 QF_2、QF_3)跳闸,从而切除 k 点的故障,起到 QF_1 拒动时的后备作用。

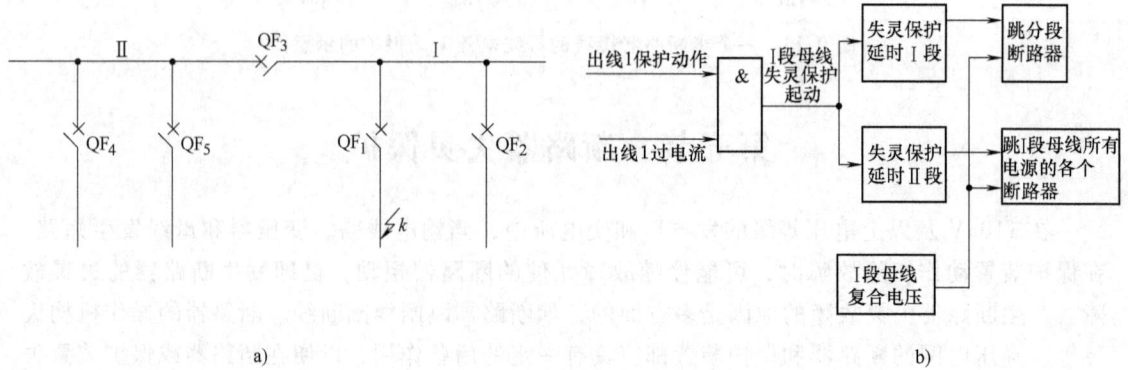

图 9-14 单母线分段失灵保护(以 I 段母线为例)
a)单母线分段接线图 b)失灵保护逻辑框图

起动单元由出线元件保护出口继电器的接点与出线的电流元件动作信号"与"构成。它表示出线保护动作后，电流持续存在，说明断路器失灵，故障尚未切除。

失灵保护的动作时间应大于故障元件断路器跳闸时间以及保护装置返回时间之和。保护可以设两段延时，以短延时跳分段断路器，以较长延时跳开故障元件所在母线上所有电源的出线断路器。

为防止出口回路误碰及出口继电器损坏等原因导致误跳断路器，出口回路采用复合电压元件闭锁。当母线差动保护与失灵保护配套时，两者可公用出口回路。

习题与思考题

1. 试述母线故障后果的严重性，装设母线保护的一般原则，以及如何保证母线保护的可靠性？
2. 何谓母线的完全电流差动保护？它与发电机纵差动保护、变压器纵差动保护有何异同？
3. 说明母线差动保护中不平衡电流的产生原因及特点。
4. 试述电流互感器饱和对母线差动保护的影响，并说明母线差动保护一般采取何种抗 TA 饱和的措施？
5. 试述双母线的母线保护配置。
6. 试分析双母线保护母联断路器与电流互感器之间发生故障时，母线保护的动作行为？
7. 何谓断路器失灵保护？在什么情况下要安装断路器失灵保护？断路器失灵保护的动作判据和动作时间如何确定？

第十章 智能变电站的继电保护

第一节 智能变电站的特征和形态

智能变电站是采用先进、可靠、集成、低碳、环保的智能设备,以全站信息数字化、通信平台网络化、信息共享标准化为基本要求,自动完成信息采集、测量、控制、保护、计量和监控等基本功能,并可根据需要支持电网实时自动控制、智能调节、在线分析决策和协同互助等高级功能,实现与相邻变电站、电网调度等互动的变电站。智能变电站的概念是伴随着智能电网而提出的,智能变电站是智能电网电力流、信息流、业务流汇集的焦点,能实现智能电网中完整、准确、及时、一致和可靠的信息采集任务,为电力系统运行提供大范围的情境知晓和动态可视化,构建的测控保护体系可以减轻电网的阻塞和缩小瓶颈,防范系统大停电事故,是实现智能电网的重要基础和支撑。

变电站自动化系统(Substation Automation System,SAS)是由各种智能电子装置(Intelligent Electronic Device,IED)和站控层监控主机等组成的变电站运行控制自动化系统,具体包括保护、测控、电能质量管理等多个子系统。常规的变电站自动化系统存在一些应用弊端:

(1)二次设备之间缺乏互操作性 二次设备的互操作性是指保护、控制等 IED 设备之间能够进行信息交互,从而具备协同工作的能力,在互操作的基础上还可以进一步实现 IED 设备的互换性。目前变电站内部的各种通信规约如 IEC 60870-5、DNP3.0 等都是基于串口通信机制的,功能比较简单,二次设备生产厂家往往需要对规约进行扩展以满足工程实际要求。由于对通信规约的不同理解,实际上不同 IED 之间的互联往往是通过"厂方协议"来实现的,不同生产厂家的二次设备难以兼容。

(2)二次电缆回路安全隐患多 在常规的变电站自动化系统中,保护、测控、计量等装置与一次系统设备(如互感器、断路器等)之间使用电缆相连,开关场与保护小室之间也有大量的二次电缆。实际运行中,经常由于电缆受到电磁干扰、一次设备传输过电压而导致二次设备异常。同时,由于二次回路接地无法实时监测,二次回路两点接地的情况时有发生,对保护装置造成不良影响,而且长距离的二次电缆由于电容耦合的干扰问题也有可能造成继电保护设备误动作。

(3)变电站内信息孤岛多、信息难以共享 常规变电站内存在大量的"信息孤岛",各系统按照功能划分自成体系,如变电站 SCADA 系统、基于同步 PMU 的广域测量系统、故障录波管理系统、在线五防系统、电能质量管理系统等。各系统针对具体应用独立开发,隶属于不同的专业管理部门,没有统一的通信传输规范,硬件重复投资建设,二次接线复杂,给管理和维护带来极大困难。

(4)变电站系统可扩展性差 由于缺乏统一的信息建模方法,常规变电站自动化系统的系统应用没有与通信过程分离,私有通信规约限制了变电站自动化系统的系统扩展和技更新。如在变电站间隔层增加或更新保护或测控装置时，由于通信接口和协议标准的差异，经常需要增加规约转换装置，同时还需进行现场调试，甚至还需要更改系统数据库以进行试验分析。

可见常规变电站自动化系统存在很多的"应用瓶颈"，智能高压设备技术、网络通信技术以及 IEC 61850 标准的应用推广，可以改善变电站自动化系统的结构和性能。高压设备智能组件和网络通信技术在变电站的应用，可以实现信号采集和传输的全数字化，使用通信光缆取代二次电缆，解决二次电缆回路的安全隐患。同时，IEC 61850 标准的应用为变电站自动化系统提供了统一的信息模型建立方法和一致的信息传输机制，可以实现二次设备的互操作和信息共享。

一、智能变电站的结构

智能变电站由智能高压设备和基于 IEC 61850 的变电站自动化系统两部分组成。智能高压设备主要包括智能变压器、智能高压开关设备和电子式互感器等。目前变压器和高压开关设备的智能化主要通过其附属的智能组件加以实现。变压器智能组件接入变电站自动化系统后，当电力系统运行方式改变时，能够根据系统的运行参数，决定是否调节分接头；当发现变压器隐患时，能够发出预警并提供设备状态参数等，从而提高变压器的运行可靠性。同样，高压开关设备配备传感器和执行器，实现对设备的监控和诊断功能。电子式互感器可以解决电磁式互感器的电磁饱和、磁干扰、过电压、开路和短路等问题，但是自身还存在的运行稳定性问题制约了其推广应用。因此，互感器的合并单元和断路器的智能终端在变电站自动化系统中承担着重要角色。基于 IEC 61850 的变电站自动化系统通过信息的标准化建模实现了信息共享，统一了数据源端信息，使得应用端可以透明地充分扩展系统功能。智能变电站中 IED 常被用来表示互感器合并单元、断路器智能终端、微机保护装置和测控装置等物理实体。

目前的智能变电站往往从逻辑上划分为 3 个层次，分别是站控层（变电站层）、间隔层和过程层。以三层模型中的设备为节点，将层与层之间的通信网络划分为站控层网络和过程层网络两个子网，两个子网物理上彼此独立，俗称"三层两网"。常规变电站与智能变电站的比较如图 10-1 所示。智能变电站在过程层网络使用通信光缆替代常规变电站的大量二次电缆，常规变电站在站控层网络一般使用 IEC 61870-5-103 以太网和 RS485 现场总线通信方式，智能变电站在站控层和过程层网络均采用 IEC 61850 标准的以太网通信方式。

智能变电站三层模型中的设备主要有：

1) 站控层设备包括监控主机、数据通信网关、数据服务器、综合应用服务器、操作员站、工程师工作站、PMU 数据集中器和计划管理终端等。站控层形成全站监控管理中心，提供站内运行人机界面，实现对间隔层设备的管理控制，并通过电力数据网与调度中心或集控中心通信。

2) 间隔层设备包括继电保护装置、测控装置、故障录波装置、网络记录分析仪和稳控装置等。间隔层主要功能是汇总本间隔过程层实时数据信息，通过网络传送给站控层设备，同时接收站控层发出的控制操作命令，实现操作命令的承上启下传输功能。间隔层还具备对一次设备的保护控制和操作闭锁等功能。

3) 过程层设备包括变压器、断路器、隔离开关、互感器等一次设备及其所属的智能组

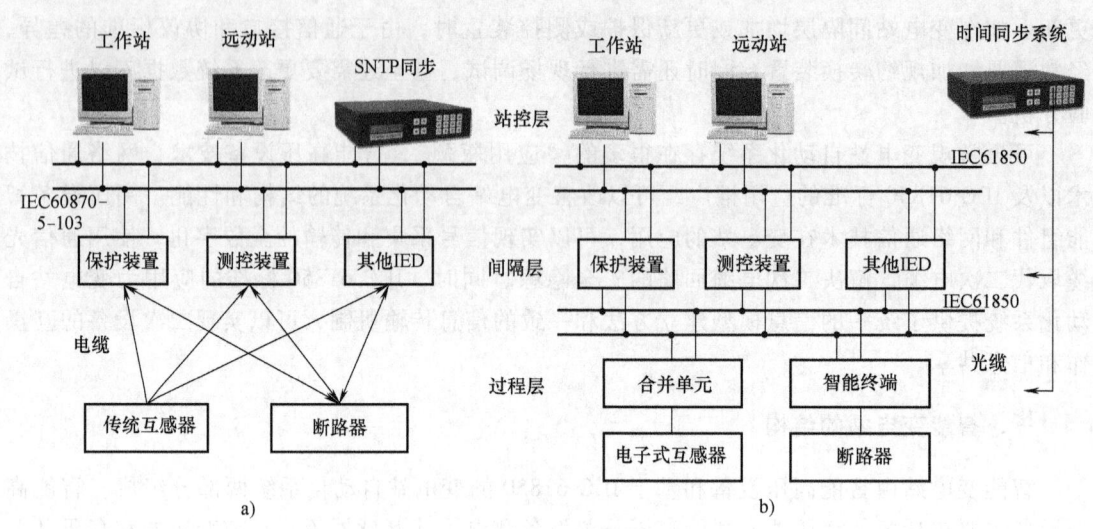

图 10-1 常规变电站与智能变电站的比较
a) 常规变电站 b) 智能变电站

件,如电子式互感器、合并单元、断路器和智能终端等。主要完成模拟量采样、开关量输入/输出和操作控制命令发送等与一次设备相关的功能。

智能变电站通信采用高速工业以太网组成。站控层网络由 MMS(Manufacturing Message Specification,制造报文规范)网组成,主要是处理间隔层设备和站控层设备之间的通信,用以汇总全站实时数据和传输控制命令。过程层网络由 GOOSE(Generic Object Oriented Substation Event,面向通用对象的变电站事件)网和 SV(Sampled Value,采样值)网组成,主要是处理间隔层设备和过程层设备之间的通信,其中 SV 网用于间隔层和过程层设备之间的采样值传输,如变电站运行实时数据,GOOSE 网用于间隔层和过程层设备之间的状态与控制数据交换,如断路器状态位置和分合闸命令。

由于智能变电站中信息是通过网络通信的方式传送,数字信号传输必须基于统一的时间基准才有意义。同时,变电站自动化系统的很多功能也对采样值有准确的同步要求,对各种事件发生有严格的时序要求,所以传输的信息需要附加精准的时标,这就需要变电站有精确的时间同步系统。目前电力系统主要采用全球定位系统(GPS)或/和北斗卫星作为无线授时源,作为变电站内和站间的同步时钟源,智能变电站内再配置一套全站公用的时间同步系统,可以采用 IRIG-B 码、SNTP 或 IEC 61588(IEEE1588)的对时方式。

智能变电站结构还有更进一步简化的趋势,如由"三层两网"最终简化为"两层一网",将 MMS、GOOSE、SV 和 IEC 61588 对时信息共网传输,减少网络层级和交换机数量。断路器、变压器、电子式互感器和隔离开关等一次设备及其相应控制装置有机组合和集成,实现由"一次设备智能化"向"智能化设备"跨越,将变电站大部分间隔层设备和功能逐步融入智能化设备本体,过程层网络所承载的采集、处理、判决和控制等信息通过智能设备内部总线交互。如此一来,变电站设备根据实现功能不同分为就地层的现场设备和变电站层的站控层设备,信息交换通过"一层网络"实现,如图 10-2 所示。

智能变电站分层分布的结构有助于将功能分散,任一设备故障引起的影响可以限制在某一间隔之内,另外网络化的通信系统阻断了各层之间电的联系,代之以光电数字信号传输,

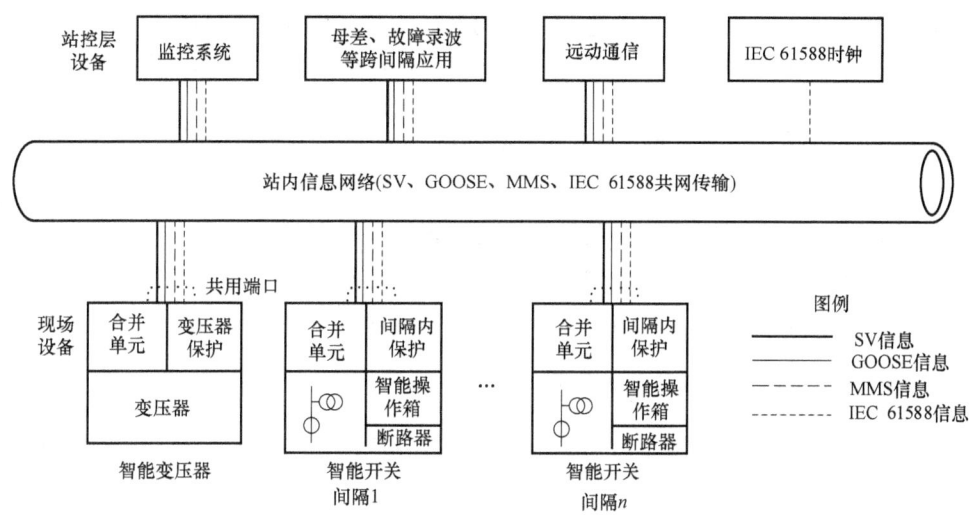

图 10-2 智能变电站"两层一网"的技术方案

提高了系统可靠性。

二、IEC 61850 协议标准

IEC 61850 是国际电工委员会第 57 技术委员会（简称 IEC TC57）制定的《变电站通信网络和系统》系列标准，是基于网络通信平台的变电站自动化系统唯一的国际标准。其目的是使变电站内不同厂家的智能电子设备（IED）之间通过一种标准协议实现互操作和信息共享。与以往的通信规约相比，IEC 61850 标准有着本质的不同。以往的通信规约主要用于传输电力系统实时数据、告警和配置等信息，双方信息基于点表的方式表达和映射，规约种类和版本众多，缺乏一致性。IEC 61850 标准则采用了面向对象的建模技术，通过抽象通信服务接口和特定通信服务映射的方法，运用功能分层的方式和变电站配置语言，实现对全站设备的统一建模和自我描述，使得设备之间具有互操作性，可以在不同厂家的设备之间实现无缝链接。

IEC 61850 标准（第 1 版）分为 10 个部分：1）IEC 61850-1，基本原则；2）IEC 61850-2，术语；3）IEC 61850-3，一般要求；4）IEC 61850-4，系统和工程管理；5）IEC 61850-5，功能和装置模型的通信要求；6）IEC 61850-6，变电站自动化系统结构语言；7）IEC 61850-7 系列，变电站和馈线设备的基本通信结构；8）IEC 61850-8，特定通信服务映射-映射到制造报文规范（ISO 9506-1 和 ISO9506-2）和 ISO/IEC 8802-3；9）IEC 61850-9，特定通信服务映射-通过 ISO/IEC 8802-3 传输采样值；10）IEC 61850-10，一般性测试。

由于 IEC 61850 标准（第 1 版）的应用范围主要局限于变电站内部，没有对变电站与变电站之间、变电站与调度控制中心之间的通信做出相应的规范，因此 IEC 61850 在电力系统其他领域的应用受到限制。IEC 61850 标准（第 2 版）名称改为《电力自动化通信网络和系统》，从变电站领域拓展到电力系统其他领域，包括水电厂、分布式能源、配电自动化等电力系统各个方面，通信范围也将从变电站延伸至调度控制中心。同时，IEC 61850 标准（第 2 版）对光伏发电、电池储能系统、电动汽车等的信息模型也进行了相关的说明，可以预见，IEC 61850 标准在电力系统中的应用将会越来越广泛深入。

IEC 61850 标准的应用为智能变电站自动化系统实现了两个重要的统一：第一，信息模型和信息数据的统一，主要是指利用面向对象建模技术建立变电站内 IED 的分层信息模型；第二，信息传输机制的统一，主要是指利用抽象通信服务接口和特定通信服务映射实现智能变电站通信网络的报文传输，最终实现各 IED 设备的互操作性。

IEC 61850 标准的核心思想主要体现在：
1) 运用逻辑节点表述功能，支持功能自由分配。
2) 采用面向对象建模技术，使得数据模型具备自描述性。
3) 定义抽象通信服务接口，实现应用与通信的分离。

三、智能变电站面向对象的建模方法

下面分析 IEC61850 面向对象的信息模型和建模方法的关键技术。

1. 逻辑节点和逻辑连接

功能（F）就是变电站自动化系统执行的任务，如继电保护、监视、控制等，物理装置（PD）是变电站具体的 IED 设备。为了实现变电站功能自由分布和分配，所有功能被分解成逻辑节点（LN），逻辑节点 LN 是变电站自动化系统中功能的最小单位，逻辑节点分配给功能 F 和物理装置 PD，如图 10-3 所示。一个 LN 表示一个物理装置内的某个功能，它执行一些特定的操作，按照定义，只有逻辑节点之间才能交换数据，因此，一个功能要同其他功能交换数据必须至少包含一个逻辑节点。

逻辑节点通过逻辑连接（LC）互连，实现逻辑节点之间的数据交换，而物理装置则通过物理连接（PC）实现互联。逻辑节点是物理装置的一部分，逻辑连接则是物理连接的一部分。由于难以为当前和未来的应用定义全部功能，所以采用某种通用的方法规定和标准化逻辑节点间的相互作用显得非常重要。每个物理装置都有一个特殊的逻辑节点 LN0，用以描述物理装置自身的有关信息。

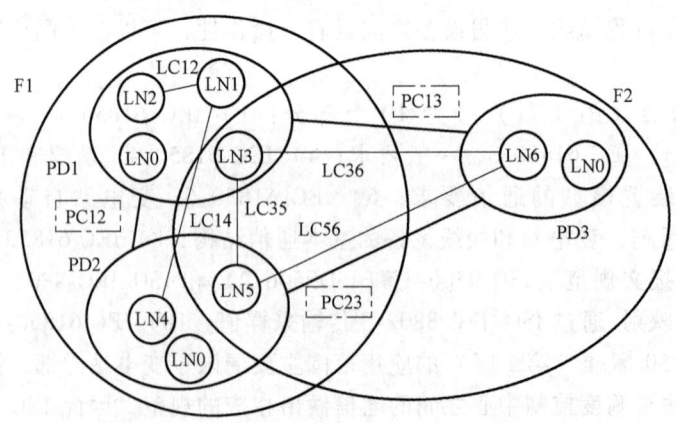

图 10-3 逻辑节点和逻辑连接的概念

下面举例说明物理设备、系统功能和逻辑节点之间的关联关系。实现断路器同期控制、距离保护和过电流保护三种功能所需要的若干逻辑节点，如人机接口、同期切换、距离保护

等，如图 10-4 所示，对应的物理设备用编号 1~7 分别表示为变电站计算机、同期分合闸装置、距离保护装置（集成过电流保护功能）、间隔控制单元、电流互感器、电压互感器和母线电压互感器。

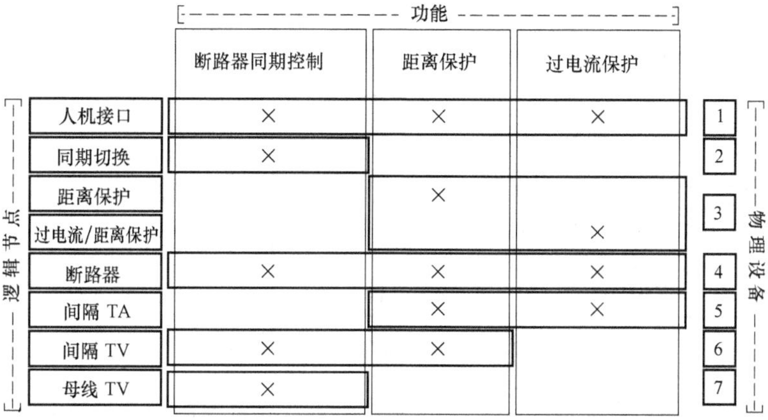

逻辑节点	功能			物理设备
	断路器同期控制	距离保护	过电流保护	
人机接口	×	×	×	1
同期切换	×			2
距离保护		×		3
过电流/距离保护			×	3
断路器	×			4
间隔 TA		×	×	5
间隔 TV	×			6
母线 TV	×			7

图 10-4 逻辑节点的应用实例

注："×"表示某功能需要的逻辑节点

2. 信息模型及其服务

IED 设备的抽象信息模型主要包括逻辑节点模型、逻辑设备模型和服务器模型。IED 的抽象层次结构模型如图 10-5 所示。逻辑节点内部包含了一系列数据，这些数据被称为数据对象（DO），例如断路器逻辑节点 XCBR，包含有数据对象"Pos"，表示开关的位置状态，数据对象的具体值就是数据属性。每个逻辑节点包含多个数据对象，而每个数据对象又包含多个数据属性（DA）。逻辑设备（LD）是一种虚拟设备，为通信目的聚集相关的逻辑节点和数据，主要用于功能的分类，并没有实际意义，分类也没有严格的规定，可以将一个实际的物理设备映射为一个或多个 LD，例如可以将 IED 的所有 LN 放在一个 LD 下。但是反过来，一个 LD 只能位于同一个物理设备内，LD 不可以跨物理设备而存在。

服务就是提供交换信息，服务器（Server）表示一个设备外部可见的行为。服务器对象封装了 IED 信息模型中的逻辑设备、逻辑节点、数据对象和数据属性，每个 IED 中的服务器对外提供访问接口，即可以提供一个或多个服务访问点（Service Access Point），它能够提供数据，或允许其他服务器访问它的资源，从而实现与外部的数据交换。这些服务被定义成抽象通信服务，也就是 IED 之间通过一套与实际网络应用层通信协议无关的抽象通信服务接口（ACSI）实现通信。具体传输信息时，需要将抽象服务映射到具体通信协议栈。

IED 间通过约定好的抽象通信服务接口 ACSI 进行通信。这样每个赋予一定任务的 IED 其逻辑和数据对外是清晰和可见的，IED 之间的通信是透明的，因此容易实现 IED 间的互操作和设计的标准化。

3. 抽象通信服务接口及相应通信协议映射

IEC 61850 采用了抽象的建模技术，实现信息模型、接口服务与通信解耦，使得信息模型及其服务不依赖于具体的通信协议栈。IEC 61850-7 中定义的抽象通信服务接口 ACSI 是智能电子设备 IED 的一个概念性虚拟接口，它独立于实际使用的网络结构与通信协议，提供抽象的通信服务，包含信息模型的通信服务、通信对象及参数。ACSI 主要服务模型包括连

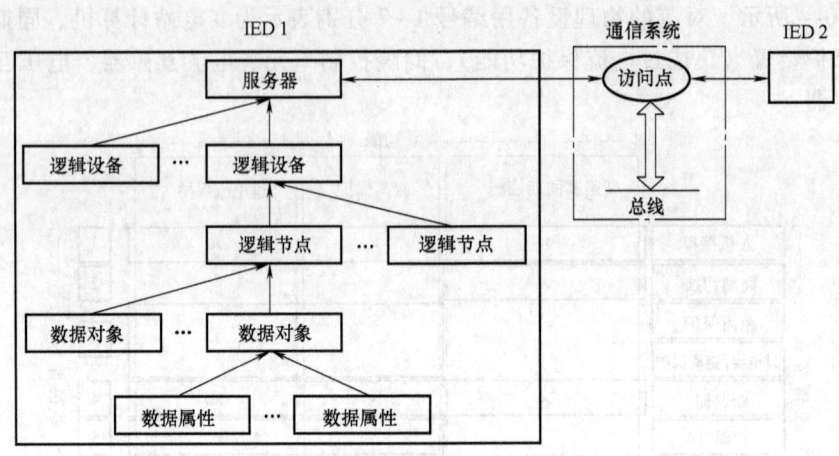

图 10-5 IED 的抽象层次结构模型

接服务模型、变量访问服务模型、数据传输服务模型、设备控制服务模型、文件传输服务模型以及时钟同步服务模型等。抽象通信服务与实际所用的通信栈、协议集及网络连接无关，可以更好地适应通信网络的结构变化。

为了实现具体的应用进程之间的通信，IEC 61850 采用特定通信服务映射（SCSM）的方法。特定通信服务映射 SCSM 是抽象通信服务接口 ACSI 到变电站自动化系统某个具体的应用层通信协议栈的特定映射。SCSM 将 ACSI 定义的通信服务、通信对象和参数映射到应用层，不同的网络应用层协议和通信栈与不同的 SCSM1～SCSMn 相对应，如图 10-6 所示。

IEC 61850 标准建立了三类信息服务模型：MMS（制造报文规范）、GOOSE（面向通用对象的变电站事件）和 SV（采样值）。对应地，IEC 61850 标准所定义的变电站内信息传送主要有三类报文信息。IEC61850-8-1 定义了 ASCI 到 MMS 以及 GOOSE 的特定通信服务映射 SCSM。IEC61850-9-2 定义了 ASCI 映射到采样值 SV 的特定通信服务映射 SCSM，所有映射的底层网络都是基于 ISO/IEC8802.3 以太网。

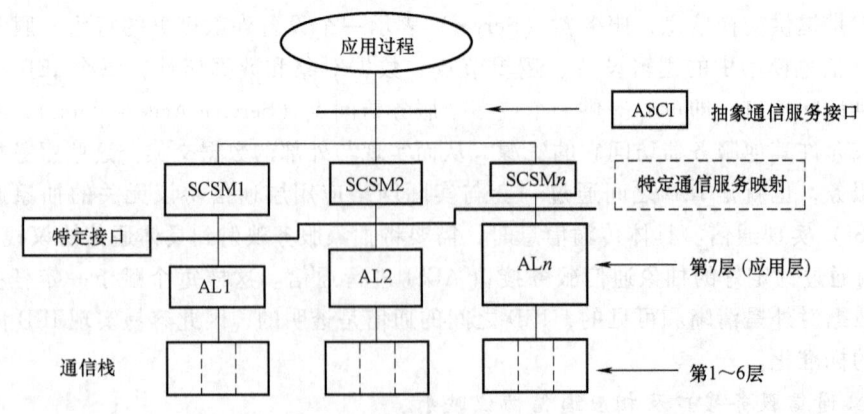

图 10-6 ACSI 映射到 SCSM

4. 配置描述语言 SCL 和配置文档

IEC61850 标准的第 6 部分规定了实现设备互操作性的变电站自动化系统配置描述语言

（SCL），是基于 XML 技术的可扩展标记语言，运用 SCL 可以对整个变电站进行完备的描述。根据变电站的分层体系结构，SCL 主要描述三种对象模型：①变电站系统模型，包含了变电站的功能结构、主设备及其电气连接；②IED 设备模型，如所包含的逻辑设备、逻辑节点、数据对象和数据属性；③通信系统模型，定义了逻辑节点通过逻辑连接和 IED 接入点之间的联系方式。

变电站系统与设备的描述具体有 4 个配置文件：

1) IED 能力描述文件（IED Capability Description，ICD），描述 IED 的功能、信息模型和服务模型。

2) 系统规格文件（System Specification Description，SSD），描述变电站一次系统结构以及相关联的逻辑节点。

3) 全站系统配置文件（Substation Configuration Description，SCD），完整描述一次系统、二次设备及其与一次设备的关联以及通信系统，是全站唯一数据源。

4) IED 实例配置文件（Configured IED Description，CID），描述二次设备模型、与一次系统的关联以及通信参数。

IEC 61850（第 2 版）在此基础上又补充了两种文件：

5) 实例化的 IED 描述文件（Instantiated IED Description，IID），描述集成过程中 IED 模型文件的修改。

6) 系统交换描述文件（System Exchange Description，SED），描述变电站多个项目之间 SCD 文件的交互。

IEC61850 面向对象的建模方法实现步骤如下：

1) 分配、合并、定义 IED 设备的自动化功能，从逻辑节点库中提取对应的逻辑节点 LN，组建成装置对应的逻辑设备 LD，构建出信息模型的框架；用数据对象 DO 及其属性 DA 对模型进行填充、描述，实例化信息模型的属性。

2) 依照抽象通信服务接口 ACSI，根据信息模型的属性建立信息模型的服务。

3) 依照特定通信服务映射 SCSM 将抽象的通信服务映射到具体的通信网络及协议上，服务借助于通信得以实现。

4) 依照变电站配置描述语言 SCL 组织并发布 IED 设备的配置文件，实现设备信息和功能服务的自我描述，服务可被识别和享用。

第二节 智能变电站继电保护系统

一、继电保护系统的结构

智能变电站继电保护系统结构较常规变电站有很大的差异，将原来独立继电保护装置的功能分解在不同的 IED 中实现，如图 10-7 所示。间隔层的继电保护 IED 只需完成保护数据计算、逻辑处理及数据通信等相对较少的功能，而数据的采集和对断路器的控制等功能从保护装置中分离出来由过程层电子式互感器的合并单元及断路器的智能终端等 IED 设备完成。在智能变电站中，实现继电保护功能的设备主要集中在过程层与间隔层，其中还包括两层之间的过程层网络，这些变化使得影响继电保护可靠性的因素和环节更加复杂和多元化。

备保护，并且根据需要进行双重化配置。对于110kV线路或单侧电源的220kV线路，若不要求全线速动，允许线路一侧以保护第Ⅱ段动作时限切除故障，则针对相间短路可以采用距离保护，针对接地短路可以采用零序电流保护或接地距离保护。后备保护可以采用近后备和远后备的方式，对于复杂网络或重负荷线路宜采用近后备方式。

（3）330~500kV中性点直接接地系统　线路的主保护采用全线速动保护，一般采用电流差动保护和高频保护，针对500kV的超高压线路保护更需要独立的双重化配置，即两套保护从信号输入到输出完全独立，不会相互影响。相间距离保护作为相间短路的后备保护，零序电流保护和/或接地距离保护作为接地短路的后备保护，主要采用近后备保护方式。可见，零序电流保护和距离保护的灵敏性较电流保护有优势，所以在110kV及以上电压等级的电网中有比较广泛的应用。

4. 电容器保护

采用过电流保护反应电容器与断路器间连线的短路故障，对于单台电容器内的极间短路装设熔断器保护。电容器组应根据接线方式不同配备不同的继电保护，主要有零序电压保护、电压差动保护、电桥差电流保护、中性点不平衡电流或不平衡电压保护等。

5. 断路器失灵保护

在220kV及以上电网或重要的110kV系统，针对断路器失灵故障需要配置断路器失灵保护。同时，当线路或电力设备的后备保护采用近后备方式时，在断路器与电流互感器之间发生故障且不能由对应主保护切除的情况下，断路器失灵保护也可能起到保护作用。

三、保护结构组成单元

1. 电子式互感器

电子式互感器从测量原理可分为有源式和无源式。从测量对象可分为电子式电流互感器（ECT）和电子式电压互感器（EVT）。从安装方式可分为独立型、GIS型、变压器套管型等。有源ECT主要有Rogowski空心线圈型和低功耗铁心线圈型，有源EVT主要有电阻分压型和电容分压型。无源ECT（也称为光学电流互感器OCT），目前研究和应用的主要是基于Faraday磁旋光效应原理。无源EVT（也称为光学电压互感器OVT），目前研究的主要为基于Pockels效应和基于逆压电效应原理。

但是，目前对电子式互感器性能测试的结果却不容乐观，产品普遍存在技术和设备的成熟度和稳定性问题。由于电子式互感器稳定性问题尚未得到有效解决，智能变电站已确定不再以电子式互感器的应用为主要标志。

2. 合并单元

合并单元（MU）是电子式互感器与二次系统的通用接口，IEC标准定义了MU的输出格式，一台合并单元可以汇集多达12路互感器输出数据，在同步信号作用下打上统一的时间标签后，给二次设备提供一组时间一致的数字化电压和电流数据。MU是遵循IEC61850标准的变电站间隔层、站控层设备的数据来源，是实现二次设备数据共享的基础。由于目前从技术来看电子式互感器还不具备大量推广的条件，所以也可以采用常规的电磁式互感器，经合并单元数字化后由网络传输采样值。

合并单元需要接入多个电子式互感器或传统互感器的信号，继电保护系统也可能需要接入多个合并单元的信号，因此，合并单元并行处理高效性和时间同步性是运行的关键问题。

实际应用中，根据保护和测控的配置需求，可能出现多台互感器的采集信号接入同一个合并单元，也可能是同一台互感器的多组采集单元信号接入多个合并单元。

3. 以太网交换机

交换机的运用是智能变电站的一大特点，是智能变电站继电保护系统信息流上一个重要环节，以交换机为核心设备的以太网络代替了常规保护系统以电缆连接为主的信息传递模式。过程层网络交换技术是在开放系统互联（Open Systems Interconnection，OSI）模型的第二层—数据链路层上实现的，所以"交换"实际上是指数据帧的转发。以太网交换机支持交换机端口节点之间的多个并发连接，实现多节点间数据的并发传输，给每一对端口提供独占的网络带宽。由于数据帧在交换机内的转发，会带来一定的交换延时，也就是说，以太网交换机是以交换所需的延迟为代价来保证给每个节点提供恒定的带宽。

智能变电站的交换机均支持根据各种应用和信息流的优先级分类实施优先传输功能，并且通过虚拟局域网（VLAN）技术有效分配变电站内的网络负载，实现安全隔离的虚拟网络分区功能。

4. 保护 IED

目前智能变电站保护 IED 依然采用常规已经成熟的保护逻辑，同时将数字化数据采集和对断路器控制的功能下放至过程层。只是国内成熟保护装置的采样频率一般为每工频周期 24、48 或 96 点等，是 2 的整数倍关系，由此也形成了相应的保护算法。智能变电站针对保护应用的合并单元采样频率一般为每工频周期 80 点，与常规保护装置的采样频率不一致，而且无法通过简单的抽点方式实现转换，需要采用插值方式进行采样频率的转换。无论是高采样频率的采样数据转换为低采样频率，还是低采样频率的采样数据转换到高采样频率，都需要滤除高采样频率采样数据中的高频分量，关键是设计满足精度和时延要求的低通滤波器。

5. 智能终端

智能终端（IT）可以对断路器进行实时的状态检修和智能化控制。智能终端是一次设备的智能组件，作为过程层设备与一次设备采用电缆连接，与保护、测控等二次设备采用光纤连接，实现对一次设备的测量和控制等功能。主要功能是一方面接收从保护装置传来的跳合闸命令，对断路器进行开断控制；另一方面将断路器的实时信息上传至保护单元或站控层，使得远方工程师站可以实时接收到断路器的运行状态。

四、报文类型与传输时间约束

与智能变电站继电保护相关的报文类型有 3 类：

1. MMS 报文

制造报文规范 MMS 是开放系统互联 OSI 模型应用层的一种协议标准，它是解决异构网络环境下智能设备间交换实时数据和监控信息的一套独立的国际报文协议，旨在规范工业领域具有通信能力的智能传感器、智能电子设备、智能控制设备的通信行为。EMS 和 SCADA 等电力控制中心之间的通信协议也是采用面向对象的建模技术，同样映射到 MMS 上。在智能变电站中，MMS 机制规范了间隔层 IED 与站控层监控主机之间、基于客户/服务器模式传输与系统运行和维护相关报文，如保护动作信息、异常告警信息、保护整定值信息、故障录波信息等，同时有效解决了各类 IED 运行维护信息上传给主站的问题。

2. SV 报文

过程层采样值 SV 报文的功能是实现电流、电压交流量的上传,它的信息流传输起始于互感器,经由合并单元和交换机网络后,最后到保护单元。SV 通信机制规范了间隔层 IED 与合并单元之间采样值报文的传输,将 IED 的信息模型和服务映射到 ISO/IEC8802-3 数据链路层,使保护 IED 能够快速接受来自合并单元的量测量数字信息,实现量测信息的共享。采样值报文使用基于以太网组播的发布者/订阅者模型进行传送,发布者按照配置的采样速率和每帧数据包含的采样点数进行等间隔发送,报文如果丢失并不重新发送。由于 SV 报文是周期性的传送,每次传输的数据量恒定,从而形成稳定的网络流量。

3. GOOSE 报文

面向通用对象的变电站事件 GOOSE 机制是 IEC61850 满足变电站自动化系统快速报文需求的重要应用,规范了间隔层 IED 之间、间隔层 IED 与过程层智能终端之间的开关量信息的快速传输。GOOSE 报文具有以下特点:①不经过 TCP/IP 协议,采用无连接的模式,报文带优先级标签,直接映射到以太网链路层上进行传输,从而实现高实时性的数据通信;②采用发布者/订阅者模式实现点对多点的传输,即一个数据源(发布者)向多个接收者(订阅者)发送数据,利用组播服务保证了向多个物理设备同时传输同一个通用变电站事件信息,同时支持订阅者对发布者的主动询问,发布者具备响应询问的能力;③采用事件驱动机制,逻辑链路控制(LLC)协议采用单向无确认机制,利用重传机制保证通信的可靠性。

GOOSE 报文实现跳闸以及间隔之间联闭锁的功能,携带着分合闸控制、开关位置信息和防误闭锁等重要的信息,在保护单元和智能终端之间进行信息交互,并可作用于控制断路器完成相应的操作。通常设置 GOOSE 报文具有较高的优先级,快速可靠地传输实时性要求非常高的跳闸命令,也可同时向多个设备传输开关位置等信息。

GOOSE 机制的基本原理为:当没有事件(Event)发生时,在稳定状态下以较长的时间周期 T_0 发送心跳报文。当有事件发生(如开入量变位)时,报文中的数据发生变化,立刻发送该 GOOSE 报文一次(第 1 帧),然后以最快重传间隔时间 T_1 连续发送两次(第 2 帧、第 3 帧),以后可以按照逐次翻倍的算法以重传时间 T_2、T_3 各重发一次(第 4 帧、第 5 帧),如图 10-8 所示。心跳间隔和最快重传间隔可定义,例如对于保护可取 $T_1 = 1\text{ms}$,$T_0 = 5\text{s}$。心跳报文的作用是让接收方可以监视信息是否在规定时间内到达,这样,接收方就可以判断出该信息的状态是否在线,如果接收装置在两倍 T_0 时间内没有接收到发送装置的心跳报文,

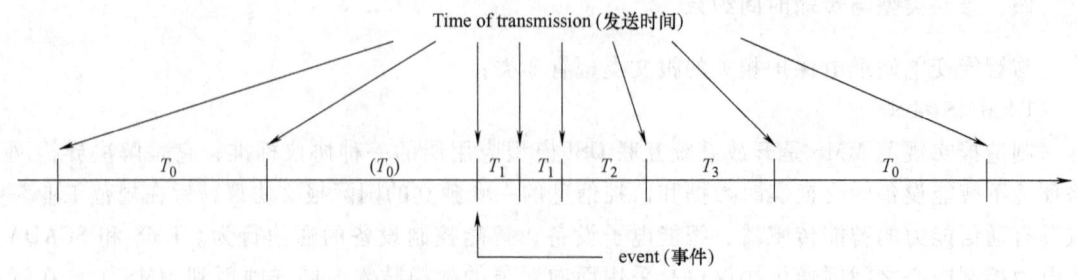

图 10-8 GOOSE 重传机制

T_0—稳定状态下的重传时间(长时间无事件发生) (T_0)—因事件缩短的稳定状态下的重传时间

T_1—事件发生后的最短重传时间 T_2、T_3—直至达到稳定状态的重传时间

将会发出 GOOSE 中断告警信号，便于运行人员监视和及时处理。

IEC 61850 规定了智能变电站内的各种报文的总传输时间。报文的总传输时间是信息从发出端传送到接收端的总时间，包括传播时延、交换时延、发送时延和排队时延等。考虑到变电站的不同应用需求，报文按性能可以分为两组类别：第一组为保护和控制，第二组为计量和电能质量。控制和保护类别中的性能级 P1 典型应用于配电线间隔或其他要求较低的间隔，性能级 P2 典型应用于输电线间隔或者用户无额外规定之处，性能级 P3 典型应用于输电线间隔，具备满足同步和断路器分合时间差的最好性能。

传输跳闸、合闸、重合闸、起动、闭锁、解锁和状态变化等信息的 GOOSE 报文是类型 1 的快速报文。其中传输"跳闸"命令的 GOOSE 报文是变电站中优先等级最高的快速报文，总传输时间对性能级 P1 不超过 10ms，性能级 P2/3 不超过 3ms。对于类型 1 的其他类型报文，如传输开关变位等信息的 GOOSE 报文优先级仅次于跳闸报文，P1 性能级要求小于等于 100ms，P2/3 性能级要求小于 20ms。与保护相关的动作信息、告警信息、整定值信息、故障录波信息等的 MMS 报文对实时性要求不高，作为低速报文一般要求总传输时间在 500ms 以下。采样值 SV 报文是实现保护功能的数据源，信息量大，作为原始数据报文要求总传输时间不超过 10ms，如表 10-1 所示。

表 10-1 与保护相关报文的总传输时间要求

报文类型	性能级	总传输时间/ms
传输"跳闸"命令的 GOOSE 报文	P1	≤10
	P2/3	≤3
其他 GOOSE 报文	P1	≤100
	P2/3	≤20
MMS 报文	—	≤500
SV 报文	P1	≤10
	P2/3	≤3

第三节 智能变电站继电保护系统性能

目前智能变电站的工程实践已经基本解决设备基于 IEC61850 的统一建模、解析和互操作问题，为保护测控装置的功能模块化、即插即用和可组态提供了可能性，也为变电站的功能整合提供了基础。智能变电站的继电保护系统与常规继电保护相比，在系统结构、实现方式及工作模式等方面发生了很大的变化，从而给继电保护性能带来很大的影响，以下从几个方面进行分析。

一、空心线圈电流互感器传变特性对保护的影响

电子式互感器是信息流的起始点，承担着信息采集的任务，是影响继电保护可靠性的重要环节。其中的空心线圈电流互感器采用 Rogowski 线圈缠绕在环状非铁磁性骨架上，以测量线性度好、频带宽、动态范围大以及不存在磁饱和等特点，契合电力系统继电保护的应用需求而受到很高的关注和期待，也是目前技术相对成熟、普及度较高的电子式互感器类型。

继电保护用电流互感器的传变性能必须满足系统或设备故障工况的要求，常规电磁式电流互感器的铁心饱和问题是影响暂态性能最重要的因素。为此，相关测试标准对电流互感器要求在稳态一次短路电流下的测量误差不超过规定限值，而对于短路电流非周期分量和互感器剩磁等引起的暂态饱和问题，需要通过选择互感器的类型和参数，以及在继电保护环节采用相应的抗饱和措施解决。

电磁式电流互感器由于存在非线性的磁特性，互感器在不同运行工况尤其是故障电流下的输出具有不确定性，传变特性只能定性分析。空心线圈电流互感器由于不含铁心，不存在铁心饱和的问题，因此具有线性特性，可以应用叠加原理进行研究，传变特性是可以定量分析的。

1. Rogowski 传感头的传变特性

Rogowski 传感头的等效电路如图 10-9 所示，其中：$i(t)$ 为载流导体的被测电流；M 为 Rogowski 线圈的互感，R_0、L_0 和 C_0 分别为线圈内阻、自感和匝间电容；R_L 为负载电阻。

Rogowski 传感头由于不含铁心，互感系数 M 极小。用于电力系统保护的空心线圈电流互感器工作于外积分方式，负载电阻很大。当被测电流频率较低，且线圈内阻和匝间电容很小可忽略时，则传感头二次侧接近于开路状态。此时，输出电压与一次电流存在微分关系，即 $u_s(t) \approx e(t) = -M \mathrm{d}i/\mathrm{d}t$。

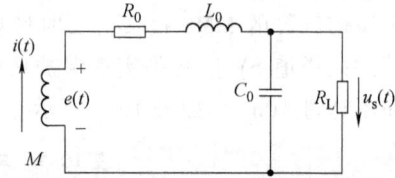

图 10-9 Rogowski 传感头等效电路图

由等效电路可得 Rogowski 传感头的传递函数为

$$H_s(s) = \frac{U_s(s)}{I(s)} = \frac{Ms}{L_0 C_0 s^2 + \left(\dfrac{L_0}{R_L} + R_0 C_0\right) s + \left(\dfrac{R_0}{R_L} + 1\right)} \tag{10-1}$$

令无阻尼自振角频率 $\omega_n = \dfrac{1}{\sqrt{L_0 C_0}} \sqrt{\dfrac{R_L + R_0}{R_L}}$，阻尼比 $\zeta = \dfrac{1}{2\sqrt{L_0 C_0}} \left(\dfrac{L_0}{R_L} + R_0 C_0\right) \sqrt{\dfrac{R_L}{R_L + R_0}}$，则传递函数为

$$H_s(s) = \frac{M}{L_0 C_0} \cdot \frac{s}{(s - s_1)(s - s_2)} \tag{10-2}$$

其中特征根为 $s_{1,2} = -\zeta \omega_n \pm \omega_n \sqrt{\zeta^2 - 1}$。当负载开路时，有 $\omega_n = \dfrac{1}{\sqrt{L_0 C_0}}$，$\zeta = \dfrac{R_0}{2} \sqrt{\dfrac{C_0}{L_0}}$。

当一次侧流过工频额定电流 I_N 时，Rogowski 传感头的感应电动势为 $E = \omega M I_N$，如额定一次电流为 2000A 时，设定额定二次输出为 150mV。因此厂家在设计传感头参数时，会根据所需互感 M 值大小确定线圈匝数 N，而线圈自感为匝数与互感的乘积，即 $L_0 = MN$，那么影响传感头频率特性的主要因素为线圈的内阻和分布电容，通过合适的参数设计和工艺设计，可以保证传感头有很宽的频带。

故障暂态电流实质上是含有幅值不等的衰减直流分量、基波分量和各次谐波分量。由于空心线圈电流互感器的测量线性度好，不存在饱和的问题，因此空心线圈互感器的暂态响应可以采用叠加原理进行分析，分别研究互感器对暂态电流各分量的响应。又由于空心线圈电流互感器的频率特性好,基波和各次谐波的传变误差小,所以空心线圈电流互感器对短路电流的传变误差主要来源于衰减的非周期分量。

当一次电流为以时间常数 τ 衰减的非周期分量时,有 $i(t) = I_m e^{-t/\tau}$,对应的拉普拉斯变换为 $I(s) = I_m/(s + 1/\tau)$,此时传感头输出为

$$U_s(s) = \frac{M}{L_0 C_0} \frac{s}{(s-s_1)(s-s_2)} \frac{I_m}{s+1/\tau} \tag{10-3}$$

展开成部分分式为

$$U_s(s) = \frac{MI_m}{L_0 C_0} \left(\frac{A_1}{s-s_1} + \frac{B_1}{s-s_2} + \frac{C_1}{s+1/\tau} \right) \tag{10-4}$$

其中 $A_1 = \dfrac{s_1}{(s_1-s_2)(s_1+1/\tau)}$,$B_1 = \dfrac{s_2}{(s_2-s_1)(s_2+1/\tau)}$,$C_1 = \dfrac{-\tau}{(1+\tau s_1)(1+\tau s_2)}$。通过拉普拉斯反变换,得到传感头输出的时域表达式为

$$u_s(t) = \frac{MI_m}{L_0 C_0} (A_1 e^{s_1 t} + B_1 e^{s_2 t} + C_1 e^{-t/\tau}) \tag{10-5}$$

在欠阻尼 $\zeta < 1$ 时,s_1 和 s_2 是一对共轭复数根,前两项的衰减速度取决于特征根实部绝对值 $\zeta \omega_n$,在过阻尼 $\zeta > 1$ 时,s_1 和 s_2 是两个负实根,前两项的衰减速度取决于 $(\zeta \pm \sqrt{\zeta^2 - 1})\omega_n$。由于传感头的分布电容很小,使得 ω_n 一般在 10^5 以上,这样不论阻尼大小,前两项均衰减非常快,对输出电压的影响可忽略不计。由于 $s_1 + s_2 = -2\zeta \omega_n$,$s_1 s_2 = \omega_n^2$。这样只考虑与输入的衰减直流分量相对应的输出电压为

$$u_s(t) = MI_m \frac{-\tau}{L_0 C_0 - \tau R_0 C_0 + \tau^2} e^{-t/\tau} \tag{10-6}$$

由于 $L_0 C_0$ 和 $R_0 C_0$ 与 τ 相比均很小,上式近似为

$$u_s(t) = MI_m \frac{1}{-\tau} e^{-t/\tau} \tag{10-7}$$

仿真表明在 0.5ms 之后,式(10-7)的输出与式(10-5)完全一致。说明单纯的微分模型就可以表征传感头对衰减非周期分量的响应。空心线圈电流互感器传变非周期分量的误差主要取决于后续的积分电路能否准确地将微分信号还原为衰减直流。

2. 空心线圈电流互感器整体传变特性

空心线圈电流互感器的 Rogowski 传感头二次输出电压信号正比于一次输入电流信号的导数,要恢复出与一次电流成正比例的信号就必须在传感头后添加相应的积分环节。为了突显电流互感器暂态特性对继电保护的影响,这里只讨论传感头和积分电路的模型和特性,互感器信号采集系统中其他环节虽然也存在有不可避免的误差,但并不改变信号的传变特征。

假设空心线圈电流互感器的整体传递函数为

$$H(s) = H_s(s) H_c(s) \tag{10-8}$$

$H_s(s)$、$H_c(s)$ 分别为传感头、积分环节的传递函数。

先考虑一阶 RC 积分环节,传递函数为

$$H_c(s) = \frac{K}{1+RCs} \tag{10-9}$$

同样，设 $I(s) = I_m/(s + 1/\tau)$，则互感器输出为

$$U(s) = H(s) \frac{I_m}{s + 1/\tau} \qquad (10-10)$$

整理后为

$$U(s) = \frac{A}{s - s_1} + \frac{B}{s - s_2} + \frac{C}{s + 1/(RC)} + \frac{D}{s + 1/\tau} \qquad (10-11)$$

其中

$$A = \frac{MI_mK}{L_0C_0RC} \frac{s_1}{(s_1 - s_2)} \frac{1}{s_1 + 1/(RC)} \frac{1}{s_1 + 1/\tau}$$

$$B = \frac{MI_mK}{L_0C_0RC} \frac{s_2}{(s_2 - s_1)} \frac{1}{s_2 + 1/(RC)} \frac{1}{s_2 + 1/\tau}$$

$$C = \frac{MI_mK}{L_0C_0RC} \frac{-1/(RC)}{(1/(RC) + s_1)(1/(RC) + s_2)} \frac{1}{-1/(RC) + 1/\tau}$$

$$D = \frac{MI_mK}{L_0C_0RC} \frac{-1/\tau}{(1/\tau + s_1)(1/\tau + s_2)} \frac{1}{-1/\tau + 1/(RC)}$$

事实上 s_1 和 s_2 非常大，表达式（10-11）中的对应两项衰减得很快，可以忽略不计。根据 s_1、s_2 的特点进行化简后，互感器输出电压为

$$u(t) = \frac{MI_mK}{RC - \tau}\left(e^{-t/\tau} - \frac{\tau}{RC}e^{-t/(RC)}\right) \qquad (10-12)$$

可见，空心线圈电流互感器对衰减非周期分量的响应主要与衰减时间常数和积分时间常数有关。式（10-12）等同于传感头采用微分模型再考虑积分电路后的输出结果。取 $M = 0.2387\mu H$，$RC = 0.066s$，$K = 19.56$，$\tau = 80ms$ 时，互感器输出的仿真结果如图 10-10 所示。在不同的 τ 值下，互感器传变暂态电流的最大瞬时误差结果如表 10-2 所示。综合各种情况可以发现，采用一阶积分环节时最大瞬时误差达到 30% 以上。

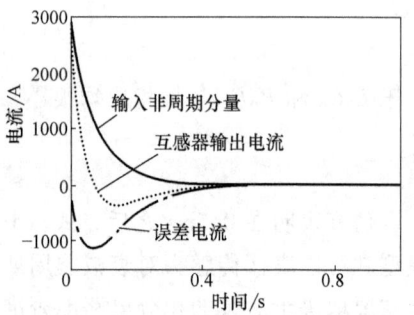

图 10-10 空心线圈电流互感器对衰减非周期分量的响应波形

实验和仿真分析均表明单纯的 RC 积分电路很难满足继电保护对互感器暂态特性的要求，即暂态保护用电子式互感器的最大峰值瞬时误差不超过 10%。所以空心线圈电流互感器对 Rogowski 传感头微分信号进行还原的积分环节设计尤其关键，有必要采用合适的积分环节以提高互感器传变非周期分量的性能。采用二阶积分电路和数字复化梯形积分算法后的互感器暂态传变误差也同时列于表 10-2 中。

表 10-2 在不同 τ 值下，互感器传变暂态电流的最大瞬时误差结果

直流衰减时间常数	40ms	80ms	100ms
采用一阶积分环节时最大峰值瞬时误差	72.7%	30.28%	35.20%
采用二阶积分环节时最大峰值瞬时误差	5.11%	8.45%	9.46%
采用数字积分算法时最大峰值瞬时误差	0.575%	0.144%	0.092%

3. 适应继电保护应用的积分技术

电力系统继电保护要求电流互感器对故障暂态电流有足够的测量精度，衡量电磁式电流互感器暂态特性的标准是"在准确限值条件下最大峰值瞬时误差不超过 10%"。目前电子式电流互感器仍然套用此标准。

对电磁式电流互感器而言，短路时故障电流中的衰减直流分量是引起互感器铁心饱和的重要因素，并且随着时间常数的增长饱和愈加严重。空心线圈电流互感器由于不存在饱和问题而非常契合继电保护的应用需求，它在稳态测量准确度、测量线性度和测量频带宽度等方面均体现出比电磁式电流互感器更优越的性能。但是它的暂态测量精度虽然不受限于磁饱和问题，却受限于积分技术，取决于积分环节能否准确还原传感头的微分信号，更确切地讲，对故障暂态电流的传变误差主要取决于积分器对衰减直流分量的刻画能力。所以选择适用的积分环节是确保空心线圈电流互感器暂态精度的关键。

积分方式有模拟积分器和数字积分器两种，模拟积分器又分为有源和无源两种方式。由于运算放大器存在着失调电压、失调电流、偏置电流以及温度漂移等因素，会引起积分漂移现象，因此采用无源积分电路可以改善测量的稳定性问题。但是采用一阶无源 RC 积分电路根本不能满足继电保护对互感器暂态特性的要求。

有源模拟积分器的反馈参数决定着其本身的性能，在一定的范围内适当提高积分时间常数可以改善互感器的暂态响应性能，但是当参数配置不当时，暂态波形输出会严重失真。理论上，积分器参数配合得当可以满足继电保护对互感器暂态特性的要求，但考虑积分漂移对长期运行的稳定性影响，以及信号处理和硬件实现不可避免存在的额外误差，不建议空心线圈电流互感器采用模拟有源积分技术。

数字积分器在频率越低时越接近理想特性，可以大大改善互感器在低频段的传变特性，显著提高空心线圈电流互感器传变非周期分量的能力。理论上能够完全复原暂态电流，在实际应用时，考虑到数字积分器设计中存在影响互感器传变性能的因素，可以对积分算法、采样频率等进行进一步的优化。当然相比于模拟积分器，数字积分器还有很多优点，如性能稳定、结构灵活以及调节方便等。所以空心线圈电流互感器应该优先选择使用数字积分技术。

二、过程层网络传输特性对保护的影响

信息的应用模式是智能变电站有别于传统变电站的重要特点，过程层网络的传输性能对继电保护的影响很大。目前智能变电站采用过程层 SV 与 GOOSE 报文分网传输结构模型，假设一个 220kV 智能变电站过程层网络接线方案如图 10-11 所示，过程层网络采用星形拓扑结构的高速以太网，分为物理上相互独立的 SV 网和 GOOSE 网，为了适应保护的双重化，相应的过程层网络也双重化配置，采用双网并行冗余方案，SV 报文和 GOOSE 报文分别通过两个独立的以太网 A、B 传输，构建高可靠性过程总线。保护系统由主变保护、线路保护、母联保护和母线保护构成。

信息网络化传输使得智能变电站的可靠性极大地依赖于通信网络的安全稳定运行，目前主要采用通信网络领域的 OPNET 或类似仿真软件分析信息网络特性。OPNET Modeler 采用基于包的通信机制，通过仿真包在模型中的传递来模拟实际通信网络中数据包的流动和节点设备内部的处理过程。离散事件驱动（Discrete Event Driven）的仿真机制实现了进程通信的并发性和顺序性，再考虑事件发生的任意性，可以仿真通信网络中各种情况下的网络状态和

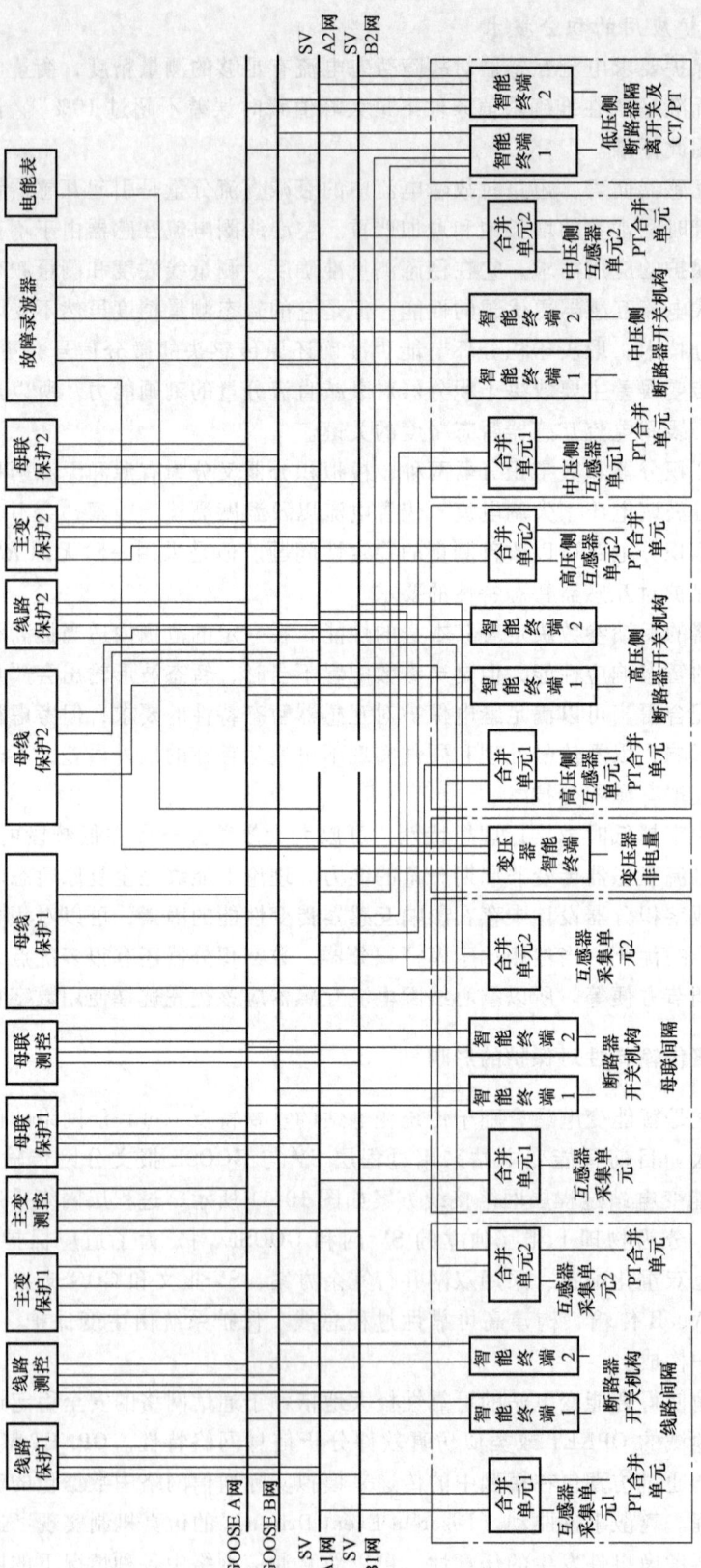

图 10-11 220kV 变电站过程层网络接线方案

行为。通过采用这种数据包仿真技术，对每个数据包在网络中经过所有队列时的到达、排队、处理以及传输等行为进行模拟，可以得到带宽、时延、丢包率等评价指标。

基于 OPNET 平台建立的过程层网络结构模型如图 10-12 所示，由母线保护间隔 220MX、主变间隔 220TR、220kV 母联间隔 220ML、220kV 线路间隔 220XL、110kV 母联间隔 110ML、110kV 线路间隔 110XL 组成。其中的主变保护间隔组网方案如图 10-13 所示，基于 OPNET 的主变间隔模型如图 10-14 所示。

为了减少间隔间不必要的数据交换，防止交换网络的广播风暴，对网络进行了虚拟局域网 VLAN（Virtual Local Area Network）的配置。VLAN 是将局域网内设备逻辑地而不是

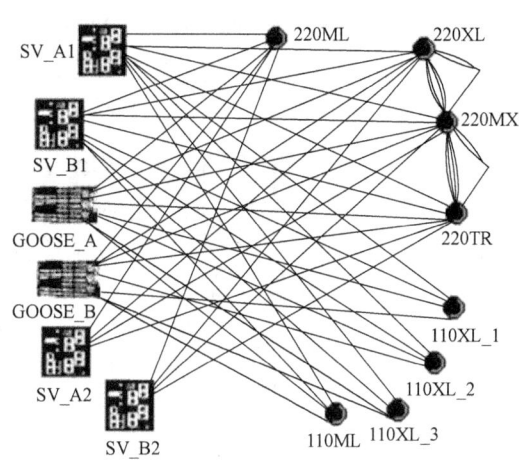

图 10-12 基于 OPNET 平台建立的过程层网络结构模型

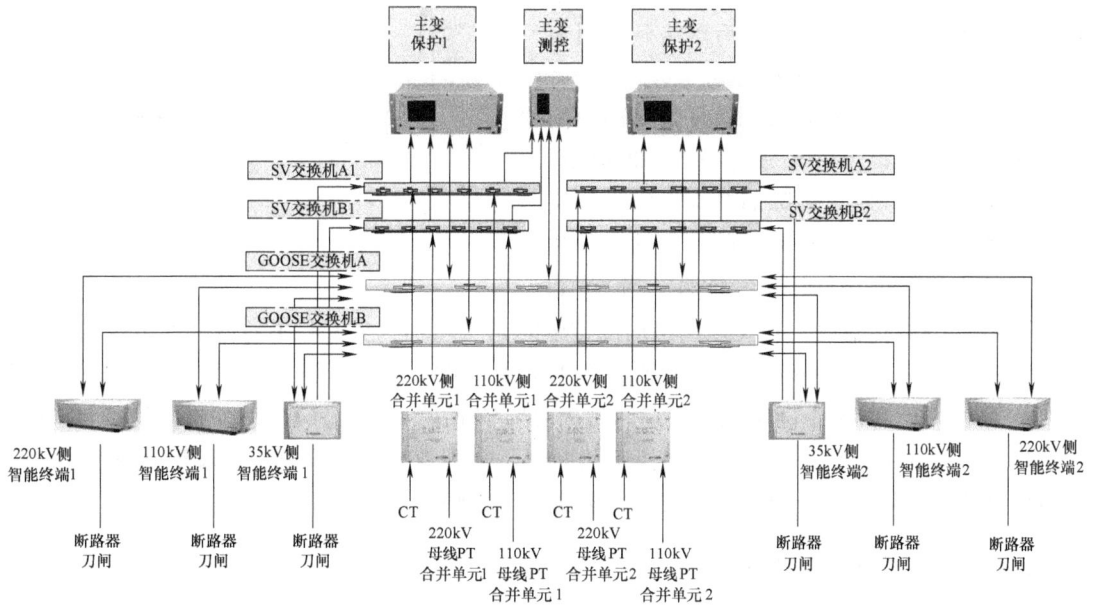

图 10-13 主变保护间隔组网方案

物理地划分为多个网段的技术，其对连接到第二层交换机端口的网络用户进行逻辑分段，不受网络用户的物理位置限制，而是根据用户需求进行网络分段，解决局域网的冲突域、广播域和带宽问题。划分 VLAN 后，广播域缩小在一个 VLAN 内部，网络中广播包消耗带宽所占比例大大降低，能够显著提高网络性能。

仿真采用基于端口划分 VLAN 的方式，首先以间隔为对象，按功能进行划分，每种报文网设为一个 VLAN 网，同一个间隔同种报文传输的交换机端口均划为同一个 VLAN 网，保证间隔内的数据尽量不发到其他间隔。设网络带宽为 100Mbit/s 时，合并单元的采样频率为每

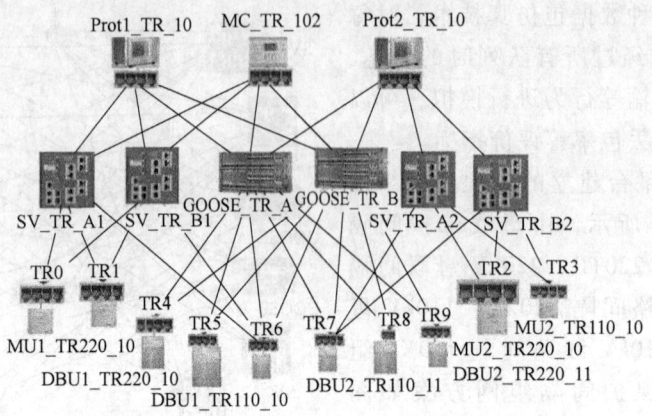

图 10-14 基于 OPNET 的主变间隔模型

周波 80 点，对该网络模型进行通信仿真，并收集网络通信中数据包的时延参数。星形网络下不配置 VLAN 和配置 VLAN 的网络时延如图 10-15 所示。由于 VLAN 减少间隔间广播数据的传输，可以看出设置 VLAN 后网络延时明显减少了，实时性更能得到保证。

节点的通信处理能力和网络带宽是制约网络性能的重要因素，仿真分析表明 100Mbit/s 带宽的以太网可以满足实际的二次系统过程层数据通信要求，可以满足 4ms 的变电站自动化系统中网络通信的"实时性"约束。当 SV 和

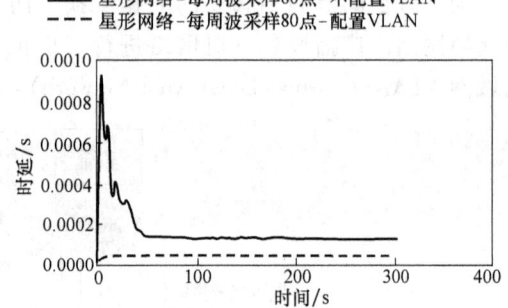

图 10-15 星形网络下不配置 VLAN 和配置 VLAN 的网络时延

GOOSE 报文分网传输时，报文在网络内的传输时延抖动小，突发数据对网络时延影响不大，稳定性好。事实上国内外很多研究表明，如果采用 100Mbit/s 交换以太网技术和虚拟局域网 VLAN 技术，正常情况下网络最大通信时延完全能够满足要求，且有较大的裕度。但是在各种网络异常情况下，如网络中某些节点突然断开、出现数据风暴、由于接入新设备和系统导致网络负荷突然增加等，网络系统是否依然满足实时性有待进一步研究。

三、数据包丢失对保护的影响

智能变电站信息架构采用以太网交换技术，信息流主要有 SV、GOOSE 和 MMS 报文类型。信息流具有明确的信源和信宿，交换机是信息流传输路径分配的载体。SV 报文用来传输电压和电流的采样值信息，具有明显的周期性且数据流量大，对带宽要求高。GOOSE 报文传输服务采用非面向连接的发布者/订阅者通信模型，采用重发机制来提高数据传输的可靠性。MMS 报文既不像 SV 报文具有相对稳定的发送频率，也不像 GOOSE 报文那样有规律的重发，MMS 报文具有突发性和随机性。由于保护对各类报文有明确的传输时延要求，所以信息获取的实时性和信息质量与继电保护的性能密切相关。

数据传输质量问题主要反映为报文传输过程中发生丢包、延时、误码和乱序等现象，甚至短时丢失链路。具体到过程总线而言，SV 和 GOOSE 报文可能受网络带宽和突发性数据的

影响造成丢包和时滞等现象，因而影响保护功能实现。SV 报文数量远大于 GOOSE 报文，占据了过程总线的主要流量，而且不同于 GOOSE 报文采用重发机制保证可靠传输，SV 报文在网络拥塞状态极有可能发生丢包现象，从而影响保护的正确判断。因此，SV 报文尤其是针对差动保护两侧信号传输时产生的丢包和延时问题更受关注。

在丢包或无效帧导致当前采样数据包丢失的情况下，一般采取简单的回避措施，即将保护功能闭锁一段时间，待无效数据移出计算数据窗后开放，若此时同时发生区内故障，将导致保护动作延时或拒动，不利于系统安全稳定运行。采用插值算法是解决此类问题的简单且易于实现的方法。插值算法一般有线性插值、二次拉格朗日插值、三次样条插值等。线性插值算法简单、计算量小、运算速度快。二次拉格朗日插值与三次样条插值算法的插值精度虽高于线性插值算法，但计算量较大且运算时间长。分析和评价不同算法优劣的标准是精度和速度，若要计算精确往往要利用更多的采样点和进行更大的计算工作量，实际应用中有必要在计算速度与计算精度之间有所平衡和取舍。

四、同步技术对差动保护的影响

电流差动保护由于理论上有绝对的选择性而广泛运用为输电线路、变压器、母线等主设备的主保护。电磁式电流互感器在短路电流的非周期分量和铁心中剩磁的影响下，会出现高度饱和，从而引起差动保护（尤其是母线差动保护）误动作。因此保护装置需要设置判别和解决电流互感器饱和的措施，尽管如此，由于 TA 饱和引起的差动保护误动作屡有发生。

Rogowski 空心线圈电流互感器和光学电流互感器，能够彻底解决长期困扰差动保护的饱和问题，从而完善差动保护的性能。尤其是光学电流互感器能够准确测量包含非周期分量、基波和各次谐波的故障电流全波形，有可能实现保护原理和性能的突破。

然而，电气信息数字化采集和传输方式也给差动保护带来了影响。差动保护正确动作的前提是被保护元件各端的电流量必须是同时刻采集的，即要保持严格同步。

在常规变电站内，对于变压器、母线差动保护，由于各侧电流通过二次电缆以硬连接的方式直接接入保护装置，各侧电流量的采集在保护装置内可以实现同步。对于输电线路的光纤差动保护，通过采样时刻的调整可以使线路两侧保持采样同步，虽然该方法的实现要求光纤收发信号通道时延相等，不适于可自愈光纤通信网络，但采样时刻调整法不依赖于外部设备，符合继电保护可靠性要求，国内主流继电保护产品无一使用 GPS 同步采样方式。

智能变电站的变压器、母线和线路差动保护要求各侧的 MU 同步采样，目前采样同步依赖于 GPS，存在安全风险，显然降低了保护的可靠性。由于采样数据目前是从合并单元单方向传输至保护装置，合并单元不接收保护装置的控制命令，所以不能采用采样时刻调整法实现数据同步。

对基于 IEC61850-9-2 标准的采样值组网传输方式，可以实现高度的数据共享，为面向系统实现保护功能集约化提供了可能性，为电力系统继电保护技术和架构体系的突破提供了契机。但在实现跨间隔数据共享的同时也必须解决过程层采样同步的问题，由于采样数据从 MU 经以太网传输到保护装置的时延存在不确定性，不能采用插值的方式进行同步，除非通过网络技术实时获得每一帧数据的传输延时。

第四节 层次化保护与控制体系

目前，在组网传输采样值时，时钟同步的精度和同步网络的可靠性，以及网络冲突、网络延时和通信质量均可能对变电站继电保护系统的安全性、可靠性构成严重影响。由于对信息网络的可依赖性存在不确定性，目前智能变电站保护控制系统在很大程度上仍沿用传统的设计思路，国家电网公司《智能变电站继电保护技术规范》规定保护仍采用"直采直跳"模式，以保证电网第一道防线的安全可靠。

智能变电站内信息共享使得控制和保护功能可以一定程度上集成化，面向变电站整体设计，解决诸如过负荷、后备保护、数据失真、装置失效和共享备用等问题，实现性能和效益的提升。但是信息的过度集中，将给网络处理设备带来压力，也会使信息汇集设备的可靠性备受挑战而成为薄弱环节。有必要在快速有效的就地方案和整体优化方案之间进行合理取舍和协调配合，从而提升整个系统的安全可靠性。

在信息共享的背景下，智能变电站继电保护实现的集约度既取决于保护功能的组织模式，也取决于网络性能和可靠性。有必要探索保护控制的新型组织形态，关键是满足实时性、可靠性和安全性的问题本质和约束条件。信息流分布与保护控制的组织形态密切相关并相互影响制约，在选取合适的信息汇聚度和保护功能集约度时，应研究这一制约的平衡点和边界点。

新一代智能变电站建设针对继电保护和安全自动控制技术提出了层次化保护控制体系架构。层次化保护控制体系是指综合应用电网全网数据信息，通过多原理、自适应的故障判别方法，实现保护在时间维度、空间维度和功能维度的协调配合，提升继电保护性能和系统安全稳定运行能力。层次化保护控制由就地保护、站域保护控制和广域保护控制三个层次组成，其体系架构如图10-16所示。

就地级保护面向单个被保护对象，利用被保护对象自身信息独立决策，实现可靠、快速地切除故障。站域级保护控制面向变电站，利用站内多个对象的电气量、开关量和就地级保护设备状态等信息，集中决策，实现保护的冗余和优化，完成并提升变电站层面的安全自动控制功能，同时可作为广域级保护控制的子站。广域级保护控制面向区域多个变电站，利用各站的综合信息，统一判别决策，实现相关保护及安稳控制等功能。在智能变电站内实现就地保护和站域保护控制两个层次。

1. 就地保护

保护按间隔独立分散配置，其正确性已为长期的运行实践所证实。智能变电站就地保护（尤其是主保护）仍然按被保护对象配置，采用成熟的保护配置方案，符合现有的规程和规定。就地级间隔保护宜靠近被保护设备安装，缩短与被保护设备的距离，尽可能实现保护装置的就地化布置。

2. 站域保护控制

站域保护控制可以获取多个间隔或全站信息，对现有保护系统进行补充或优化，可靠性原则以防止误动为主。同时可实现全站备用电源自动投入、低频低压减载、断路器失灵等安全自动控制功能。站域保护控制装置在变电站的三层结构中，仍属于间隔层设备，接入变电站过程层的SV和GOOSE网。

第十章 智能变电站的继电保护

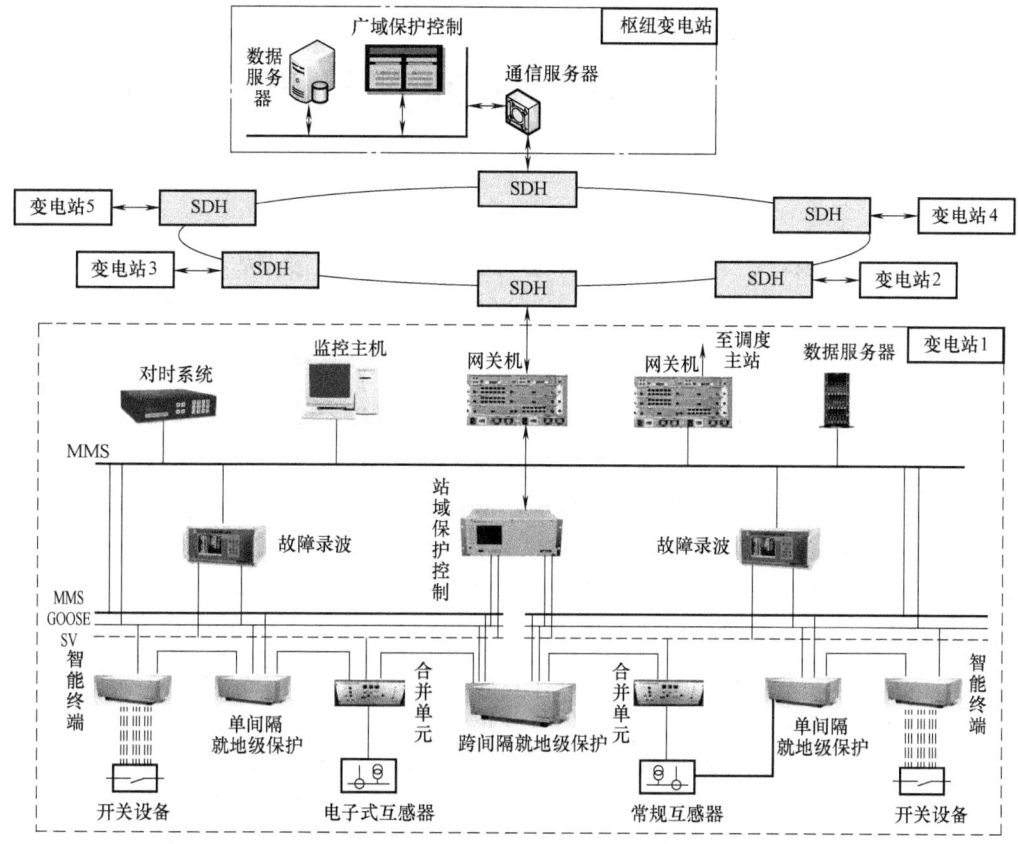

图 10-16 层次化保护控制体系结构

广域保护控制功能将在下一章介绍。就地间隔保护、站域保护控制和广域保护控制，构成完整的层次化保护系统，如何使三者有机结合，既保证间隔功能的独立性和可靠性，又提高站域保护和广域保护的安全性，还需要进一步的研究以形成合理的配置方案。

习题与思考题

1. 解释智能变电站的三层两网结构。
2. 列举智能变电站的站控层、间隔层和过程层的典型设备。
3. 分析 IEC61850 如何通过面向对象的建模技术，实现设备的"自我"描述的？
4. 以距离保护为例，简述保护功能、逻辑节点和物理设备的关联关系。
5. 什么是抽象通信服务接口 ACSI 和特定通信服务映射 SCSM？二者有何关系？
6. 什么是变电站自动化系统配置描述语言 SCL？描述变电站系统与设备具体有哪几个配置文件？
7. 智能变电站的继电保护系统与常规继电保护系统有何区别？除了保护装置还包括哪些设备？
8. 与智能变电站继电保护相关的报文类型主要有哪几种？对每种报文具体的传输时间要求如何？
9. 解释层次化保护控制体系的三层结构。

第十一章 电力系统的广域保护控制

第一节 广域保护控制的功能实现

一、广域保护控制的定义

长期以来，继电保护系统采用面向保护对象设置，在被保护设备发生故障时及时切除故障元件，保证电力系统中其他非故障元件可以正常运行。对于一个显然是安全的系统，任何一种单一的故障都不会造成全系统的破坏。系统破坏往往是由于几种情况相叠加使网络超出其承受能力而造成的，严重的自然灾害（如飓风、大暴风雨或冻雨）、设备失效、人为过失以及设计不当等合并发生时，使得电力系统变得脆弱并可能最终导致系统破坏。这种情况可能造成连锁停电，因此必须将其限制在系统的局部范围内以避免大范围停电。

电力系统控制用于维持电力系统运行在正常的电压和频率水平下，能够适应不断变化的负荷有功和无功功率需求，同时保持电网的最优运行和安全可靠性。控制系统设计是分层分布式的，由本地和各层控制中心实现，本地控制器直接作用于各单独系统元件，而各个厂站控制器受控制中心的系统控制器监控。对于就地继电保护装置而言，保护功能的反应时间一般比控制功能的要快。而且继电保护装置动作于跳闸和合闸断路器，会改变电力系统结构，而控制功能一般通过连续的动作措施来调整电力系统运行状态，如改变系统电压、电流和潮流等。

我国电力系统为保证安全运行普遍配置应用了防御严重事故的"三道防线"。第一道防线保证系统在正常运行时有一定的安全裕度，在常见的适度故障情况下能够保持稳定和不损失负荷；第二道防线保证系统在较严重故障情况下不至于发生稳定性破坏和事故扩大；第三道防线保证系统在极端严重故障情况下不至于崩溃以及发生大面积停电。总体而言，电力系统第一道防线继电保护和第二、三道防线安全稳定控制系统功能定位明确、界面清晰，但在配合方面还存在不足。继电保护基于本地和就近信息，反映的只是一个电力元件或就近局部的运行状态，不能反映较大区域电网当前运行方式下的安全运行水平。继电保护以切除故障元件为目标，有时会出现保护装置正确动作切除故障，但由于潮流转移造成其他线路过负荷，从而引起过负荷线路的连锁切除，而最终使得系统瓦解的情况。因此继电保护需要优化自身判据并和稳控配合，防止事故过负荷情况下不必要的动作。

广域保护控制可定义为依赖电力系统广域多点的信息，优化或补充现有保护系统性能与功能，对故障进行快速、可靠、精确地切除，同时分析故障切除对系统安全稳定运行的影响，并采取相应的控制措施，以提高输电线可用容量或系统的可靠性，综合实现继电保护和控制功能的系统。

广域保护控制是以保护整个系统或者其中某一部分为目的，而不是传统意义上只针对特定元件的保护。广域保护的动作时间范围一般在 0.1 ~100s 之间，典型的控制措施包括低频减载、低压减载、失步跳闸与闭锁、切除发电机、远程切除负荷、系统解列和 FACTS 控制等。110kV 及以下电压等级的广域保护控制，侧重于实现局部电网的继电保护功能。220kV 及以上电压等级的广域保护与控制，以区域稳控系统为主体，增强安全稳定控制性能，扩展智能化高级应用功能（如精确切负荷等），加强与第一道防线（继电保护）的协调配合。

所以，智能电网下的层次化保护控制架构体系由就地保护、站域保护控制和广域保护控制三个层次组成。三个层次中的继电保护功能协调配合，提升继电保护系统总体可靠性、选择性、灵敏性和速动性；继电保护与安全稳定控制功能协调配合，加强了电网第一道防线与第二、三道防线之间的协作，构建更严密的电网安全防护体系。

二、广域保护控制的功能

广域保护控制面向多个变电站，利用各站的综合信息，统一判别决策，实现相关保护及安稳控制等功能。广域保护控制主要着眼于电网运行中的以下问题：

（1）安全稳定控制优化　对 220kV 及以上系统，侧重安全稳定控制功能，实现具有相关性的区域安全稳定控制系统间的协调，实现第三道防线低频减载和低压减载的区域智能分配，实现复杂联网条件下的多端面失步解列协调控制，实现交直流联网情况下的交直流协调控制，实现广域范围的变电站间备用电源自动投入。

（2）继电保护与安全稳定控制的协调　继电保护系统以切除故障元件为目标，和安全稳定控制之间相对独立，相互协调不足，未考虑故障切除对电网稳定运行的影响。广域保护利用网络通信和区域信息实现区域保护和安全稳定控制系统的协调配合，可避免可能引发电网稳定事故的连锁跳闸的问题。

（3）现有保护系统的补充优化　对 110kV 及以下电压等级电网，侧重局部电网的继电保护功能。广域保护控制系统可构建基于广域信息的局部电网的冗余保护；对于运行方式复杂的电网，后备保护动作时间可能较长，存在灵敏性和选择性无法兼顾问题，而利用局部电网信息可简化后备保护配合，缩短后备保护的动作时间。

（4）保护定值优化　继电保护动作判据多基于本地测量数据，保护定值事先离线整定，难以适应不断变化的电网运行方式要求，对此可利用区域电网信息识别电网的拓扑结构和运行状态，优化后备保护的定值。

三、广域保护控制的实现

广域保护控制系统可由布置在变电站的子站经电力通信网络连接组成，在目前的电力系统中可以借助于广域测量系统（Wide Area Measurement System，WAMS）实现。基于全球定位系统（Global Positioning System，GPS）和相量测量单元（Phasor Measurement Unit，PMU）的广域测量系统 WAMS 为电力系统动态行为的实时监测提供了可能性。WAMS 是一个覆盖范围广、采集终端分散的广域分布的大型系统，系统采集的相量数据从各个分散的变电站/发电厂传送到调度中心需要经过广域通信网络。广域通信网络是 WAMS 不可或缺的、重要的组成部分，是 WAMS 采集终端与监控中心之间的纽带，是实现全网实时动态安全监测的基础。

电力通信近年来已普遍使用架空地线复合光缆（OPGW）、全介质自承式（ADSS）光纤线路或专用光纤线路，采用同步数字体系（Synchronous Digital Hierarchy，SDH）或异步传输模式（Asynchronous Transfer Mode，ATM）等协议，采用 2Mbit/s 数字通信接口，使控制系统的实时测量数据传输、控制信号传输的总传输时延降低到毫秒级。在速度、数量和质量方面都能满足紧急控制的要求。

为实现广域保护控制功能，保护控制中心需要从 PMU 收集电力系统的各种实时数据，对数据进行汇集、过滤、处理，及时检测出广域扰动，并把相应的控制命令发送到保护控制终端。因此，广域保护控制至少需要两种消息的传输：原始数据的上传和控制命令的下发。在此基础上可以实时监视系统的动态行为和事故录波，提高系统状态估计精度，进行系统稳定性分析，以及实现系统失步解列等保护控制方式。

广域保护控制是针对广域扰动的保护控制系统。广域扰动按其现象可以分为功角失稳、电压失稳、过负荷、电力系统连锁故障等，广域保护应实现的功能也可以对应地分为功角稳定的保护控制、电压稳定的保护控制、过负荷和连锁故障保护控制等。不同的广域保护控制功能对同一类消息的实时性要求是不同的，功角稳定保护控制是针对暂态稳定的，被认为是对广域保护控制系统响应时间最严格的考验。考虑最恶劣的情况，失步保护需要在功角失稳开始后 0.5s 之内动作，才能可靠地保持系统稳定。

第二节 电力系统的运行状态和控制策略

为了描述电力系统安全稳定水平以及合理地设计控制系统，在概念上可以将系统运行条件分为以下 5 种状态，这就是：正常、警戒、紧急、极端（或称极端紧急）和恢复状态，电力系统运行状态及状态转移路径如图 11-1 所示。

1. 正常状态（normal state）

电力系统的正常状态应为能够保持充裕性和安全性的运行状态。所有系统变量都在其额定范围内，没有过负荷的设备，系统能够供应全部负荷并有足够的稳定储备和有功、无功备用容量。系统运行于一种安全的方式下，能够承受偶然事故而不超出任何约束条件。

如果正常运行时出现大扰动事件，使系统的安全水平下降到低于某一适当的界限，或者由于不利的天气条件如特大暴风雨而使故障干扰的可能性增加，则系统进入警戒状态。

2. 警戒状态（alert state）

电力系统的警戒状态也称为潜在不充裕和/或不安全状态。在这种状态下，所有的系统变量仍在允许的范围内，所有的约束条件都能得到满足，然而此时系统已到了很脆弱的程度，系统的稳定储备和备用容量降低，从而进入一个潜在不够安全的状态。在警戒状态下，应及时采取预防性控制措施，如改变发电出力（安全调度）或增加备用容量等，消除潜在的不安全因素，使系统恢复到正常状态。如果恢复的步骤不能成功，则系统仍将处于警戒状态。

如果在系统处于警戒状态时发生了一桩足够严重的扰动事故，则系统进入紧急状态。如果这一故障干扰非常严重，则可能使系统从警戒状态直接导致出现极端状态。

3. 紧急状态（emergency state）

在紧急状态下，许多母线的电压降低并且/或者设备负荷超出其短时紧急额定值。此时，系统仍然是完整的，但是出现稳定危机，应立即采取适当的紧急控制措施以保持系统稳定性和主电网完整性，防止设备损坏和系统状态进一步恶化，但允许损失部分负荷。

采取紧急控制措施，如：故障清除、励磁控制、快关汽门、切机、再投入发电机、

HVDC 调制以及减负荷后，仍可能将系统恢复到警戒状态。如果以上措施未能采取或者不能奏效，则系统将处于极端状态。

4. 极端状态（extreme emergency state）

也称极端紧急状态，此时系统难以保持稳定运行，其结果是连锁反应停电并可能使系统的主要部分停机。在此状态下，部分母线电压和系统频率可能严重超越允许范围，部分系统元件的负载可能严重超出其额定值而中断供电，系统稳定破坏而进一步扩大事故，甚至造成系统崩溃。对于出现这类极端严重事故，要求保证系统同步稳定性和完整性是困难的，有时甚至是不可能的。必须采取有效控制措施如切机切负荷以及在适当地点解列系统，其目的是将系统中尽可能多的部分从大范围的停电中挽救过来，不造成大面积停电。

5. 恢复状态（restoration state）

恢复状态表示为了重建电力系统充裕度正在采取控制措施的情形，以便将所有设备重新接入并恢复系统负荷。采取的控制措施包括发电机快速起动、同步并列、输电线重新带电、负荷再供电和电力系统解列的部分再同步运行等。根据系统的条件，系统可从这一状态转移到警戒状态或者正常状态。

为了可靠供电，一个大规模电力系统必须保持完整并能承受各种干扰。因此，系统的设计和运行应使系统能承受更多可能的故障而不损失负荷（连接到故障元件的负荷除外），能在最不利的可能故障情况下不致产生不可控的、广泛的连锁反应式的停电。控制目标取决于电力系统的运行

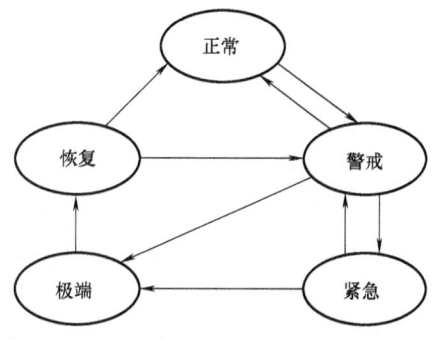

图 11-1 电力系统运行状态及状态转移路径

状态。在正常运行方式下，控制的目标是使电压和频率接近额定值以使运行尽可能有效率；当非正常状态发生时，新的控制目标必须是使系统恢复到正常运行状态。

第三节 电力系统稳定性概述

稳定性（或失去稳定性）是电力系统运行中最被关注的问题。电力系统稳定可以概括地定义为这样一种电力系统的特性，即它能够运行于正常运行条件下的平衡状态，在遭受干扰后能够恢复到可以容许的平衡状态。

根据系统结构和运行模式的不同，电力系统不稳定可以通过不同的方式表现出来。传统上，稳定是一个维持同步运行的问题。因为系统一直以额定频率运行，因此所有与电力系统相连接的（同步）发电机均以同一平均速率同步运转。这一稳定的状况受发电机转子角的动态和功角关系的影响。当负荷和网络结构不断发生随机变化的时候，会给系统带来小扰动，这时发电机调速器将起到保证发电机转速接近额定值运行的作用。当故障发生在主要的电气设备如输电线路或者变压器上时，引起的扰动将不再是小扰动，发电机转子角度严重振荡，随之产生严重的系统潮流振荡。发电机的这种动态变化过程非常复杂，习惯上采用三种分类方式进行描述：

（1）静态稳定性 指电力系统能持续运行在它当前的状态下，微小缓慢的系统负荷变

化会导致运行点的微小改变。当负荷缓慢少量增加时，一个静态不稳定系统会从运行点处偏移到非同步运行状态。静态稳定性与功角特性曲线的斜率和峰值有关。

（2）动态稳定性　指电力系统的一个微小的扰动将带来随时间衰减的振荡，使系统返回到扰动前的运行状态。一个动态不稳定的系统，将产生随时间增长的振荡，要么变成无限大，要么导致有限的持续振荡。

（3）暂态稳定性　指电力系统在一个大的扰动（如由故障引起的扰动）之后，将返回到同步运行状态。一个暂态不稳定的系统会由于故障而失去同步，发电机组将超过或低于同步转速运转。

在这三种稳定概念中，静态稳定和暂态稳定与电力系统保护设计最直接相关。而动态稳定在很大程度上取决于电力系统中的各种可控设备（主要是大型发电机的励磁系统）的增益和时间常数。

事实上不失去同步也可能产生不稳定。例如，由一台同步发电机向一台感应电动机负荷通过一条输电线供电的系统，可因负荷电压的崩溃而变得不稳定。这种情况下保持同步不成为问题，所关心的问题是电压稳定和控制。这种形式的不稳定性也可能在大系统向一广大区域负荷供电的情况下发生。

电力系统的稳定性是机组、电网和负荷的整体特性，系统对扰动的响应涉及大量设备。例如短路发生在关键元件上随后被继电保护装置动作所隔离，这将造成功率传送、发电机转速和母线电压的变化；电压变化将使发电机和输电系统的电压调节器动作；转速变化将使调速器动作；联络线上负荷的变化可引起发电控制的响应；而电压和频率的变化则取决于各负荷的特性从而对系统的负荷产生不同程度的影响。

根据系统结构和运行模式的不同，电力系统不稳定可以通过不同的形式表现出来并受广泛的因素影响，通常可以做出很多假定来简化问题，从而可以凸显某些特定稳定问题的关键特质。根据造成不稳定现象的物理本质、扰动的大小及与此相应的分析方法、稳定问题所涉及的设备和控制过程以及时间范畴，可以将电力系统稳定问题进行分类。2003 年 IEEE（电气及电子工程师学会）和 CIGRE（国际大电网会议）定义电力系统稳定性为：电力系统在给定的初始运行工况下，承受一个物理扰动后能够返回到平衡状态运行的能力，该平衡状态大多数系统变量受到约束因而实际上整个系统保持完好。具体的稳定性分类如图 11-2 所示。

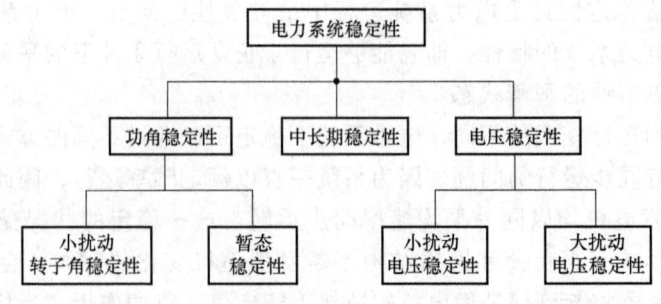

图 11-2　电力系统稳定性分类图

1. 转子角稳定性（rotor angle stability）

转子角度稳定性是电力系统中互联的同步发电机保持同步运行的能力，也称功角稳定性。其基本因素是同步发电机的功率输出随其转子摇摆变化的关系（即所谓的功角关系），系统的稳定性取决于转子角度的变化能否产生足够的、能使机组保持或恢复同步运行的转矩。电力系统发生扰动后，同步发电机的电磁力矩变化量分为两部分，可用下式表示：

$$\Delta T_e = T_S \Delta \delta + T_D \Delta \omega \tag{11-1}$$

式中，$T_S \Delta \delta$ 为与转子角增量 $\Delta \delta$ 同相的转矩增量，称为同步转矩分量；$T_D \Delta \omega$ 为与转速增量 $\Delta \omega$ 同相的转矩增量，称为阻尼转矩增量；T_S 和 T_D 分别为同步转矩系数和阻尼转矩系数。

缺乏足够的同步转矩导致非周期的不稳定，缺乏阻尼转矩则会导致振荡不稳定。根据干扰特性，通常将转子角稳定现象分为小信号（小扰动）稳定和暂态（大扰动）稳定两种。

（1）小扰动转子角稳定性（small-signal or small-disturbance rotor angle stability） 顾名思义，小扰动（或小信号）转子角稳定性是电力系统在小扰动下保持同步运行的能力。由于扰动足够小，可以采用近似线性化方法对系统进行分析。小扰动稳定性问题通常与振荡阻尼不足有关，即由于缺乏足够的阻尼转矩使转子角增幅振荡而失去稳定，又称为失去振荡稳定性（oscillatory stability）。它的性质可能是局部的，或者是全局的。局部问题通常只涉及个别发电厂的机组与系统中其余机组的摇摆模式，振荡频率通常在 0.7~2.0Hz 范围内，这种本地模式（local mode）的振荡稳定性主要取决于输电系统的强度、励磁控制系统和电厂的输出。全局问题是由大型发电机集群间互相作用产生，涉及系统中一个机群对另一个机群的摇摆模式，这种区间模式（inter-area mode）的振荡通常是由于紧密连接的两组或多组发电机通过弱联络线互联而造成的，振荡频率一般在 0.1~0.7Hz 范围内。本地和区间模式又常称为低频振荡、功率振荡和机电振荡。研究小扰动稳定性的时间跨度约为扰动后的 10~20s，可认为是短期现象。

（2）暂态稳定性（transient or large-disturbance rotor angle stability） 暂态（大扰动）转子角稳定性是电力系统遭受严重暂态扰动下保持同步运行的能力。由于扰动大，一般不能采用近似线性化分析方法。暂态稳定性取决于初始运行工况、扰动的严重程度和系统对扰动的响应方式。大扰动发生后，系统的保护和控制措施会起作用，切除故障设备，甚至在紧急情况下会切除机组或/和负载，使系统的运行方式发生变化。

一般采用数值计算的方法得到暂态过程的功角随时间的变化曲线，图 11-3 为系统遭受大扰动后同步发电机转子角 δ 的三种变化趋势，分别对应暂态稳定的三种情况。在稳定情况（曲线 1）下，转子角增加到最大值后开始减小并减幅振荡直至达到稳定状态；曲线 2 情况下转子角持续增大并最后失去同步，这种失稳形式称为第一摆不稳定（first-swing unstability），通常是由于同步转矩不足造成的；曲线 3 情况下第一摆是稳定的，但由于振荡幅度逐渐增大而最终失去稳定性，这种形式的不稳定一般是由于扰动后的状态下系统自身小信号不稳定造成的，而不是暂态扰动的必然结果。

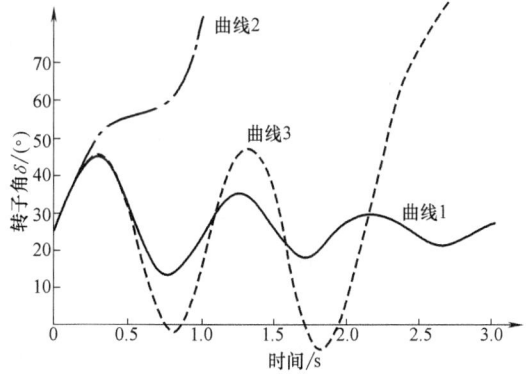

图 11-3 系统遭受大扰动后同步发电机转子角随时间的变化曲线

在大型电力系统中，暂态失稳并非总是第一摆失稳的形式，机组转子角的变化往往是由多种模式叠加而形成的。研究暂态稳定性的时间跨度约为扰动后的 3~5s，在特大系统并有区间振荡时可能扩展至 10~20s，可认为是短期现象。

2. 电压稳定性（voltage stability）

电压稳定性是电力系统在正常运行条件下和遭受扰动之后系统所有母线都持续保持可接受电压的能力。当有扰动、负荷增加或系统条件改变造成渐进的、不可控的电压降落，则系统进入电压不稳定状态。造成不稳定的主要因素是系统不能满足无功功率的需要，问题的核心是系统（包括负荷）的无功功率特性。电压稳定性可分为小扰动和大扰动两种。

（1）小扰动电压稳定性（small-disturbance voltage stability） 小扰动电压稳定性是指系统在给定工况下响应负荷缓慢变化等小干扰时控制系统电压的能力。小扰动电压稳定性本质上是属于系统的稳态特性，可采用近似线性化分析，通过观察小信号线性动态模型的特征值是否具有负的实部来判断系统的稳定性，并可用静态稳定分析手段来确定稳定裕度，识别影响稳定的因素以及检验系统运行条件和故障后运行方式。

（2）大扰动电压稳定性（large-disturbance voltage stability） 大扰动电压稳定性是指系统在发生故障、切机等大扰动之后系统控制电压、维持正常运行的能力。这种能力是由系统-负荷特性、连续和离散的保护与控制的相互作用所决定的。大扰动稳定性的判定是在给定的扰动下，考虑足够长的时间（数秒到数十分钟）内系统的非线性动态特性，以及有载调压变压器（On-Load Tap Changer，OLTC）和机组励磁电流限制器等控制装置的相互作用，通过动态仿真确定所有的母线电压是否达到可接受的稳定水平。

电压不稳定本质上是一种局部现象，然而它的后果却会给系统带来广泛影响。电压崩溃（voltage collapse）则比简单的电压不稳定更复杂，通常是伴随电压不稳定而导致系统中相当大部分地区出现低电压乃至大范围的停电（blackout）。

电压不稳定并不总是以其单纯的形式发生，而经常与转子角不稳定同时发生。一种形式的不稳定性可导致另一种，而且其区别可能并不明显，例如，当两组发电机之间的转子角逼近或超过 180°而逐渐失步时，网络中的电气中心点会出现很低的电压；相反地，当由于电压不稳定引起电压持续降落时系统却仍然可能保持转子角的稳定性。因此深入理解转子角稳定和电压稳定问题的本质，以设计适当的运行方式和控制措施是非常必要的。电压稳定的分析可能需要从几秒至几十分钟，因而可以是短期现象，也可能是长期现象。

3. 频率稳定性（frequency stability）

频率稳定性是电力系统由于发电和负荷显著不平衡导致严重系统故障后保持静态频率的能力。该能力取决于保持/恢复系统发电和负荷的平衡。不稳定可能以频率持续下降或持续摆动引起发电机组或负荷跳闸的形式发生。

互联电网故障解列容易造成发电和负荷的严重不平衡，从而使频率大幅度偏移。系统严重故障而形成连锁反应跳闸时，造成系统不可控的无序解列，可能导致频率大幅度波动。因此保持/恢复系统频率稳定的能力取决于促使发电和负荷平衡的控制作用（如低频切负荷、原动机调速器控制等）的结果。频率偏移过程和控制装置作用的特性时间可以从几分之一秒（对应诸如低频切负荷、发电机控制和保护装置的响应时间）至若干分钟（对应诸如原动机调速器、负荷电压调节器的响应时间）。故频率稳定性可能是短期现象，也可能是长期现象。

第四节 暂态稳定性和失步解列

有关发电机励磁电流下降及失去静态稳定的内容已经在发电机的失磁保护中作过详细阐述，此处不再赘述。但是需要注意的是，系统的静态稳定极限是随着系统运行状态的变化而变化的，当发生级联事故且系统开始失去输电能力时，变弱的系统将直接表现为系统等效阻抗变大，因此，按系统正常运行条件整定的失磁保护无法对系统状态进行正确判断，有可能失磁保护不动作可是系统已经进入不稳定的运行状态，有必要根据特殊运行状态下系统等效阻抗的变化对失磁保护做相应调节。

电力系统故障引起功角稳定破坏后的失步状态，可能出现电流和功率的严重振荡，给电气设备造成巨大冲击，本书前面已经分析了电力系统振荡对距离保护的影响以及发电机的失步保护原理，下面从系统稳定性的角度来分析失步状态和失步保护控制原理。

我国将防止稳定破坏作为系统故障时的第二道防线，在系统中普遍设置了各种防御稳定破坏的安全稳定装置。但是，即使采取了各种提高稳定性的措施，在极端严重和多重故障情况下，仍然不可能绝对保证稳定不致破坏。因此，当稳定破坏时，必须迅速采取措施消除电力系统的失步状态。消除电力系统失步状态就是将失步的系统各部分解列运行，称为失步解列，是减轻失步造成的后果和防止大面积停电的重要措施。

一、暂态稳定性

考虑如图 11-4a 所示的简单的双机系统。发电机内部电压是 $\dot{E}_s$ 和 $\dot{E}_r$，发电机的阻抗是 X_s 和 X_r，发电机内电压和电抗的取值取决于所分析的情况，在静态分析中，使用励磁电动势 $\dot{E}_f$ 和同步电抗 X_d；而在暂态分析时，则用暂态电势 $\dot{E}'_q$ 和暂态电抗 X'_d。以接收端电压 $\dot{E}_r$ 为参考矢量，即 $\dot{E}_r = E_r \angle 0°$，$\delta$ 为发电机内部电压 $\dot{E}_s$ 超前 $\dot{E}_r$ 的角度，有 $\dot{E}_s = E_s \angle \delta$，事实上电压 $\dot{E}_s$ 的相角 δ 代表其发电机转子的位置。电力系统的戴维南等效阻抗是 X_t，则发电机内部母线之间的总电抗是 $X = X_s + X_t + X_r$。在母线 S 或母线 R 端的发电机机端功率输出为

$$P_e = \frac{E_s E_r}{X} \sin\delta \qquad (11-2)$$

设发电机输入的机械功率是 P_m，作用于发电机转子上的加速功率 P_a 是指发电机输入的机械功率 P_m 与输出的电磁功率 P_e 之间的差。当电网发生扰动时（如故障及其切除），则加速功率不为零。加速功率使发电机转子发生相对运动，按照牛顿定律，其标幺值形式的转子运动方程为

$$\frac{2H}{\omega_s} \frac{d^2\delta}{dt^2} = P_a = P_m - \frac{E_s E_r}{X} \sin\delta \qquad (11-3)$$

式中，ω_s 为发电机的同步转速；H 是发电机的惯性常数，定义为发电机同步转速时储存在转子中的动能除以发电机的额定容量，惯性常数的单位是 s，对于常规蒸汽轮机发电机，惯性常数的值为 4~10s；对于水轮发电机，惯性常数值为 2~4s。

正常运行时，发电机处于稳定状态，电磁输出功率和机械输入功率达到平衡，加速功率

为 0，此时发电机转子角为 δ_0，有

$$P_a = P_m - \frac{E_s E_r}{X}\sin\delta_0 = 0 \tag{11-4}$$

【例 11-1】 已知一个 1000MV·A，34.5kV 的发电机，其同步电抗额定标幺值为 0.6pu，发电机的惯性常数在其自身额定容量下的标幺值为 7s。发电机通过一个 1000MV·A 的变压器与系统相连，变压器漏抗的额定标幺值为 0.1pu。设系统的基准功率为 100MV·A，其等效阻抗的额定标幺值为 0.2pu。令初始功率输出为 200MW（标幺值为 2.0pu），设机端和系统电压均为 1.0pu，试计算发电机运行在稳定平衡状态时的 δ_0，以及在平衡点处发生小扰动时的振荡频率。

解： 以 100MV·A 为基准功率，将所有参数转换为基准功率 100MV·A 下的标幺值。发电机和变压器的电抗标幺值为 $X_s = 0.6 \times 100/1000 = 0.06\text{pu}$ 和 $X_t = 0.1 \times 100/1000 = 0.01\text{pu}$，且有 $X_r = 0.2\text{pu}$，即 $X = 0.27\text{pu}$。对于系统基准容量为 100MV·A 时发电机的惯性常数变为 $H = 7 \times 1000/100\text{s} = 70\text{s}$。

则根据式（11-4）可以得到初始转子角 δ_0，即

$$2.0 = \frac{1}{0.27}\sin\delta_0 ; \text{ 有 } \delta_0 = 32.68°$$

对于工频为 50Hz 的系统，同步转速为 314rad/s，则发电机的转子运动方程为

$$\frac{2 \times 70}{314}\frac{d^2\delta}{dt^2} = P_a = 2.0 - \frac{1}{0.27}\sin\delta$$

即

$$0.446\frac{d^2\delta}{dt^2} = 2.0 - 3.704\sin\delta$$

当在 δ_0 附近发生小扰动时，可以用 $\delta_0 + \Delta\delta$ 代替上式中的 δ，通常假设 $\Delta\delta$ 很小，可以认为 $\sin\Delta\delta \approx \Delta\delta$，以及 $3.704\sin\delta_0 \approx 2.0$，忽略其中的二阶项 $(\Delta\delta)^2$，则可得到

$$0.446\frac{d^2\Delta\delta}{dt^2} = -3.704 \times \cos\delta_0 \times \Delta\delta = -3.117\Delta\delta$$

因为振动体的运动规律满足

$$\frac{d^2x}{dt^2} + \omega^2 x = 0$$

所以此时的振荡角频率为 $\omega = \sqrt{3.117/0.446}\text{rad/s} = 2.64\text{rad/s}$，振荡频率为 0.42Hz，这样的振荡频率是大型发电机通过弱联络线与系统互联时，受到小扰动或在发生故障和断路器动作后的机电振荡（或称"摇摆"）的典型模式。

当电力系统发生故障时，静态平衡会被破坏，两发电机之间的等效电抗发生改变，并且在故障切除后会再次改变。由于转子角是状态量不能瞬间变化以补偿电抗改变，于是转子受到一个加速转矩的作用，该转矩大小取决于功角 δ。在双机系统中可由等面积定则来判定系统的暂态稳定性。

假设发电机机端 k 点发生三相短路，则发电机输出功率变为零，输入功率来不及变化仍然等于 P_m，如图 11-4b 所示。在加速转矩的作用下，转子角将增大，直到故障被断路器 QF 切除为止。此时转子角为 δ_c。故障被切除后，由于 δ_c 大于 δ_0，所以电磁功率 P_e 比 P_m 大。

此时转子开始减速，转速将在 δ_m 时达到最大值然后开始减小。转子这种运行规律遵循的准则叫作"等面积定则"，指的是当转子转速达到最大时，功角特性图中转子加速面积刚好等于转子减速面积。

从图 11-4b 中可以清楚地看出，最大减速面积与 δ_m 相关，δ_m 的最大角度可取到 $\pi - \delta_0$。如果加速面积比最大减速面积小，则转子的振荡是稳定的，如图 11-3 中的曲线 1。否则，振荡是不稳定的，转子角将无限增大，发电机将失去同步，如图 11-3 中的曲线 2。

应该记住，等面积定则只适用于通过阻抗相连的双机系统，而对于复杂的电力系统，则需要借助其他的分析技术，如暂态稳定仿真程序。不过转子的运动行为总是可以被分为截然不同的两类：稳定和不稳定，失步保护就需要检测暂态不稳定状态并采取适当措施。

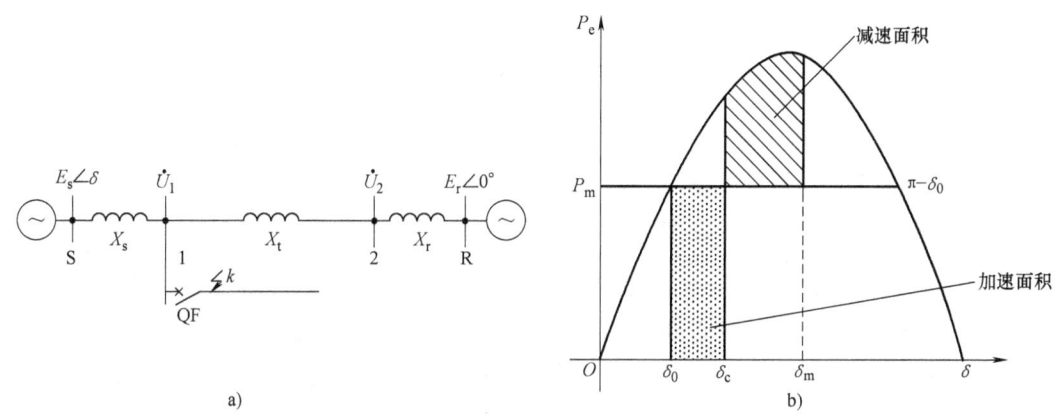

图 11-4　暂态稳定的等面积定则
a）系统结构　b）故障时和故障被切除后的功角曲线

二、振荡时的系统特征

电力系统受到扰动时会发生振荡，而即使发生振荡系统也可能是稳定的，失步保护只是在系统发生不稳定摇摆时才解列系统。所谓稳定振荡表现为转子角在一定的范围内来回变化，而不稳定的振荡，则转子角逐渐增大（或减小），也称失步。以图 11-5 所示的双机系统为例，由于电动势 $\dot{E}_s$ 的相角 δ 代表其转子的位置，正是这个角度在摇摆期间发生变化。电力系统振荡时电流和电压的变化规律以及对保护测量阻抗的影响已在第四章进行了分析，这里再作简单解释以配合失步保护原理分析。

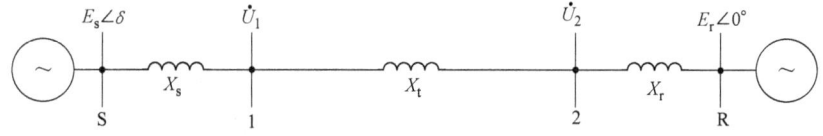

图 11-5　双机系统接线图

线路中的电流为

$$\dot{I} = \frac{\dot{E}_s - \dot{E}_r}{\mathrm{j}(X_s + X_t + X_r)} = \mathrm{j}B(\dot{E}_r - \dot{E}_s) \tag{11-5}$$

式中，B 是总电纳。同样设 $\dot{E}_r$ 为参考矢量，则母线电压 $\dot{U}_2$ 由参考矢量可计算出

$$\dot{U}_2 = \dot{E}_r + jX_r\dot{I} = \dot{E}_r + \frac{X_r}{X_s + X_t + X_r}(\dot{E}_s - \dot{E}_r) \tag{11-6}$$

或

$$\dot{U}_2 = (1 - k_2)\dot{E}_r + k_2\dot{E}_s,\ \text{其中}\ k_2 = \frac{X_r}{X_s + X_t + X_r} \tag{11-7}$$

同理母线电压 $\dot{U}_1$ 由参考矢量计算可得

$$\dot{U}_1 = (1 - k_1)\dot{E}_r + k_1\dot{E}_s$$

式中，

$$k_1 = \frac{X_r + X_t}{X_s + X_t + X_r} \tag{11-8}$$

可见，当 $\dot{E}_s$ 的相角 δ 在 $0 \sim 2\pi$ 之间变化时，$\dot{E}_s$ 的变化轨迹是一个圆，电流的轨迹也形成一个圆，如果进一步假设两端电势幅值相等（为 1.0pu），则电流的轨迹圆通过原点，如图 11-6 所示。当 $\delta = 180°$ 时电流幅值最大，当 $\delta = 0°$ 时电流幅值最小，在两端电势幅值相等的情况下，$\delta = 0°$ 时电流为零。$\dot{U}_2$ 的轨迹也是一个圆，线路中间任意点的电压可以根据其所处的位置设定合适的 k 值计算得到，各点电压的轨迹仍然是一个圆。当 $\delta = 180°$ 时各点的电压幅值最小，当 $\delta = 0°$ 时电压幅值最大，在一定的 δ 下线路上电压最低的点成为振荡中心。

根据第四章叙述的内容，线路中某处的距离保护的测量阻抗是该处电压与电流的比值。设母线 1 处的相间与接地距离保护的测量阻抗为 Z，可以表示为

$$Z = R + jX = \frac{\dot{U}_1}{\dot{I}} \tag{11-9}$$

从式（11-9）可以看出，如果视电流为单位参考量，则测量阻抗就等于电压相量，因此通过绘制变换后的电压相量图可以直观地表示距离保护的测量阻抗。在相量图 11-6 中，

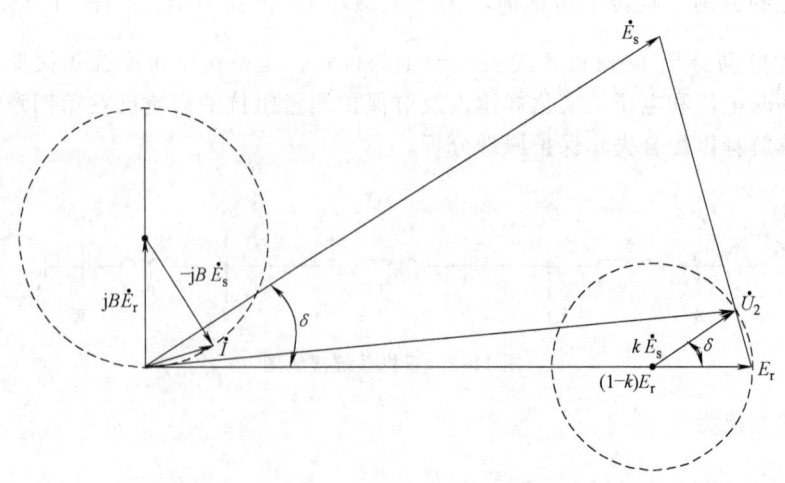

图 11-6 系统随 δ 变化的相量图

将电流相量对准实轴,并以该电流幅值为单位量,即设定电流为 $1.0\angle 0°$ 时,重新表示电压的幅值和相位,可以得到如图 11-7 所示的阻抗平面图,图中线路任一点的测量阻抗是以该点为原点绘制,该图也可以根据第四章第五节的内容得到。

图 11-7 中 R-S 线段长度表示了总阻抗 ($X_s + X_t + X_r$) 的大小,S-1、1-2、2-R 段的长度反映了系统元件的电抗值,相应的,如母线 R 处距离保护的测量阻抗由 R-O 决定。随着角度 δ 的变化,如增大为 δ',则电流也随之改变,其端点沿着图 11-6 中左侧的虚线圆变化。令变化后的电流为单位量 (1.0 + j0),设置新的原点为 O',这时的测量阻抗则变为 R、1、2 和 S 到 O' 的距离。可见,随着转子角 δ 的变化,距离保护所测量到的测量阻抗也会变化,对于受电端和送电端电压相等的情况,测量阻抗顶点的

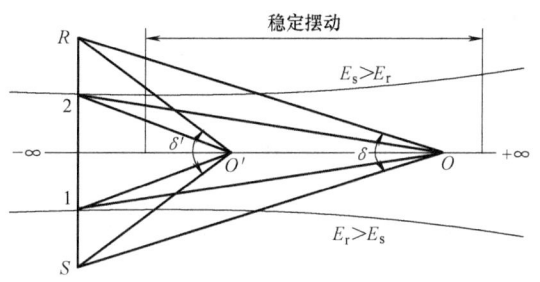

图 11-7 稳定和不稳定系统摆动期间检测到的视在阻抗轨迹

轨迹为一条直线,而当两端电势幅值不相等时,顶点轨迹是一个圆,图中示意出了 $E_s > E_r$ 和 $E_s < E_r$ 情况下的顶点轨迹。对于稳定的振荡,O 点沿着顶点轨迹中的某一段来回摆动,而对于失步时不稳定的振荡,随着转子角 δ 从 0°~360°变化,O 点会在 $+\infty$ 到 $-\infty$ 之间摆动。

以下简单讨论系统振荡对距离保护的影响。针对图 11-5 所示系统,假设受电侧系统2-R段实际上由线路 2-3、3-4 串联而成,线路电阻不可忽略,同时,设每条线路都装有三段式距离保护,各条线路的阻抗及距离保护配置如图 11-8 所示,为了清晰起见,图中只绘制出 1-2、2-3 两条线路的三段式距离保护的动作圆。图中还示意出了系统在稳定振荡和非稳定振荡情况下测量阻抗的变化特性。从图中可以看出,在稳定振荡和非稳定振荡情况下的测量阻抗都可能进入某处距离保护的动作区。因此,如果不采取措施,一旦测量阻抗停留在距离保护的动作区内超过一定时间,将导致相应的距离保护装置跳闸,而这是不希望出现的结果,距离保护应该在系统振荡时闭锁保护不动作。

必须指出的是,复杂系统的稳定和非稳定振荡曲线不再呈弧线形,而可能呈现出更复杂的形状,如图中的"其他振荡情况"所描述的轨迹。甚至出现振荡中心不是一个点,而可能在一定的范围内变化,个别特殊情况下,还可能发生多频率的异步振荡。

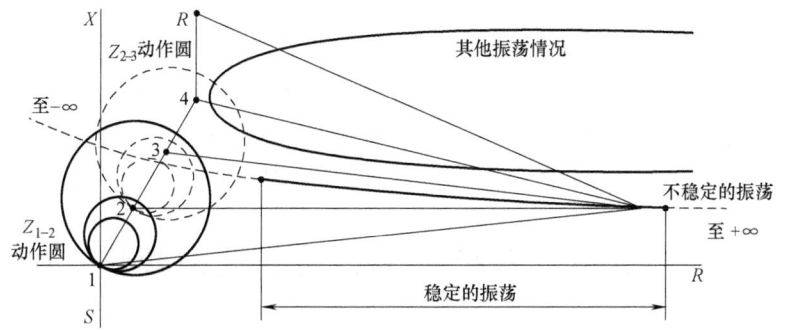

图 11-8 各条线路的阻抗及距离保护配置

三、失步保护

系统在异步运行状态下,可能出现危险的大电流,最大值出现在两侧电动势相差180°时,其值可能超过短路电流;不稳定的失步振荡还可能损坏机组轴系;输电线上中间节点的电压降低将影响负荷运行。此外,电压的摆动还可能引起多机系统的低频谐振,甚至可能由两频率的振荡发展为多频率的振荡。将系统按失步的断面解列运行是简单有效的消除异步运行的方法。

考虑图11-9中所示的系统,发电机的输出功率约等于系统负荷的总和,假设其中G_1的输出功率约等于负荷L_3和L_4的总和,而G_2的输出功率约等于负荷L_5。如果系统因为故障的暂态过程引发非稳定振荡,那么,只要按图中所示的虚线将系统解列开来,就能保证解列后的两个子系统中电源与负荷之间的功率供求大体平衡。因此,在这种情况下,系统失步保护必须首先判断出系统已经失步,同时迅速闭锁除线路2-3、3-5、4-5之外的所有线路的断路器,通过上述2-3、3-5、4-5的3条线路断路器动作将系统解列为两个子系统。由此可以得到失步保护的动作逻辑:首先判别系统是否失步,然后控制相应的断路器跳闸或闭锁。

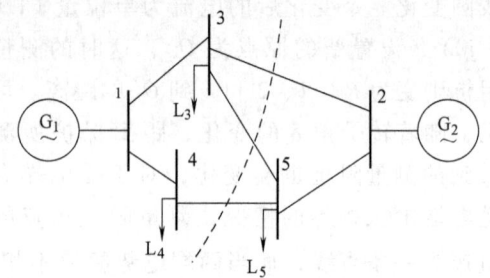

图11-9 系统失步解列示意图

由于系统在振荡或故障情况下,测量阻抗都可能进入保护动作区,因此必须正确区分系统振荡与故障状态。一般可以通过测量阻抗的变化速度加以区分。短路故障时,测量阻抗变化速度快,其轨迹几乎是瞬间就进入到保护动作区内(整个过程用时不过几毫秒),而发生振荡时,测量阻抗变化速度慢,是逐渐进入保护动作区内的。假设此时系统振荡频率为0.5Hz,那么测量阻抗沿着动作轨迹从最远点运动到最近点需要用时半个振荡周期,即大约1s。

如果判定系统是处于振荡状态下,那么还必须进一步判断出系统是稳定的还是非稳定的振荡。这往往需要对被分析的系统进行大量的振荡模拟仿真,利用暂态程序计算出每种情况下系统阻抗的变化轨迹,由此确定系统处于稳定还是非稳定的振荡状态。在系统稳定振荡的情况下,必须避免失步保护误动作;在系统非稳定振荡的情况下,失步保护动作必须满足选择性的要求。

一旦确定系统是处于非稳定的振荡状态,接下来就要根据预先制订的系统解列方案在解列点对系统实施解列。目前的电力系统中已经装设了相当数量的各种类型解列装置,如何协调这些装置的动作,选择最合适的解列点以减小损失,以及避免解列不恰当可能造成的严重后果,是系统采用失步解列保护控制方式面临的重要问题。

第五节 系统频率特性和低频减载

频率崩溃是造成系统大范围停电的重要原因。电力系统有功功率不平衡会导致频率变化,发电功率不足时频率下降,一般通过自动发电控制(AGC),起动旋转备用的发电功率，使频率恢复正常。如果有功功率严重不足，备用功率不够或起动不及时，可通过低频减负荷切除部分次要负荷，保持系统频率和对重要用户的供电。

电力系统严格要求按额定频率值运行，正常状态下一般允许偏差±0.1~±0.2Hz。在紧急状态下也要求尽快恢复到49.5Hz（对额定频率50Hz而言）以上，此时允许的频率偏差和持续时间的决定性因素主要是大容量机组对频率质量的要求。发电机低速运行将导致涡轮叶片故障，尤其是处在蒸汽涡轮低压部分的那些叶片。这些叶片的机械共振频率接近（稍低于）系统正常频率。一旦发电机频率接近这一值，将对涡轮叶片产生一系列损害。而且在低频率下持续运行也可能会损害变电站辅助系统电动机。因此，在发电机低频保护将发电机从系统隔离之前，必须抑制住系统的频率下降，避免功率缺额进一步加剧。

低频减载能够检测到系统频率的下降，并合理切除部分负荷，从而使得发电量与负荷再一次平衡，电力系统也就回到了正常运行频率而不需要切除任何发电机。如今，电力系统的旋转备用尚显不足，同时输电线的容量尚不具备可以从互联电网中引入大量功率以弥补发电量不足的能力，因此，切负荷方案对当今的电力系统变得非常重要。

一、系统频率的动态特性

考虑一个超负荷的孤岛系统。假设从 $t=0$ 开始运行，负荷与发电机以频率 f_0（通常 f_0 接近于额定频率 f_s）运行于初始平衡状态。该系统包含许多发电机，在暂态稳定振荡逐渐消失后，可假定所有发电机的频率相等。将所有发电机的转动惯量组合成一个总的系统转动惯量 J，有

$$J = \frac{\sum J_i S_i}{\sum S_i} \tag{11-10}$$

式中，J_i 为单个发电机的转动惯量（单位为 $kg \cdot m^2$）；S_i 为相应的发电机额定功率。

综合的转子角 δ 定义为中心角，即

$$\delta = \frac{\sum \delta_i S_i}{\sum S_i} \tag{11-11}$$

则综合的转子运动方程为

$$J \frac{d^2 \delta}{dt^2} = T_a = T_m - T_e \tag{11-12}$$

式中，T_a 为加速转矩；T_m 为系统总的输入机械转矩；T_e 为电力负荷转矩的总和。

将等式两端同时乘以转子角速度 ω 可得

$$\omega J \frac{d^2 \delta}{dt^2} = \omega T_a = \omega T_m - \omega T_e = P_m - P_e = \sum P_{Gi} - \sum P_{Li} \tag{11-13}$$

式中，P_m 为系统总的输入功率；P_e 为系统总的电磁功率；$\sum P_{Gi}$ 为总的有功出力；$\sum P_{Li}$ 为总的系统负荷。

惯量常数 H 和转动惯量 J 有关，H 定义为发电机中储存的动能除以发电机的额定功率。令系统总的额定功率为 $S = \sum S_i$，那么

$$H = \frac{\frac{1}{2} J \omega_s^2}{S} \tag{11-14}$$

代入到式（11-13）中得

$$\omega \frac{2HS}{\omega_s^2}\frac{d^2\delta}{dt^2} = P_m - P_e = \sum P_{Gi} - \sum P_{Li} \quad (11\text{-}15)$$

注意，如果将 ω 近似看为 ω_s，并将式（11-15）右侧除以 S 转换成标幺值，就得到式（11-3）。在暂态稳定性研究中，由于频率的变化不大，故可以将 ω 近似于与 ω_s 相等。然而，这种近似在这里是不能成立的，因为这里的主要目的是研究系统频率的变化。

将综合转子角的变化率转化为频率的变化率，有

$$\frac{d^2\delta}{dt^2} = \frac{d\omega}{dt} = 2\pi\frac{df}{dt} \quad (11\text{-}16)$$

这样，式（11-15）变为

$$f(2H/f_s^2)S\frac{df}{dt} = \sum P_{Gi} - \sum P_{Li} \quad (11\text{-}17)$$

定义所有发电机的平均额定功率因数为 p，那么

$$\sum P_{Gi} = pS \quad (11\text{-}18)$$

定义负荷过载系数为 L，有

$$L \equiv \frac{\sum P_{Li} - \sum P_{Gi}}{\sum P_{Gi}} \quad (11\text{-}19)$$

则式（11-17）变为

$$f\frac{df}{dt} = -\frac{pL}{2H}f_s^2 \quad (11\text{-}20)$$

将式（11-20）积分后代入边界条件，即 $t = 0$ 时 $f = f_0$，可得

$$f = f_0\sqrt{1 - \frac{pLf_s^2}{Hf_0^2}t} \quad (11\text{-}21)$$

可见，当不考虑负荷的频率特性而视之为固定负荷时，在负荷超过发电量的情况下，随着时间 t 增大，频率将以一个持续增大的速度减小。实际上，负荷特性与频率相关，且负荷功率随着频率降低而减少。因此，当频率下降到某一频率时，发电量与负荷将在该频率下达到平衡。考虑一个随频率变化的负荷，其负荷频率调节系数 K_L 定义为

$$K_L = \frac{(1 - P_L/P_{L0})}{(1 - f/f_0)} \quad (11\text{-}22)$$

其中，P_{L0}、f_0 为正常运行值，即在初始频率 f_0 时 $\sum P_{Li}$ 等于 P_{L0}，在频率为 f 时，总的负荷功率由 P_L 表示。

因此，在某一频率 f 时的负荷过载系数 L 与初始频率 f_0 有关

$$L = L_0 - (1 + L_0)K_L\left(1 - \frac{f}{f_0}\right) \quad (11\text{-}23)$$

式中，$L_0 = (P_{L0} - \sum P_{Gi})/\sum P_{Gi}$。

将式（11-23）的 L 值代入式（11-20），得到考虑负荷频率特性的微分方程

$$f\frac{df}{dt} = -\frac{p}{2H}\left[L_0 - (1 + L_0)K_L\left(1 - \frac{f}{f_0}\right)\right]f_s^2 \quad (11\text{-}24)$$

同样在 $t=0$ 时 $f=f_0$ 的边界条件下，经过积分变换后可得到方程的解为

$$(f_0 - f) - f_0 \left[\frac{L_0}{(1+L_0)K_L} - 1 \right] \ln \left[\frac{1}{1-(f_0-f)(1+L_0)K_L/L_0 f_0} \right] = \frac{p}{2H}(1+L_0)K_L \frac{f_s^2}{f_0} t \tag{11-25}$$

随着 $t \to \infty$ 从该方程可以得到一个有限的 f_∞：

$$f_\infty = f_0 \left[1 - \frac{L_0}{(1+L_0)K_L} \right] \tag{11-26}$$

这就是考虑负荷频率特性以后的负荷 $\sum P_{Li}$ 与 $\sum P_{Gi}$ 最终可以稳定的频率值，而且负荷超额时频率下降的速度也较固定负荷时的缓慢。可见由于负荷调节效应的存在，负荷功率能够补偿一些有功功率缺额，使得系统可以稳定在一个较低的频率上运行。

有时，需要在频率变化过程中得到频率下降的平均速度，从而可以确定低频减载装置的整定值。可以通过计算某段区间两端的频率变化速率的平均值得到该区间内频率的近似平均变化速率，或者通过计算某段区间的频率差与时间间隔的比值得到平均速率。例如，如果要求得到频率区间 $[f_1, f_2]$ 上的频率变化平均速率，可以根据式（11-21）计算频率变化的平均速度 R 为

$$R = \frac{f_2 - f_1}{t_2 - t_1} = \frac{f_2^2 - f_1^2}{(t_2 - t_1)(f_2 + f_1)} = \frac{f_s^2}{f_1^2} \frac{pL}{H} \frac{(f_2 - f_1)}{(1 - f_2^2/f_1^2)} \tag{11-27}$$

如果 f_1 与 f_s 近似相等，则频率变化的平均速度 R 变为

$$R = \frac{pL}{H} \frac{(f_2 - f_1)}{(1 - f_2^2/f_1^2)} \tag{11-28}$$

如果 f_2 小于 f_1 时，R 为负，标志着频率减小。下降速度 R 可用来计算减载装置的整定值。

二、低频减载

由频率下降与发电机输出功率的降低或负荷量增加之间的关系可知，当频率逐渐变化时，调速器的反应速度是可以维持系统同步的，但是如果发电机的输出突然减小，调速器将无法及时对发电机输出做出调整。若此时发电机又都运行在最大输出状态，使得系统热备用不足，那么就有必要自动地切除一些负荷以保证系统的稳定。低频减载装置正常工作时，其测量元件不断将频率测量值跟其整定值进行对比，如果频率测量值不断下降，而且低于整定值持续一定时间后，低频减载动作。装置按频率设置若干级，考虑一定安全裕度后的频率级差可为 0.1~0.2Hz。动作时需要合理分配每级切负荷的份额，力求按负荷重要性的顺序轮流切除。动作时间宜尽量短以尽快发挥作用，低频减载的动作时间由保护判断时间、预设延时以及断路器动作时间的总和决定，通常在 10 个工频周期左右。

【例 11-2】 某系统原有负荷 10000MW，现因突发事件，系统中一个发电容量为 1500MW 的发电厂解列，设机组的惯性常数为 5s，试确定系统低频减载装置的整定值，要求每次减载 750MW，分两次完成减载 1500MW 的目的。假设低频减载装置的动作时间为 10 个工频周期，即为 0.2s。

解：取频率衰减到 49.5Hz 的时刻为第一次减载时刻。根据题意，在电厂解列时，系统

的负荷过载系数为

$$L = \frac{10000-8500}{8500} = 0.1765$$

设系统的功率因素为 0.85，根据式（11-28），可以计算出系统频率从 50Hz 衰减到 49.5Hz 的平均下降速率为

$$R = \frac{0.85 \times 0.1765}{5.0} \times \frac{49.5-50.0}{1-49.5^2/50.0^2} \text{Hz/s} = -0.7539 \text{Hz/s}$$

按此变化率，系统频率将在频率下降后的 0.5/0.7539s = 0.663s 达到 49.5Hz，但由于减载动作需要延时 0.2s，而在此期间系统频率将进一步下降 0.2×0.7539Hz = 0.151Hz，达到 49.349Hz，因此，第一次减载完成实际上是在电厂解列之后的 0.651/0.7539s = 0.8635s。

考虑安全裕度为 0.2Hz，那么第二次减载时刻可以设定为系统频率下降到（49.3-0.2）Hz = 49.1Hz，此时系统过载系数变为

$$L = \frac{9250-8500}{8500} = 0.0882$$

因此系统频率从 49.349Hz 下降到 49.0Hz 的频率平均变化率为

$$R = \frac{0.85 \times 0.0882}{5.0} \times \frac{49.0-49.349}{1-49.0^2/49.349^2} \text{Hz/s} = -0.3713 \text{Hz/s}$$

按照这个下降速度，系统频率下降到 49.1Hz 需要 0.249/0.3713s = 0.67s，而切除负荷还需要用时 0.2s，因此第二次减载完成后系统的实际频率为（49.1-0.3713×0.2）Hz = 49.025Hz，而两次减载过程总用时为 [(50-49.349)/0.7539+(49.349-49.0)/0.3713] s = 1.8s。此时，系统中的功率供求关系达到平衡，系统频率将逐步再恢复到其稳态值 50Hz。

系统中接入的负荷分为重要负荷和非重要负荷，减载操作只能实施于非重要负荷。保护将首先确定切除哪些馈线可以满足减载要求，再制订减载操作的动作步骤。具体的减载次数及步骤，需要根据系统的实际情况，核定其减载要求，确定合理的减载顺序，以保证系统在减载之后能维持系统频率在 47Hz 以上。

频率的整个动态过程时间跨度可能很长，上面只是研究了时间跨度为若干秒的动态过程，更长过程的频率问题由自动发电控制（AGC）解决。此外，系统大量甩负荷，特别是具有大量水电站的系统，频率异常升高也是应该加以重视和采取措施进行控制的问题。

第六节　电压稳定性和低压减载

一、电压稳定性

导致电压不稳定的主要原因可能是无功不足、无功潮流过大以及输电线路负荷过重。因为无功功率是因电压差而流动，而输电系统的电压值只能在其额定值的附近 ±5% 范围内变动，这么小的电压差不允许无功功率长距离传输，因此无功功率必须在负荷中心或其附近生

成。近年来，电力系统由于电压稳定破坏或电压崩溃导致了很多大停电事故的发生。电压不稳定性往往由单个或多个突发事件导致，影响系统电压稳定性的因素很多，如负荷、变压器有载调压、发电机励磁调节的特性等。而且很多电力电子设备可用来提供无功功率，所以电压稳定性问题的分析受到诸多条件限制。

以图 11-10 所示的两端网络对电压稳定性作简要说明。该系统由恒定电压源 $\dot{E}_s$ 通过串联阻抗 $Z_T \angle \theta$ 向负荷 $Z_L \angle \varphi$ 供电。它代表一个大系统通过输电线路向负荷或负荷区域辐射供电的情形。电流 $\dot{I}$ 的表达式为

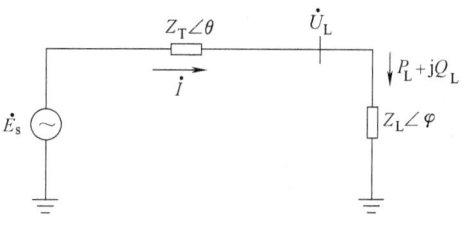

图 11-10 说明电压不稳定现象的简单辐射状系统

$$\dot{I} = \frac{\dot{E}_s}{Z_T \angle \theta + Z_L \angle \varphi} \tag{11-29}$$

则电流的幅值为

$$I = \frac{E_s}{\sqrt{(Z_T \cos\theta + Z_L \cos\varphi)^2 + (Z_T \sin\theta + Z_L \sin\varphi)^2}} \tag{11-30}$$

即为

$$I = \frac{E_s}{\sqrt{Z_T^2 + Z_L^2 + 2Z_T Z_L \cos(\theta - \varphi)}}$$

受端电压幅值为

$$U_L = Z_L I = \frac{E_s Z_L}{\sqrt{Z_T^2 + Z_L^2 + 2Z_T Z_L \cos(\theta - \varphi)}} \tag{11-31}$$

供给负荷的功率为

$$P_L = U_L I \cos\varphi = \frac{E_s^2 Z_L \cos\varphi}{Z_T^2 + Z_L^2 + 2Z_T Z_L \cos(\theta - \varphi)} \tag{11-32}$$

随着负荷阻抗的变化，负荷吸收的有功功率也发生变化。当减小 Z_L 使负荷增加时，P_L 开始时快速增加，在达到最大值之前减慢，到最大值之后减小。因此，恒定电压源通过阻抗向负荷输送的有功功率存在最大值，当线路电压降的幅值等于负荷电压 U_L 时，即 $Z_T = Z_L$ 时，传输的功率达到最大值 P_{Lmax}。当负荷为纯电阻负荷，即 $\cos\varphi = 1$ 时，负荷吸收的最大有功功率为 $P_{Lmax} = E_s^2/(4Z_T)$。

从电压稳定的观点看，更感兴趣的是 P_L 和 U_L 之间的关系。通过变换可以得到

$$\frac{P_L}{P_{Lmax}} = \left(\frac{U_L}{E_s}\right)^2 \frac{4Z_T \cos\varphi}{Z_L} \tag{11-33}$$

当负荷功率因素 $\cos\varphi$ 等于 0.95（滞后）时的负荷电压与负荷有功功率关系曲线如图 11-11 所示，也称为"鼻形曲线"。可见，随着负荷需要的增加（阻抗 Z_L 减小），负荷功率 P_L 开始快速增加，接着功率增加逐渐变缓慢，然后达到最大值。传输的有功功率最大值代

表可接受的运行极限功率,对应点为临界点。对于一定的功率因素,如果负荷功率 P_L 小于最大值,则对应的阻抗值 Z_L 有两个。其中一个 Z_L 对应的电压高,电流小,位于电压-有功功率曲线的上半部,是正常运行点。而另一个 Z_L 对应的电压低,电流大,位于电压-有功功率曲线的下半部,是不正常的运行点,即在较高负荷时,通过改变负荷来控制功率将是不稳定的,即负荷阻抗的减小将使功率减小。

电压是否会逐渐降低以及系统是否会变得不稳定还取决于负荷特性。若是恒阻抗静态负荷特性,系统的功率和电压水平将在低于期望值的情况下保持稳定。而对于恒功率负荷特性,则系统

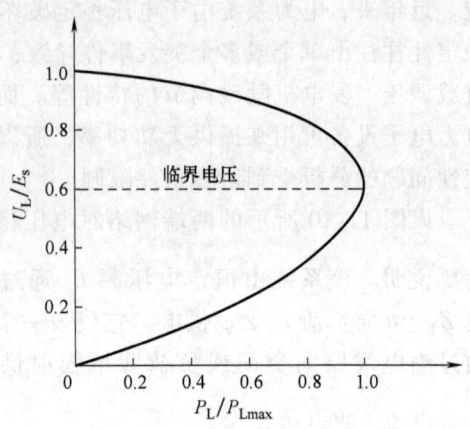

图 11-11 系统的电压-功率特性

由于负荷母线电压的崩溃而变为不稳定。在其他的负荷特性下,由输电线和负荷的组合特性确定电压值。如果负荷由具有自动带负荷调节分接头的变压器供电,那么由于负荷电压低,分接头会自动调节使负荷电压升高,即一次侧与二次侧比减小,相当于从系统看过去是减小有效的 Z_L,这将反过来进一步降低 U_L 直至导致电压逐渐降低,形成正反馈最终使系统失去稳定。

负荷的功率因素对系统的功率-电压特性有相当大的影响。系统在不同的负荷功率因数下的电压-有功功率曲线如图 11-12 所示。图中临界点的轨迹用虚线表示,通常只有临界点以上的运行点代表满足运行条件。负荷的功率因数越低,系统能传输的最大有功功率越小。而负荷功率因数为超前功率因数,且超前越多则系统能传输的最大有功功率越大,临界点对应的有功功率和负荷电压也越高。因此,系统传输同样的有功功率时,负荷电压越高,离临界点的距离也越远,这说明系统的电压稳定性越好。如果运行过程中突然降低功率因数,可能造成系统从稳定的运行状态变为不稳定的,从而处于电压-有功功率曲线下部的运行状态。

以上只是以恒压源通过辐射状系统给负荷供电为例,简单地分析了电压稳定的现象。在复杂的实际电力系统中,很多因素会对电压稳定性造成影响,如输电系统的强度、功率传输水平、负荷特性、发电机无功功率容量限制、无功功率补偿装置的特性等。电压稳定性问题的引发可能是未能协调好的各种控制作用和保护系统综合作用的结果。

二、低压减载

近些年来系统负荷特性的变化给电力系统的保护带来了新问题。电能最初的应用主要是用于供热和照明,负荷基本上都是纯阻性。一旦系统中能量的供求失衡,系统频率就会出现波动,系统需要通过加大发电机输出或者起动低频减载保护来维持频率稳定。然而,由于

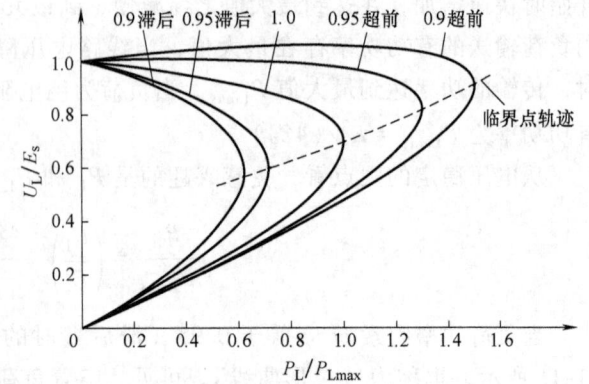

图 11-12 不同负荷功率因素下的系统电压-功率特性

空调及其他小容量用电设备数量激增的影响，系统电压可能下降。由于电动机的功率一定，电压下降将导致电流增大，而电流增大又将进一步加重电压的下降，形成恶性循环。

解决这个问题的方法是进行无功补偿或是切除负荷。无功补偿装置可以根据其自身容量自动地向系统提供无功功率，如果补偿后仍然不能满足系统无功需求那就必须实施低压减载保护。低电压切除负荷是一种避免系统大范围电压崩溃的最后方法。当系统有扰动导致电压降低至事先预设的水平时，经过设定的时间，低压减载动作，以稳定电压或将电压恢复至正常水平。低电压情况切除的负荷首先是那些用户有特别协议允许断开的次要负荷，特别是那些大量消耗无功功率的负荷。

负荷对电压水平的灵敏度对整定值有很大影响，负荷的切除取决于电压下降的速率。确定低压减载的动作电压和时延的整定值是很具有挑战性的问题，需要深入细致的网络分析以得到期望值，从而优化切负荷方案并避免系统电压崩溃。由于各系统、各地区情况差别很大，而电压问题又是与地区系统情况强烈相关的，因而各系统使用的电压控制措施有很大差异，低压减载装置的动作电压和时延的整定值也不尽相同。

第七节　电力系统保护控制面临的挑战

1. 系统大停电事故

大停电往往是一系列事件和诸多偶然因素的综合发展结果。导致系统大停电的原因主要有：①功角稳定破坏，系统失步；②过负荷连锁反应；③电压崩溃；④频率崩溃。事实上，电力系统都配备有适当的保护和控制措施，可以保证在适度可信事件下的安全性，不致演化为大面积停电。如低频减载已经是全球各电力系统普遍采用的防止频率下降的措施，可为什么还会导致大停电事故呢？有大量的大停电事例表明，其中一个重要原因是系统保护与机组保护不协调，在系统低频减载动作时，发电机低频保护也跳闸，造成功率缺额更大，形成连锁反应，导致系统频率崩溃。

大停电一般是一连串事件相继发生的结果，这些事件及其相互作用有很大的偶然性。例如：系统失步后引起的电压波动，可能进一步引发电机无序跳闸，导致系统电压、频率更加恶化而最终崩溃，如2003年9月28日意大利的大停电事故。又如：系统失步解列后，尽管大量低频减载装置动作切除负荷，但是功率不平衡还是进一步加剧，引起连锁过负荷跳闸，最终导致系统崩溃，如2003年8月14日美加东北部大停电事故。

实际上系统大停电往往是各种因素相互作用的综合效果，事件演化过程与事故类型、运行方式、电网结构等多种因素有关，过程千变万化，事先很难准确预计。但是也可以找出一般性规律。由偶然故障引发相继开断，并演化为大停电的过程，可以分为缓慢的相继事件、快速的相继故障开断、振荡、崩溃和漫长的恢复等阶段。例如"8.14"大停电在开始阶段约1h内，有5条345kV线路由于过负荷连锁跳闸，造成潮流严重变化。在以后的几分钟内系统输电线路和发电机组相继快速断开，在美国东部和加拿大电网内发生振荡，在最后的10s内，大量输电线路和发电机组断开，系统电压和频率崩溃，形成大规模的停电事故。

在缓慢地相继事件过程中，如果继电保护能迅速切除故障，并及时采取预防性控制措施，起动备用或切除某些负荷，调整潮流，是可能防止以后的事故发展扩大的。在快速相继开断及系统稳定可能破坏阶段，使用预防性控制手段已来不及消除风险，而只能使用广域保护和紧急控制来避免稳定破坏和防止系统崩溃。

2. 广域后备保护

随着电力系统规模的逐渐扩大，出现大量的环网和短线路，造成后备保护之间的整定配合非常困难。

1) 后备保护整定延时一般较长，整定值对特殊电网方式适应性不足，可能导致后备保护失配情况，难以同时满足选择性和灵敏度的要求。在整定计算中，后备保护时限整定遵循阶梯时限原则，为了保证选择性，后备保护时限可能高达数秒；在一些特定电网结构下，线路保护为保证灵敏度，将保护范围伸出至主变压器中压侧时，此时既要避免下一电压等级系统故障时该线路保护越级跳闸，又要在下一电压等级设备有故障而保护或断路器拒动时能够灵敏快速跳闸，由此造成上下级保护整定配合困难。

2) 后备保护按逐级配合原则进行整定计算，工作量大。如距离保护配置三段，零序保护配置四段，过电流保护配置三段；线路和线路需要配合，线路和变压器需要配合，变压器高压侧和低压侧需要配合，后备保护和主保护之间需要配合，后备保护和相邻元件的后备保护还要配合。如此众多的保护功能、保护设备之间的配合使得整定配合的工作量变得非常大。

目前提出的广域继电保护原理主要是通过快速收集全网信息，并利用网络通信进行多点综合比较判断，实现快速、灵敏的后备保护，克服现有后备保护的不足。广域后备保护系统可获得电力系统多点测量信息，适应电网的不同运行方式，利用冗余信息来提高数据可靠性。根据故障切除前后电网潮流分布和拓扑结构变化的情况，判断切除故障可能产生的影响，有选择地采取预防性措施，使系统从一个运行状态平稳地过渡到另一个稳定的运行状态。广域系统保护需要采集大范围地域之内的众多厂站的数据，通过高速数据网上传至区域调度中心，以实现各种保护功能，并优化决策。但是，通信时滞及复杂计算也会影响保护的可靠性和快速性。

3. 保护控制面临的新挑战

智能电网是未来电网发展的形态，智能电网的架构和实现面临巨大的挑战，其规模和复杂程度将极大地增加运行和控制的难度和脆弱性，急需在信息化框架下实现能源的系统集成和在线利用。另一方面，智能电网中基于广域信息、局域信息甚至本地信息的电力系统保护与控制体系都将构筑在网络通信基础上，信息网络化传输可以实现高度信息共享，但是其实时性、安全性和可靠性直接决定了保护控制决策的有效性。

继电保护系统的正常工作与否直接关系到电力系统的运行可靠性，长期以来，继电保护系统采用面向保护对象设置，以硬件冗余来保证可靠性。长期运行实际表明继电保护装置本体硬件和软件失效的概率很小，且装置内建的自诊断功能常常能够检测到这类失效事件。智能电网继电保护可利用的信息资源和通信条件发生了根本性的变化，信息流将成为制约继电保护可靠性的关键因素，潜在的网络故障和网络入侵均可能造成保护功能失效。虽然信息网络有较强的重构和自愈能力，但是各种不确定因素导致的网络阻塞以及网络失效行为的级联动态性，使得继电保护可靠性面临严峻的考验。

继电保护隐形失效一般指保护系统中存在的隐患，可能源于装置本身硬件或软件缺陷、特定原理对应的保护定值在电网实际运行方式下不合理、保护之间或保护与控制之间失配等。隐患可能在电网正常运行时没有影响，当电网发生异常时被触发而导致不必要的跳闸，甚至造成连锁性反应事故。由于隐患及其触发条件的辨识困难，以及事故样本的缺失等，使得目前对继电保护安全风险评估的研究难以突破。基于信息流的保护控制系统更可能由于信息安全威胁带来更严重的安全风险，如信息内容或功能拒绝服务、被非授权使用或篡改等，而且事件过程描述和后果分析也变得更加复杂。

　　智能电网背景下，电力系统保护和控制的任务更艰巨，既涉及系统结构复杂带来的故障辨识困难和连锁故障发生条件变化，也涉及网络化信息传输带来的不确定性和隐患，这给保护和控制的故障辨识、配置的合理性和完备性、对故障类型和运行方式的适应性和实时性带来挑战，有待从新的视角研究保护控制的安全性和可靠性，构建有效的安全防御体系。

习题与思考题

1. 如何定义广域保护控制系统？分析其在大停电事故中的作用？
2. 如何区分短路、稳定振荡、非稳定振荡？系统最长振荡周期一般是怎么考虑的？
3. 试分析利用测量阻抗构成的失步振荡解列的原理。
4. 随着 t 趋近于 ∞，说明电力系统的频率如何按式（11-26）中给出的那样趋近于一个极限值。
5. 对于一个装机容量为 10000MW 的系统，平均功率因数为 0.8，惯性常数 H 的平均值为 15s，计算由于缺失一个 1000MW 机组产生的频率下降的变化率。若系统的负荷频率调节系数 K_L 为 2.5，假设没有负荷切除，系统的最终频率是多少？说明负荷调节效应在系统出现有功功率缺额时的作用。
6. 试解释为何在较高负荷时，通过改变负荷来控制功率将是不稳定的。

参 考 文 献

[1] 贺家李，宋从矩. 电力系统继电保护原理 [M]. 4版. 北京：中国电力出版社，2004.
[2] 张保会，尹项根. 电力系统继电保护 [M]. 2版. 北京：中国电力出版社，2010.
[3] 刘学军. 电力系统继电保护 [M]. 北京：机械工业出版社，2011.
[4] 韩笑. 电力系统继电保护 [M]. 北京：机械工业出版社，2015.
[5] 马永翔. 电力系统继电保护 [M]. 2版. 北京：北京大学出版社，2013.
[6] 焦彦军. 电力系统继电保护原理 [M]. 北京：中国电力出版社，2015.
[7] 李玉海，刘昕，李鹏. 电力系统主设备继电保护试验 [M]. 北京：中国电力出版社，2005.
[8] 王维俭. 发电机变压器继电保护应用 [M]. 北京：中国电力出版社，2005.
[9] 崔家佩，等. 电力系统继电保护与安全自动装置整定计算 [M]. 北京：中国水利电力出版社，1993.
[10] 王梅义，等. 高压电网继电保护运行技术 [M]. 北京：中国水利电力出版社，1981.
[11] 国家电力调度通信中心. 电力系统继电保护实用技术问答 [M]. 2版. 北京：中国电力出版社，1999.
[12] 陈德树，张哲，尹项根. 微机继电保护 [M]. 北京：中国电力出版社，2000.
[13] 吴必信. 电力系统继电保护同步训练 [M]. 北京：中国电力出版社，2003.
[14] 黄玉珩. 继电保护习题集 [M]. 北京：中国水利电力出版社，1993.
[15] 高翔. 智能变电站技术 [M]. 北京：中国电力出版社，2012.
[16] 郑玉平. 智能变电站二次设备与技术 [M]. 北京：中国电力出版社，2014.
[17] IEC61850. Communication Networks and Systems in Substation [S]. 2004-2005.
[18] 宋璇坤，刘开俊，沈江. 新一代智能变电站研究与设计 [M]. 北京：中国电力出版社，2014.
[19] 黄新波. 智能变电站原理与应用 [M]. 北京：中国电力出版社，2012.
[20] PRABHA KUNDUR. 电力系统稳定与控制 [M]. 北京：中国电力出版社，2002.
[21] 谢小荣，姜齐荣. 柔性交流输电系统的原理与应用 [M]. 北京：清华大学出版社，2006.
[22] 袁季修. 防御大停电的广域保护和紧急控制 [M]. 北京：中国电力出版社，2007.
[23] Stanley H Horowitz, Arum G Phadke. 电力系统继电保护（原书第3版）[M]. 李斌，译. 北京：机械工业出版社，2010.
[24] 何瑞文，谢琼香，蔡泽祥. 数字化电气信息采集对继电保护可靠性的影响 [J]. 广东工业大学学报，2013, 30 (2): 68-73.
[25] 何瑞文，等. 空心线圈电流互感器传变特性实验研究和分析 [J]. 电工电能新技术，2014, 33 (5): 51-57.
[26] 谢琼香，何瑞文，蔡泽祥. 3种电子式电流互感器的传变特性分析与比较 [J]. 电力系统及其自动化学报，2014, 26 (5): 18-22.
[27] 何瑞文，等. 变电站过程层报文分网传输性能的仿真分析 [J]. 电力系统及其自动化学报，2014, 26 (9): 23-29.
[28] 何瑞文，吕梦丽，蔡泽祥. 适应继电保护暂态传变的空心线圈电流互感器积分技术研究 [J]. 电测与仪表，2015, 52 (13): 48-55.
[29] 何瑞文，等. 空心线圈电流互感器传变特性及其对继电保护的适应性分析 [J]. 电网技术，2013, 37 (5): 1471-1476.
[30] 何瑞文，等. 智能电网信息流的建模和静态计算方法研究 [J]. 中国电机工程学报，2016, 36 (6): 1527-1535.